• 国家自然科学基金项目(51778121)
• 国家自然科学基金项目(51178095)
• 江苏高校品牌专业建设工程资助项目

老得其所

城市既有社区适老化更新实验设计：以南京为例

张玫英 鲍 莉 等 编著

东南大学出版社 · 南京

内容提要

本书是国家自然科学基金项目“城市智慧型社区居家养老居住模式实证研究”和“广义密度视角下城市住区形态及其公共空间品质的影响机制研究”的成果丛书之一。该项目以南京市为例，针对适合中国国情的“社区居家养老”居住模式展开策略性和技术性研究。本书汇集了东南大学建筑学院本科与研究生教学中针对“社区居家养老”这一课题进行的研究和设计成果，借助社会学、环境行为学等的研究方法，从场地实况调研及老年人生活需求分析出发，为城市既有社区的适老化更新展开探索性设计实验。本书分上、下两篇，上篇从整体片区的角度出发，整合现有城市资源，探讨高密度既有社区中居家养老的改造策略；下篇则从局部地块着手，为适老化更新的建筑及空间改造提供参考性设计案例。

书中展现的调研方法、数据资料及设计成果，可供城市规划、建筑设计、城市社会学、城市管理和社会福利等专业工作者以及相关大专院校师生阅读参考。

图书在版编目（CIP）数据

老得其所：城市既有社区适老化更新实验设计：以南京为例 / 张玫英，鲍莉等编著. — 南京：东南大学出版社，2019.12

ISBN 978-7-5641-7011-0

Ⅰ.①老… Ⅱ.①张… ②鲍… Ⅲ.①城市-社区-老年人住宅-建筑设计-南京 Ⅳ.①TU241.93

中国版本图书馆CIP数据核字（2016）第322238号

老得其所　城市既有社区适老化更新实验设计：以南京为例

Laodeqisuo Chengshi Jiyou Shequ Shilaohua Gengxin Shiyan Sheji：Yi Nanjing WeiLi

编　　著：张玫英　鲍莉等

出版发行：东南大学出版社

社　　址：南京市四牌楼 2 号　邮编：210096

出 版 人：江建中

责任编辑：宋华莉

网　　址：http://www.seupress.com

经　　销：全国各地新华书店

印　　刷：上海雅昌艺术印刷有限公司

开　　本：787 mm×1 092 mm　1/16

印　　张：11.25

字　　数：265千字

版　　次：2019年12月第1版

印　　次：2019年12月第1次印刷

书　　号：ISBN 978-7-5641-7011-0

定　　价：98.00元

（本社图书若有印装质量问题，请直接与营销部联系。电话：025-83791830）

前 言

老龄化是目前国际社会面临的共同问题，尤其在中国，面对的是巨大的人口基数和相对薄弱的经济基础。《中国老龄事业发展“十二五”规划》提出了“建立以居家为基础、社区为依托、机构为支撑的具有中国特色的养老服务体系”，为社区居家养老的居住模式提供了政策和技术支持。未来若干年内，社区居家养老将是我国未来养老的基本模式，即以较完善的城市社区组织网络为基础，以社区为平台，发展居家养老服务。这种模式既能满足老年人对熟悉环境和人群交际的情感需求，也能减轻社会养老的经济压力，确实是适合中国国情的一种对策。但不可否认，面对加速的老龄化进程，社会各方面尚未对此做出充分的应对，而城市建设关注到老年人生活需求的历史也并不长久。 因此，对老年人群来说，在现有城市的建成环境中存在着不同程度的生活障碍，给他们的生活造成许多困扰。考虑到现有国情，通过改进居住条件和提升服务设施及管理配置可有效地改善老年群体生活品质。

有鉴于此，自 2012 年起，在国家自然科学基金“城市智慧型社区居家养老居住模式实证研究”（51178095）和“广义密度视角下城市住区形态及其公共空间品质的影响机制研究”（51778121）的资助下，我们选择南京市内不同类型的居住区进行实地调查，结合东南大学建筑系本科和研究生教学体系，持续深入地展开城市既有住区适老性更新问题的案例研究。研究成果分为两个部分：其一为现场调查报告及策略研究；其二为问题发现及设计对策。经过几年的努力，策略研究部分已结集成《老得其所 城市既有社区适老化更新策略研究：以南京为例》一书出版。而本书可作为《老得其所 城市既有社区适老化更新策略研究：以南京为例》的下篇，依托前期调研成果，结合策略研究，针对各个具体社区案例进行针对性的适老化更新设计，尝试从建筑学专业的角度进行改善老年人生活环境的设计实践。

本书的重点在于通过物质环境和服务设施的更新来重塑邻里，为老年人提供健康、快乐、可持续的生活环境。全书分为上、下两部分：上篇侧重于整合社区现有城市资源进行整体片区的更新设计；而下篇则从局部地块入手，为适老化更新的建筑及空间改造提供参考性设计实践。

本书收录了课题组成员主持的东南大学建筑学院建筑学专业 2013—2015 年“城市高密度社区适老性更新研究与设计”课题的四年级本科教学成果，以及 2012 年东南大学与瑞典隆德大学联合举办的研究生工作坊部分设计作业。设计是一个创造的过程。同学们从调查入手，通过与研究对象的密切接触体验不同群体的生活，从不同的视角去观察和发现问题。在教学过程中引导学生思考居民、社区与城市生活的互动关系，应用专业知识和多元化的手段为改善生活环境提供可能的选择。希望同学们创新性的设计实践能为良好的社区邻里提供有益的启发和良好的借鉴。

编者

2018 年 12 月

目　录

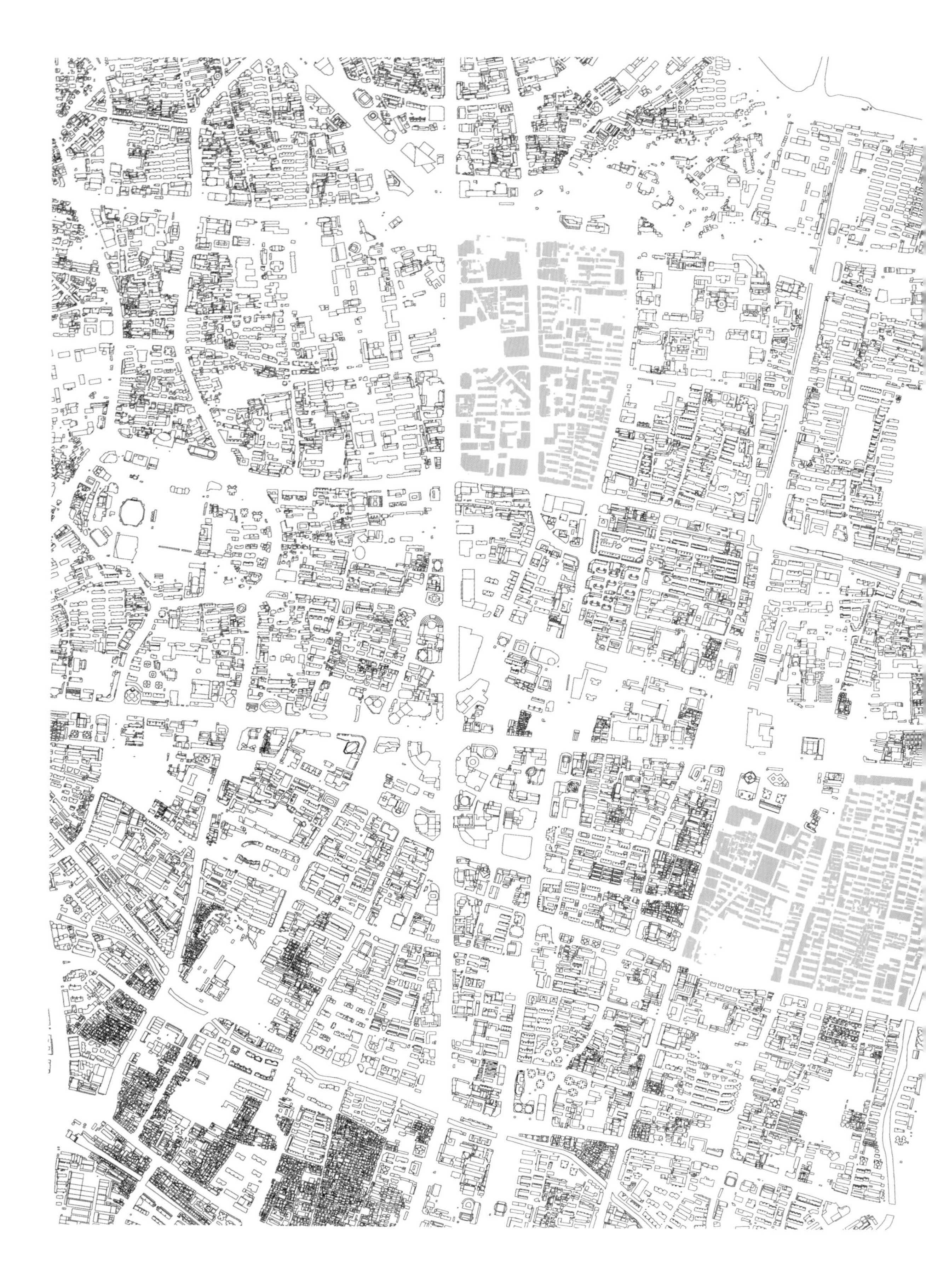

上篇

整体片区实验设计

丹凤街地块和长白街地块位于南京市玄武区、秦淮区，地处城市中心，居住人口密集。这里的住宅多是在原有旧城基础上发展而来，大部分建筑建于 1950 年代之后，其中有部分住宅属于单位建设的居住大院或者城市拆迁安置房。片区内不同地段在住宅形式、小区组织及建设强度等方面均有较大的差异。因时代条件所限，地块内街道狭窄，公用设施缺乏，环境质量较差。

鉴于当下老龄化的社会背景和人们生活要求的提高，从基地的社会与环境调查着手，研究居民居住行为方式和生活习惯特点，分析不同区域的现实问题，整合城市资源，理顺相关配套职能，寻找场地的更新潜力。设计尝试从不同角度、以不同操作方式探索整体片区的适老性改造，从而在有限的空间内尽可能地改善生活环境，满足居民尤其是老年人在个体和社区生活层面上的不同需求。

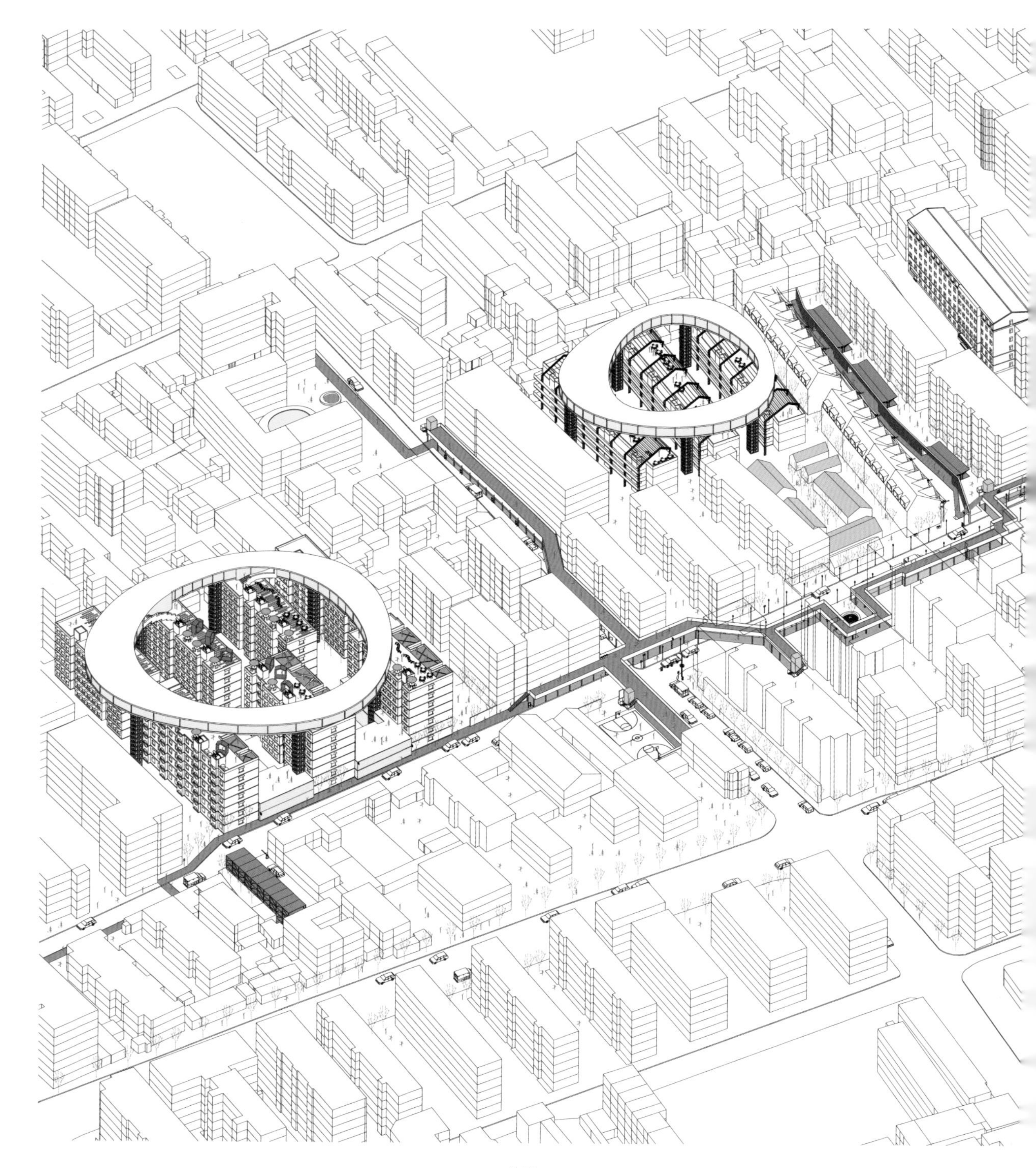

城市彩绘

翁金鑫　李鑫磊

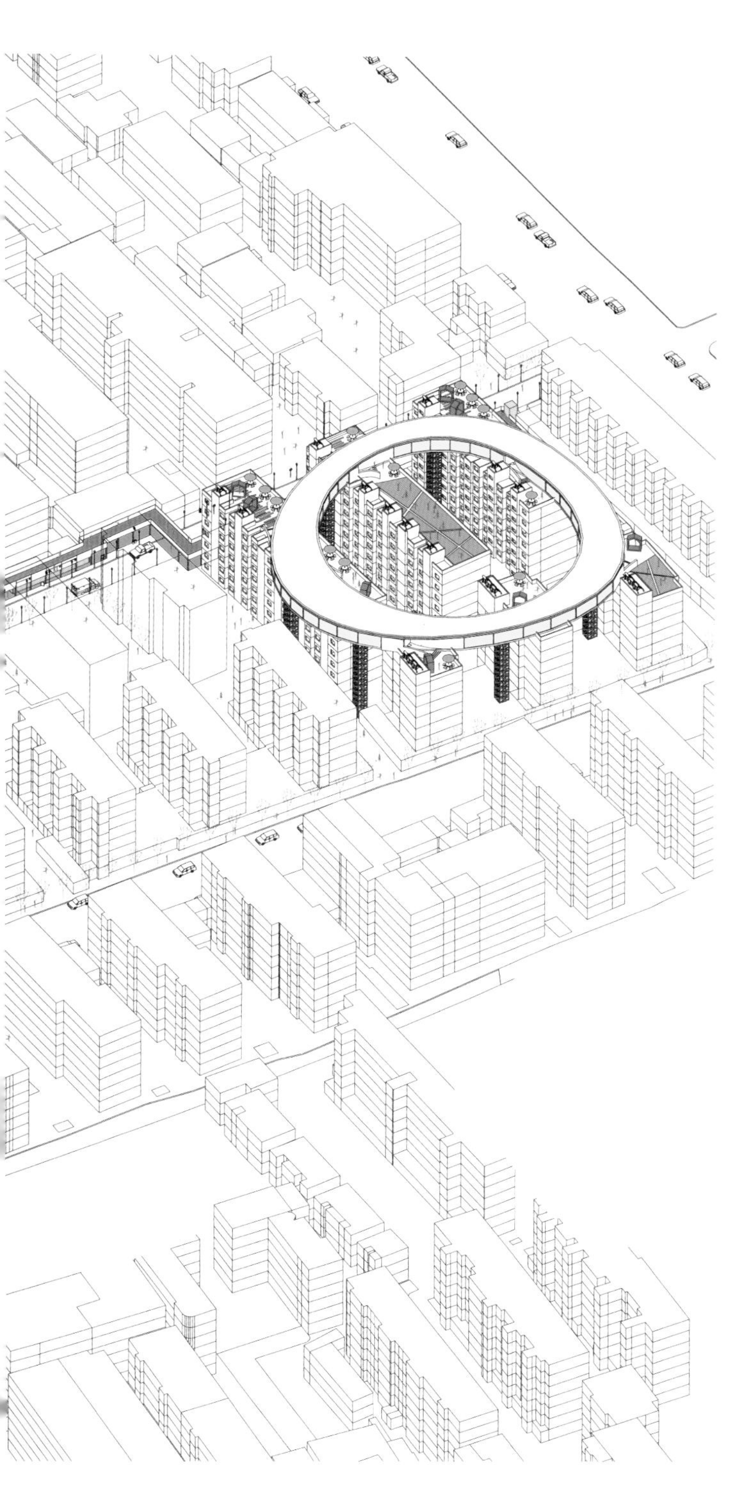

中山东路街区的居住建筑形态相对均质，除了局部为民国时期的低层里弄外，大部分为20世纪80年代规划建设的多层平屋顶行列式住宅。街区内已形成成熟的商业街道，但停车困难、高龄者众、适老性设施短缺、开放空间侵占等，已成为这一类老旧社区的共性问题。

本案对街区的物理形态、停车状况、老人活动时间、活动内容及地点等展开充分调研，并对人群类别、活动类型及其季节性、时间性差异进行分析，通过对街道、宅间、屋顶等公共空间的可能性利用和改造，置入不同的适老性活动内容，从而定义各类活动场所。

在街道宅间层面，通过立体化步道将停车、人行通道、公共活动等问题整合解决，同时打开原本消极的宅间空地，形成口袋花园，梳理改造现有公建，形成供老人使用的活动节点。

对屋顶空间的创造性利用，则是结合电梯植入，在满足无障碍需求的同时在屋顶设计出空中的“生活环”，开拓立体化的社区公共活动空间。经综合分析，选择场地内三类典型建筑群体，深入完成空中“生活环”设计，探索具有可复制性的改造模式。

区位背景

现状

混合活动

实地调研活动情况时发现，大部分的使用空间被停车占用，日常行为需求得不到满足。

历史建筑

场地中一些具保护价值的历史建筑和文化建筑，在接下来的社区改造中应该作为保护的重点。

平屋顶

屋顶作为场地中被遗忘的空间没有得到充分利用，平屋顶占了绝大部分，这将成为下一步屋顶利用的重点。

低层坡屋顶

现状中存在一些三层至四层的低层坡屋顶建筑，这些建筑屋顶空间的利用也是将要考虑的问题。

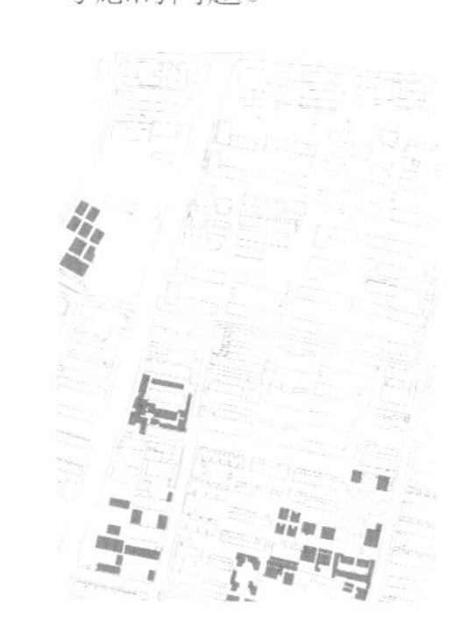

公共路网

区分场地中道路的等级和功能，并对应其等级进行功能配置。

沿街停车

场地中道路的边侧被大量的停车占用，合理规划停车用地，可以为活动提供场地。

宅间停车

住宅单元间的空间同样被大量的停车占用，还有破旧的自行车棚，影响居民的出行和活动。

商业界面

住宅与道路的界面之间存在着一些一层的沿街小商业，为接下来的改造提供了可能性。

问卷调查

活动时间

大部分老人每天活动 1 次以上，每天在外活动时间为 1-2 小时。老人户外活动时间长，频率高，对于室外活动场地的需求大。

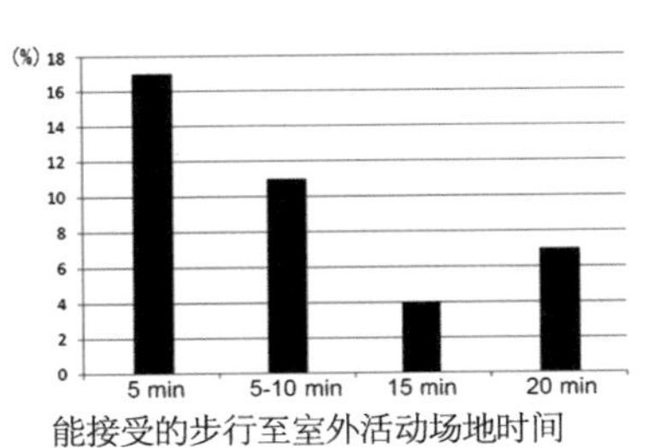

能接受的步行至室外活动场地时间

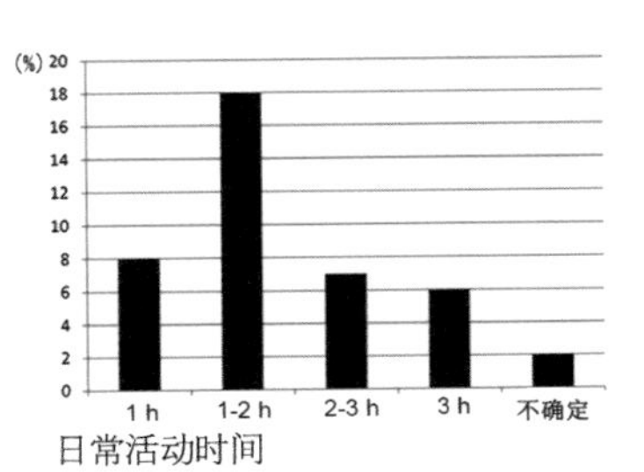

日常活动时间

活动内容

大部分老人在室外的活动以聊天、休息和散步为主，到室外场地的步行时间以 5 分钟最宜。老人户外活动对于场地和设施均有要求，并且活动场地与住宅之间的距离不宜过远。

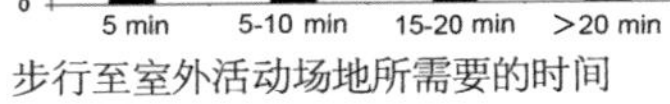

步行至室外活动场地所需要的时间

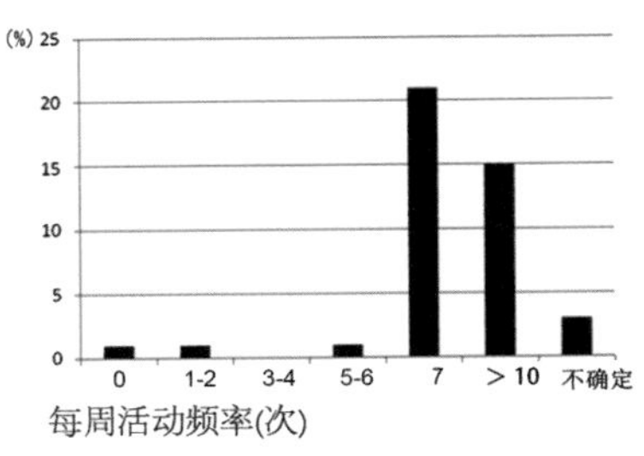

每周活动频率(次)

活动地点

老人认为最舒适的场地是小区外的公园，最经常去的也是公园和市民广场。小型公园、市民广场是最适合老年人的活动场地，目前小区内部的活动场地无法满足老人日常的需求。

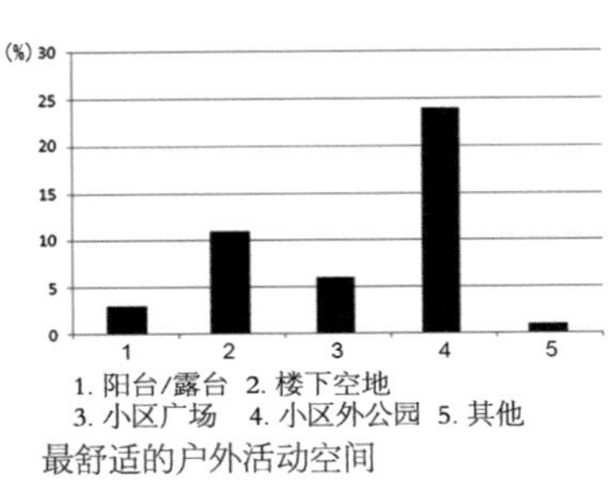

最舒适的户外活动空间

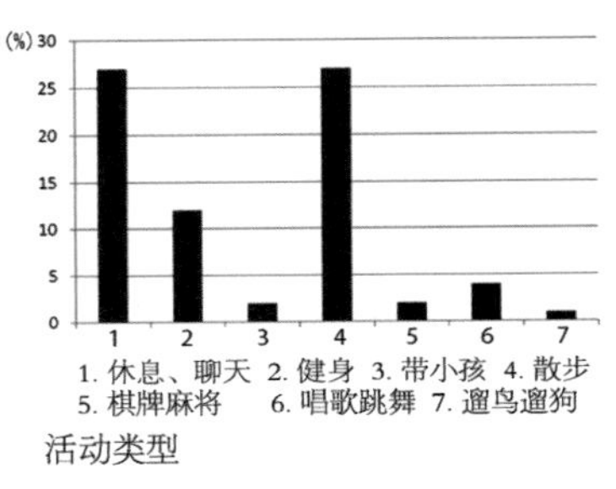

活动类型

改造策略

道路改造

将道路分级，结合道路的功能植入，用二层步道相互连接，人车分流的同时增加了社区之间的活动机会。

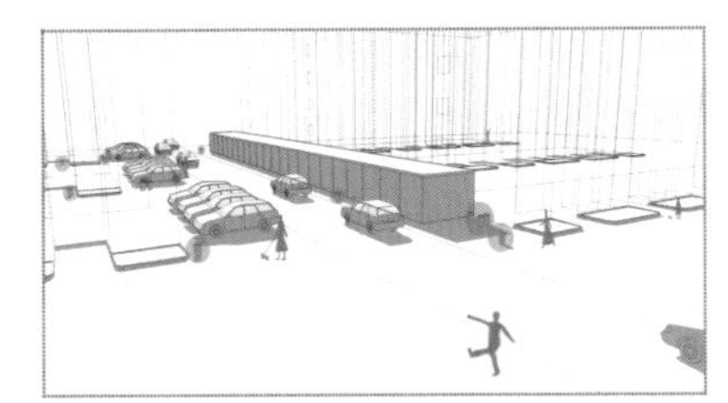

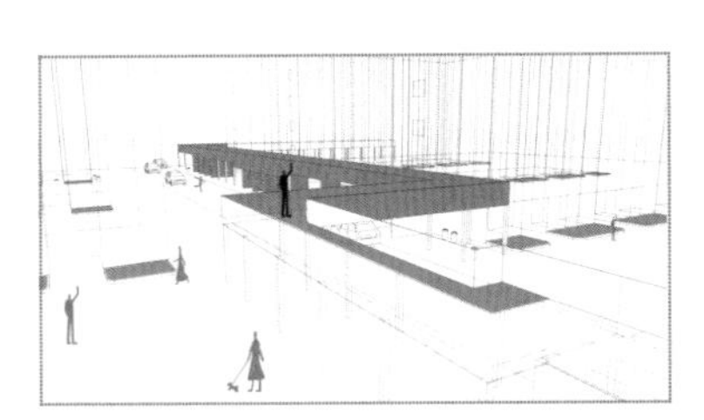

空隙改造

将社区中一些被遗忘的空间，结合周边状况进行功能置换和改造，最大限度地满足社区功能需求。

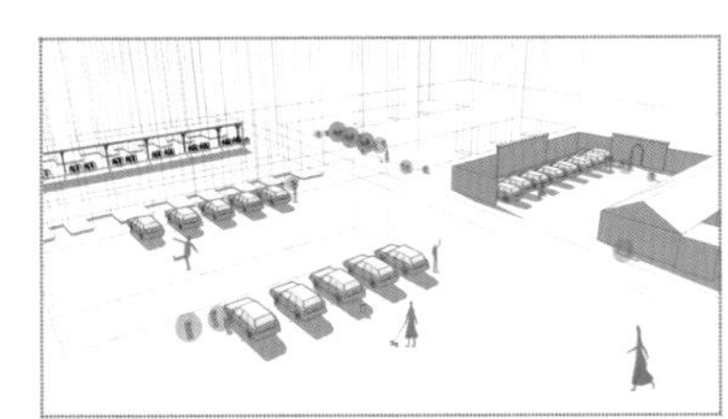

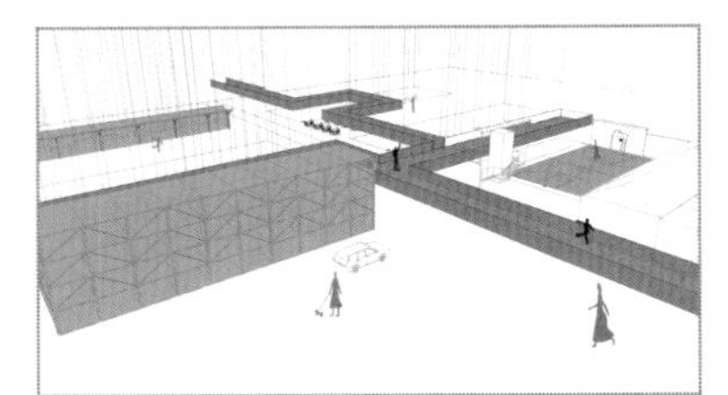

屋顶改造

置入“活动环”整合周边的屋顶活动空间，激活屋顶空间，为社区带来新的活力和不一样的体验。

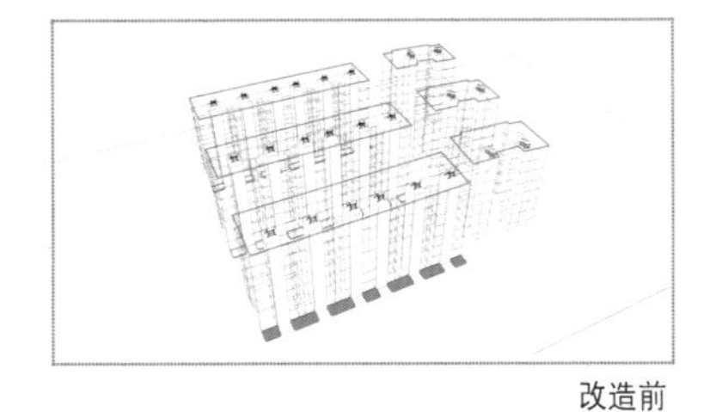
改造前

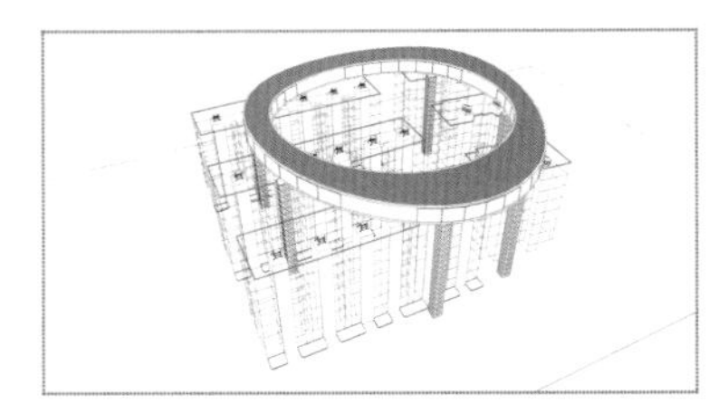
改造后

道路改造

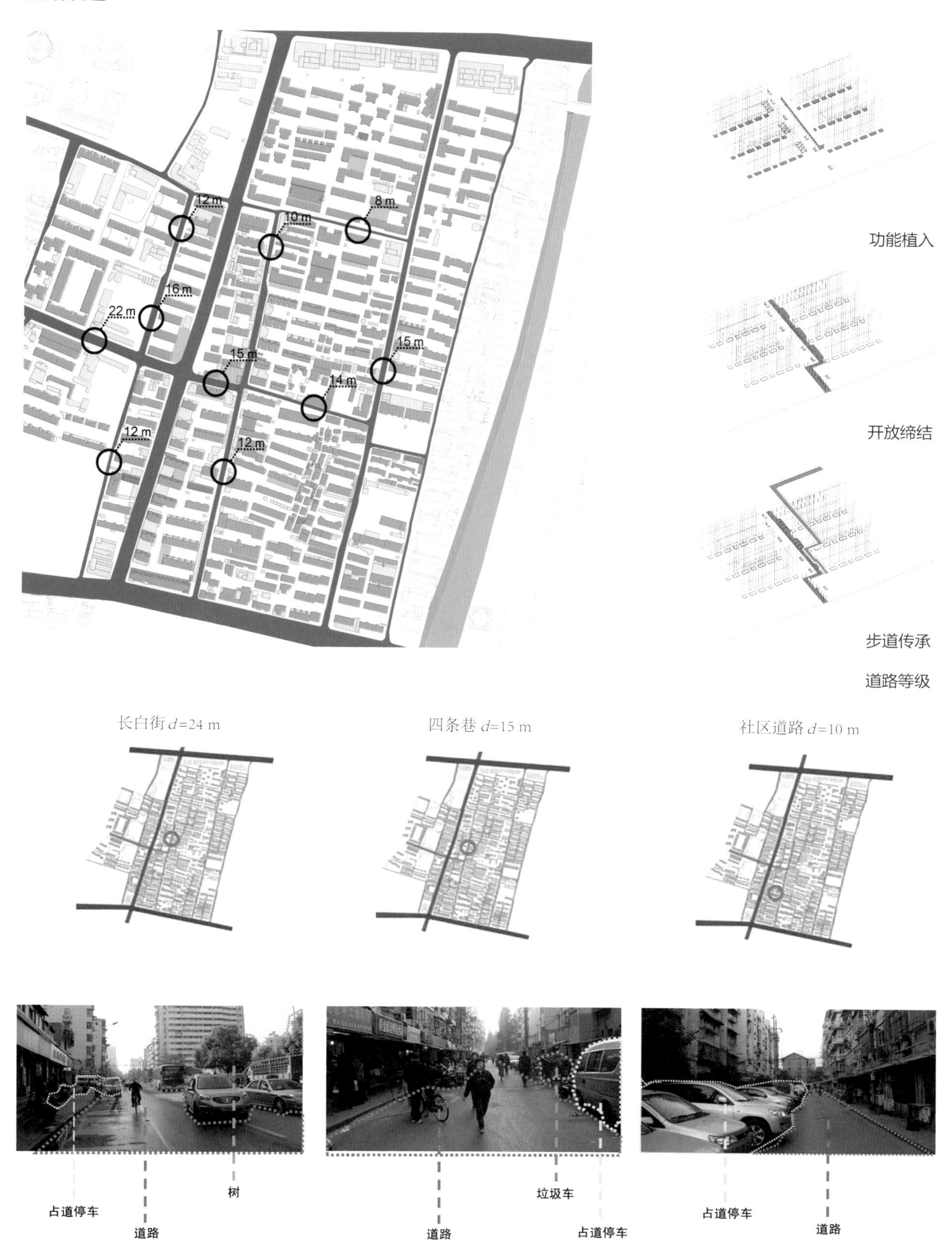

12 m
10 m
8 m
16 m
22 m
15 m
15 m
14 m
12 m
12 m
功能植入
开放缔结
步道传承
道路等级
长白街 d=24 m
四条巷 d=15 m
社区道路 d=10 m
占道停车
道路
树
道路
垃圾车
占道停车
占道停车
道路

空隙改造

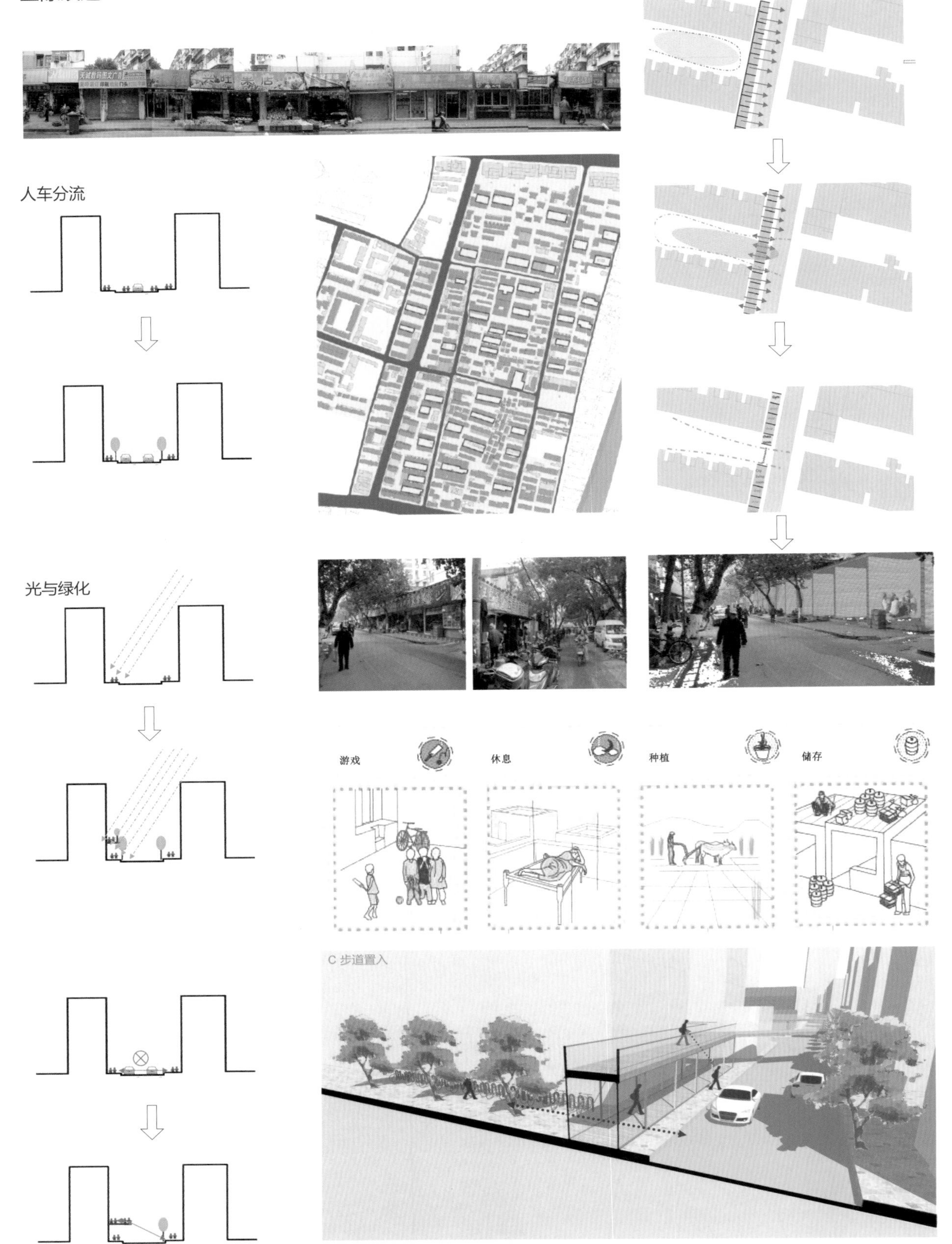

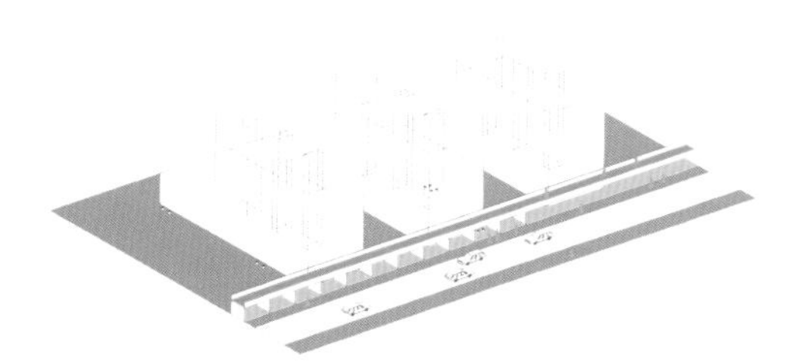

沿街活动现状：缺少可停留的活动空间

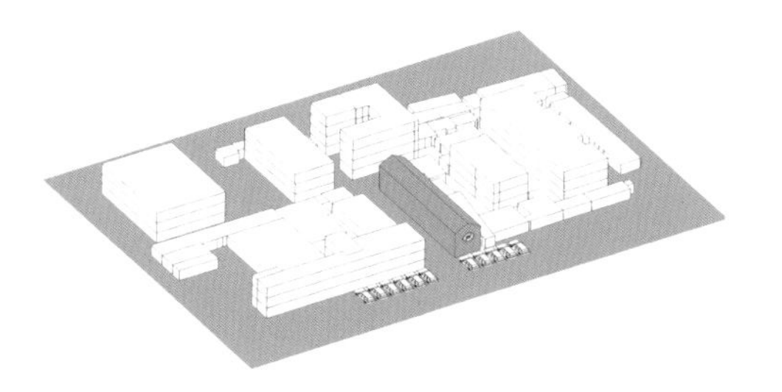

旧建筑现状：周围被停车占满，本身待拆迁

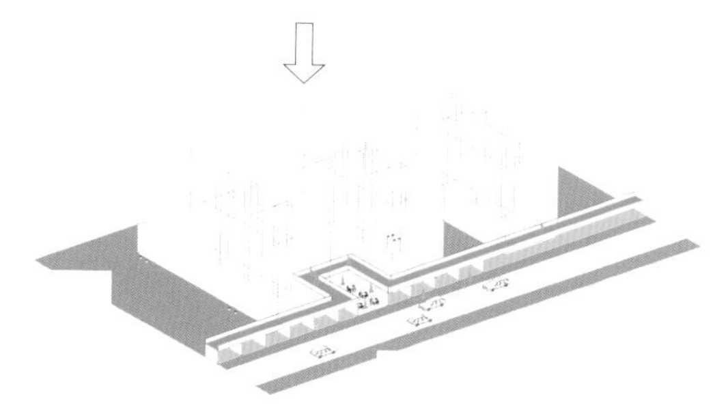

改造：沿街面内凹，形成袋形缓冲活动空间

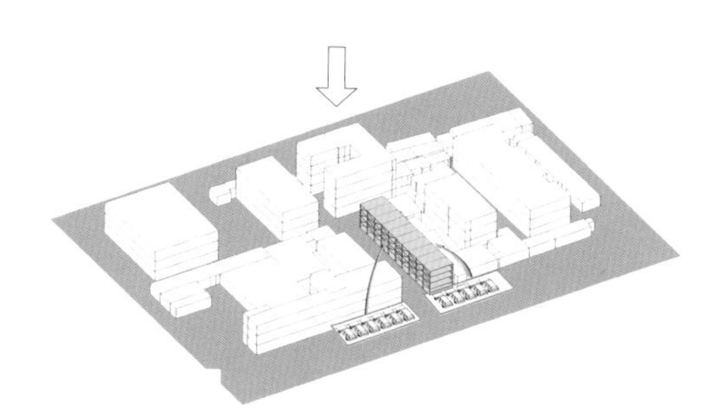

改造：旧建筑改造为立体停车楼，解决停车问题，美化公共空间

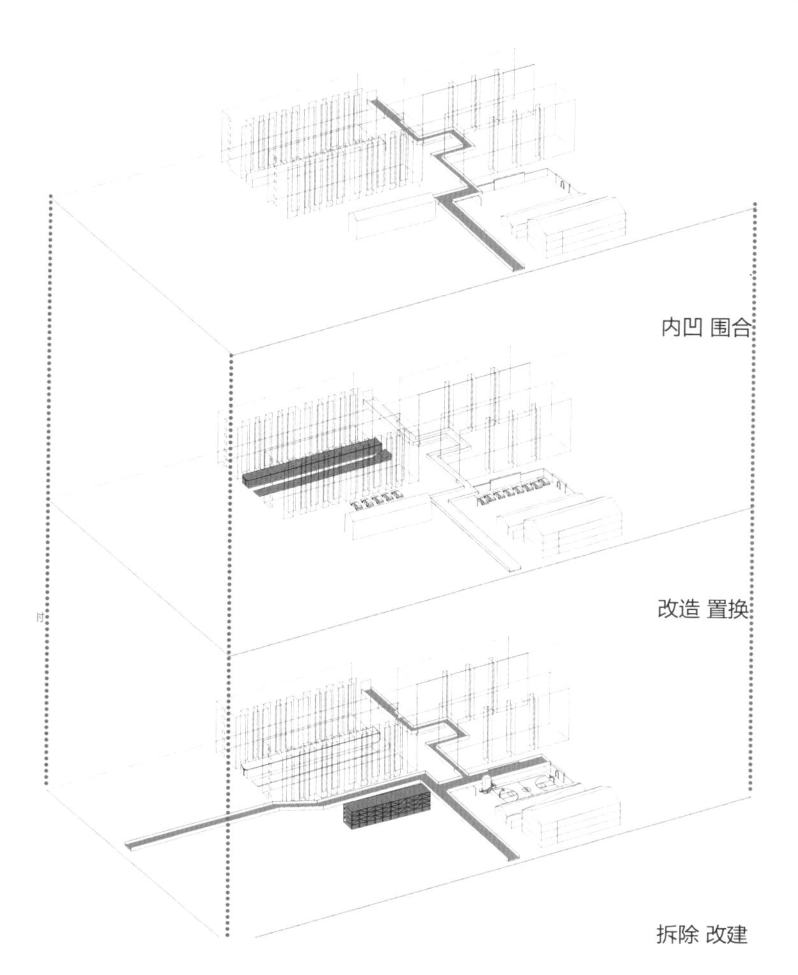

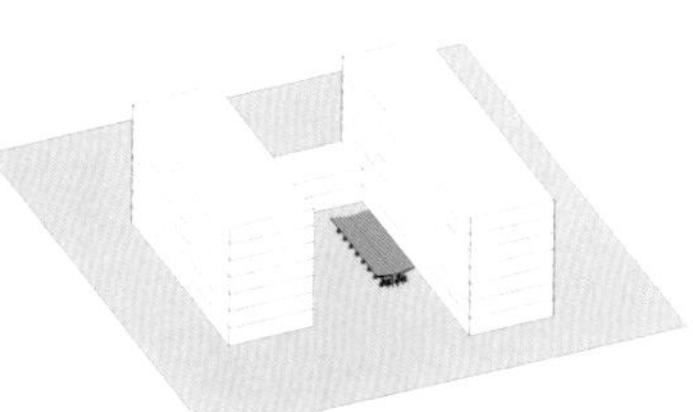

宅间活动现状：主要活动空间被车棚占据

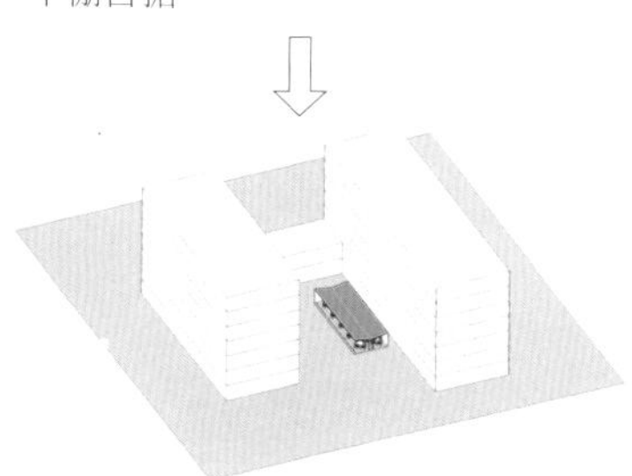

改造：车棚改为活动空间

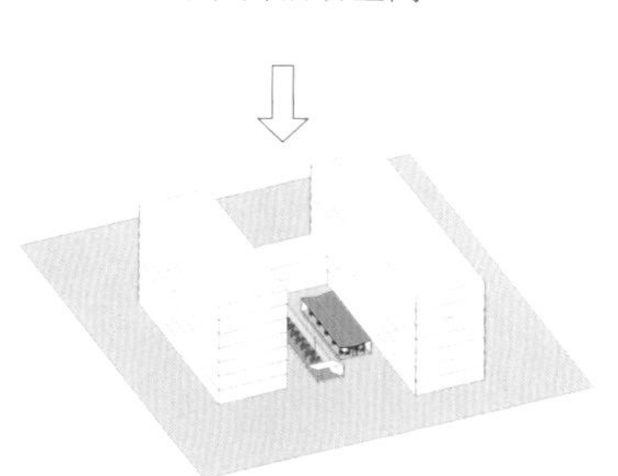

改造：原有停车置于地下，在解决停车问题的同时增加活动平台

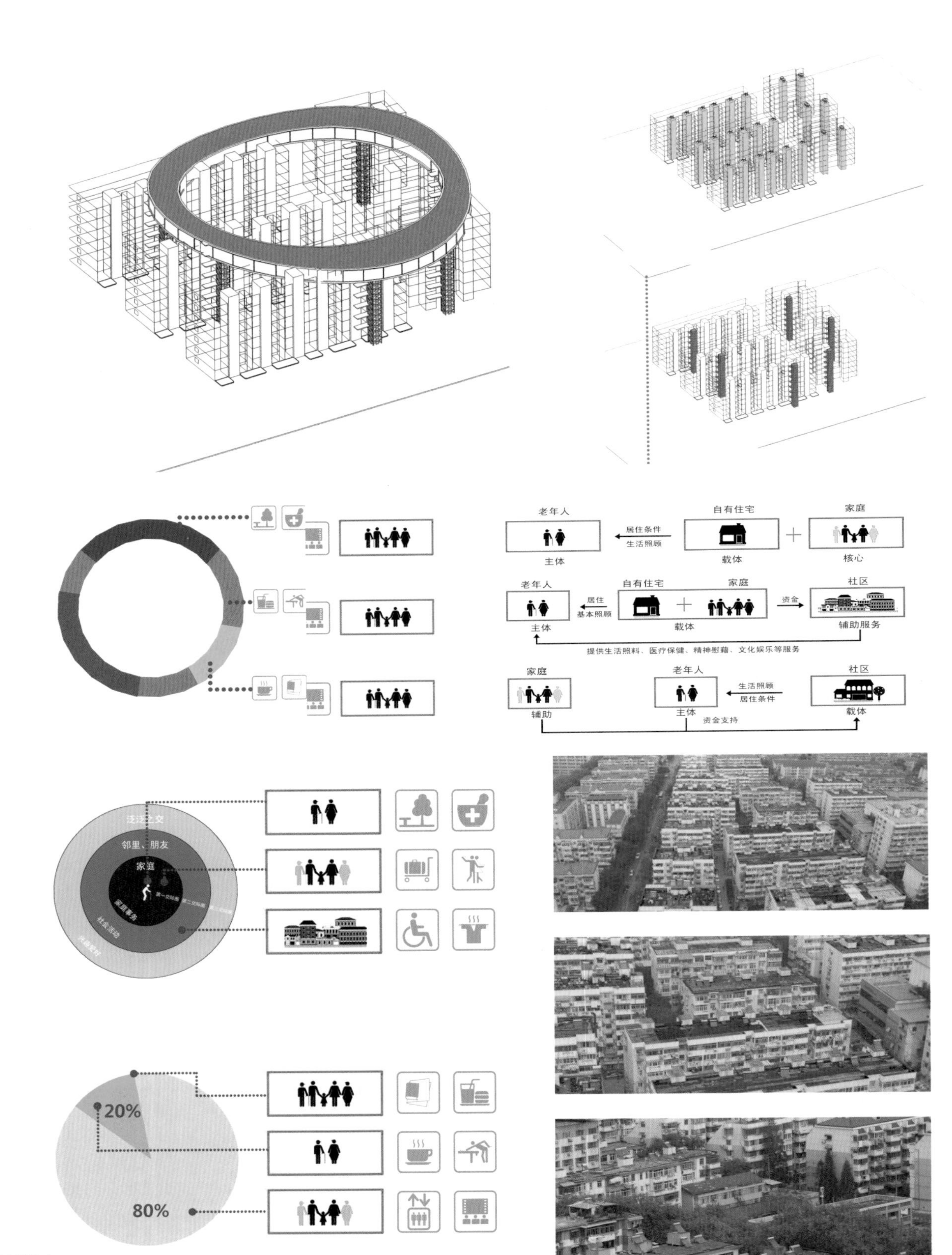
老年人
居住条件
生活照顾
自有住宅
家庭
主体
载体
核心
老年人
居住
基本照顾
自有住宅
家庭
资金
社区
主体
载体
辅助服务
提供生活照料、医疗保健、精神慰藉、文化娱乐等服务
家庭
老年人
生活照顾
居住条件
社区
辅助
主体
资金支持
载体
泛泛之交
邻里、朋友
家庭
家庭事务
社会活动
20%
80%

人群分布

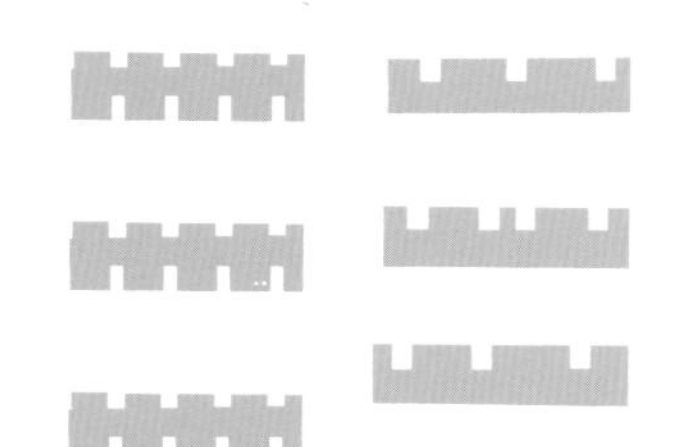

原屋顶

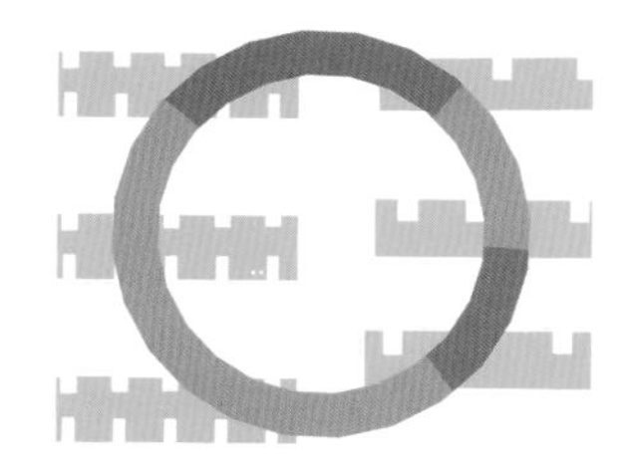

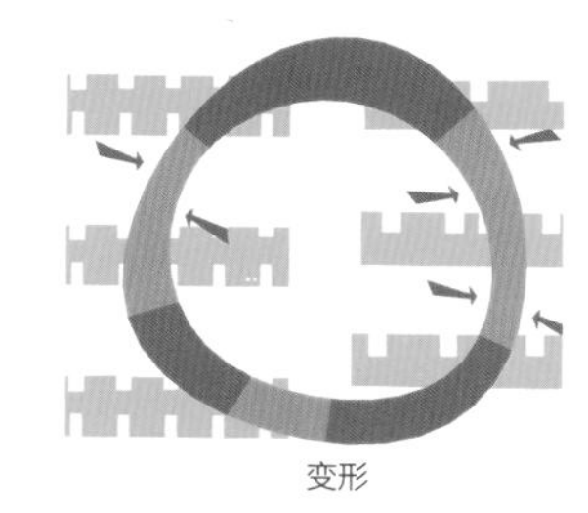

变形

生活环生成平面示意图

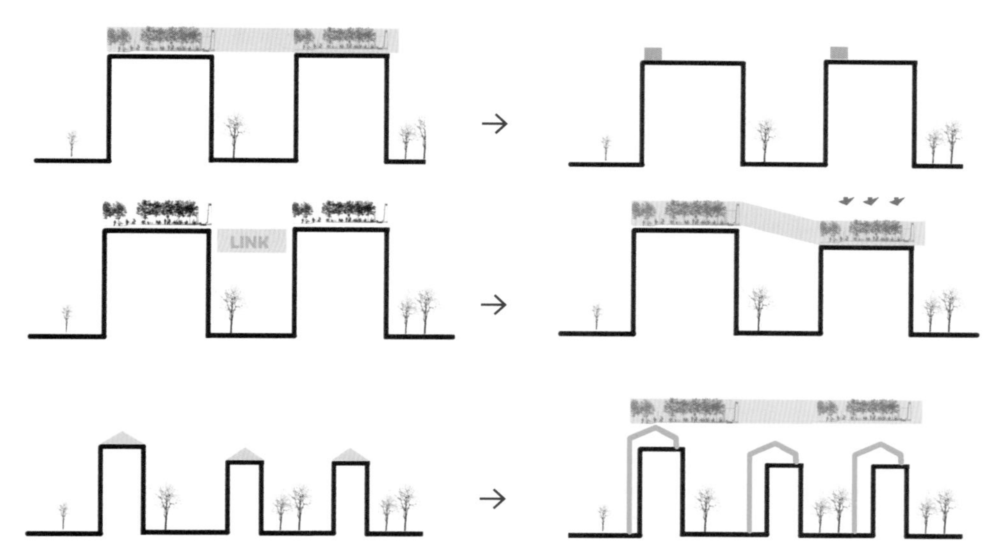

生活环生成剖面示意图

电梯置入与改造

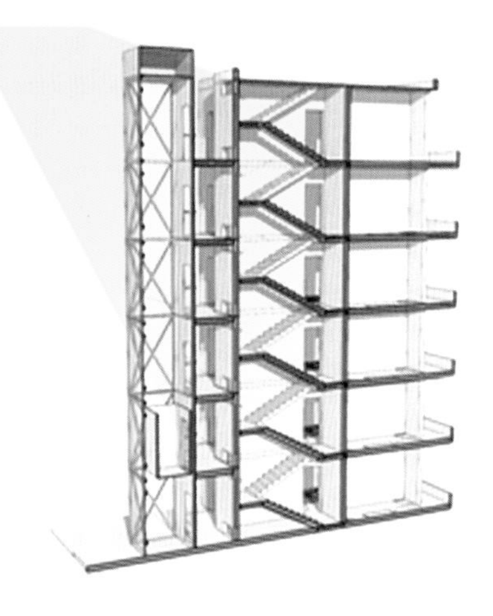

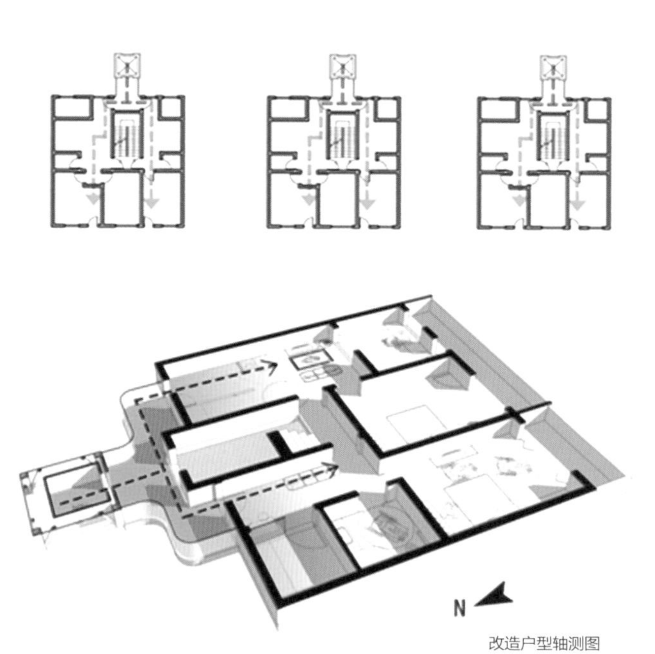

通过外部电梯的置入，沟通屋顶生活环与各层的联系，调整部分户型，形成更加简洁方便的人行流线。

改造户型轴测图

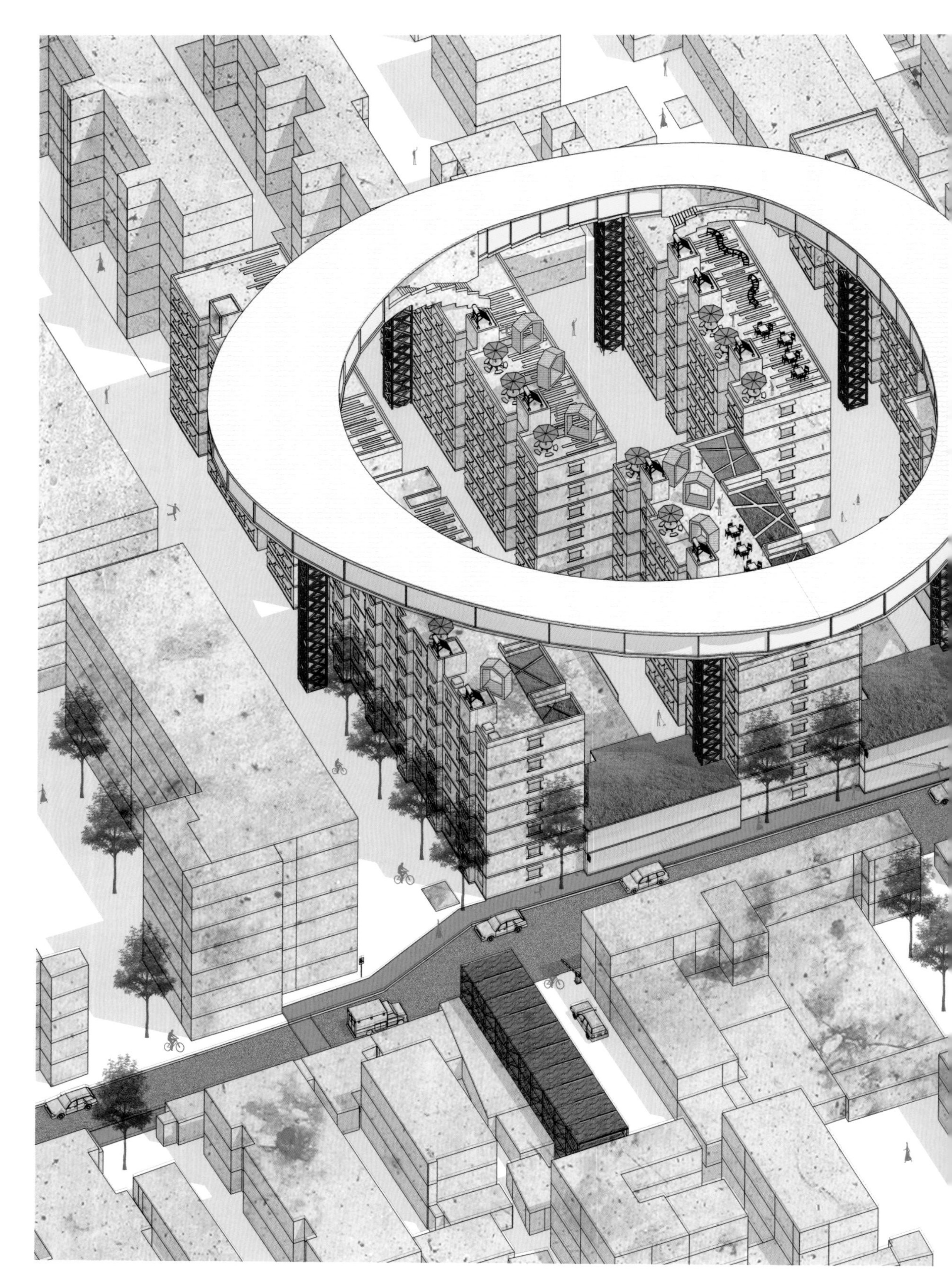

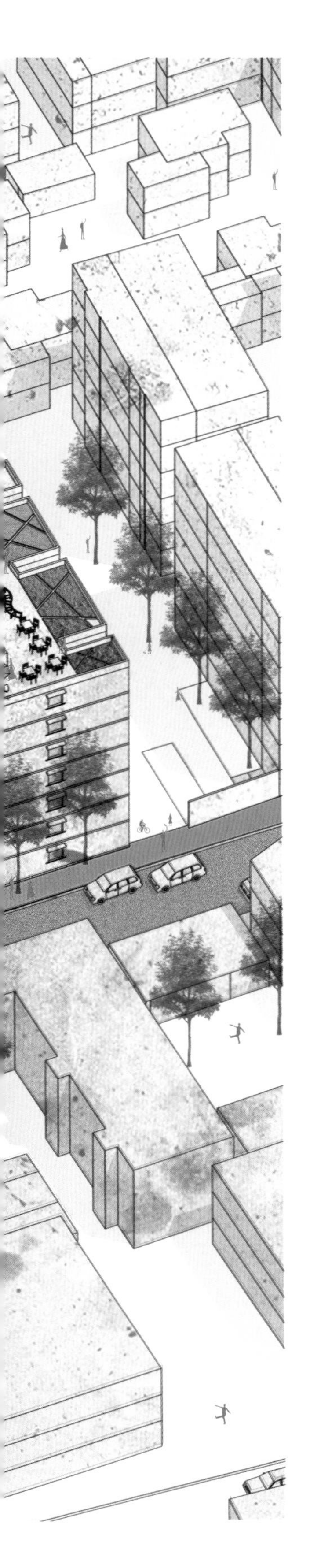

沿街两层建筑改造为社区活动中心，同时在建筑顶部设置生活环。节点 A 处的生活环应对楼层顶部高差进行高度上的变形，围合出不同纬度的活动平面。

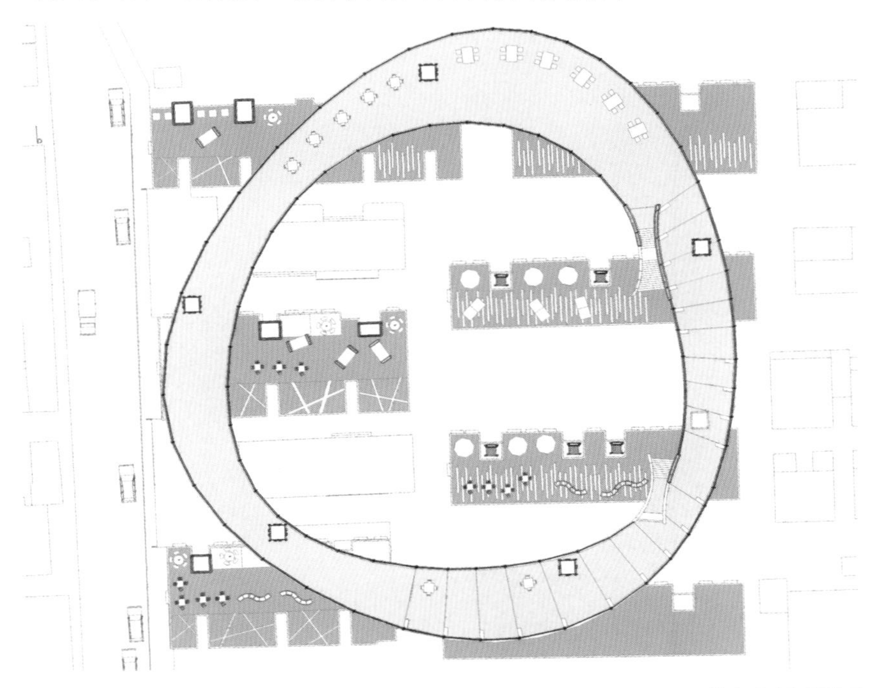

节点 A 屋顶平面

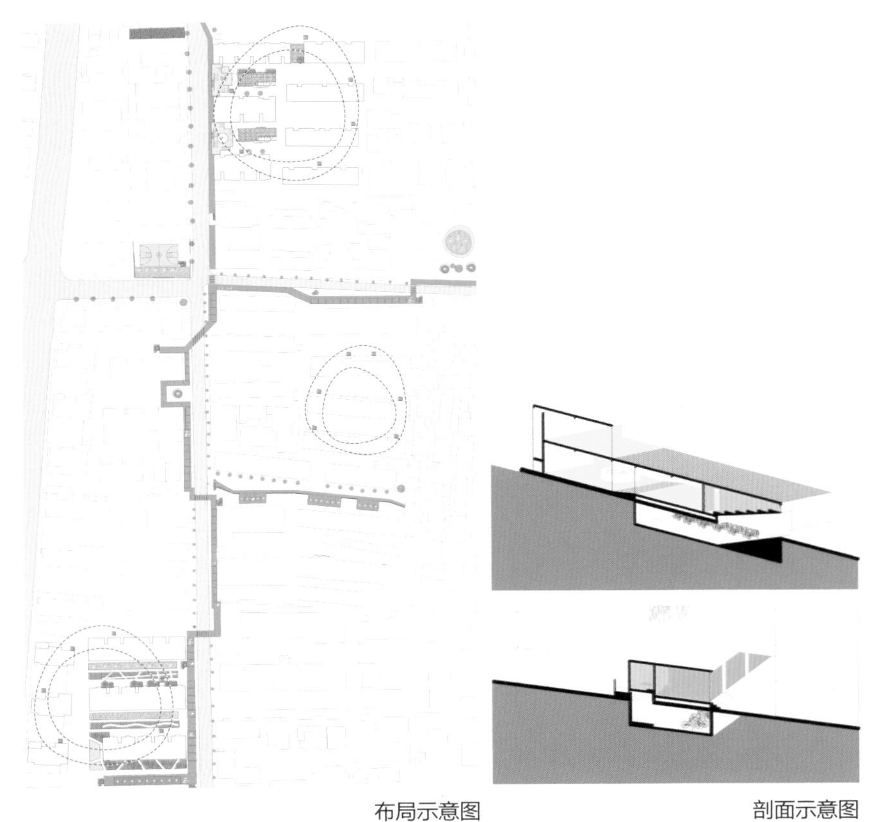

布局示意图

剖面示意图

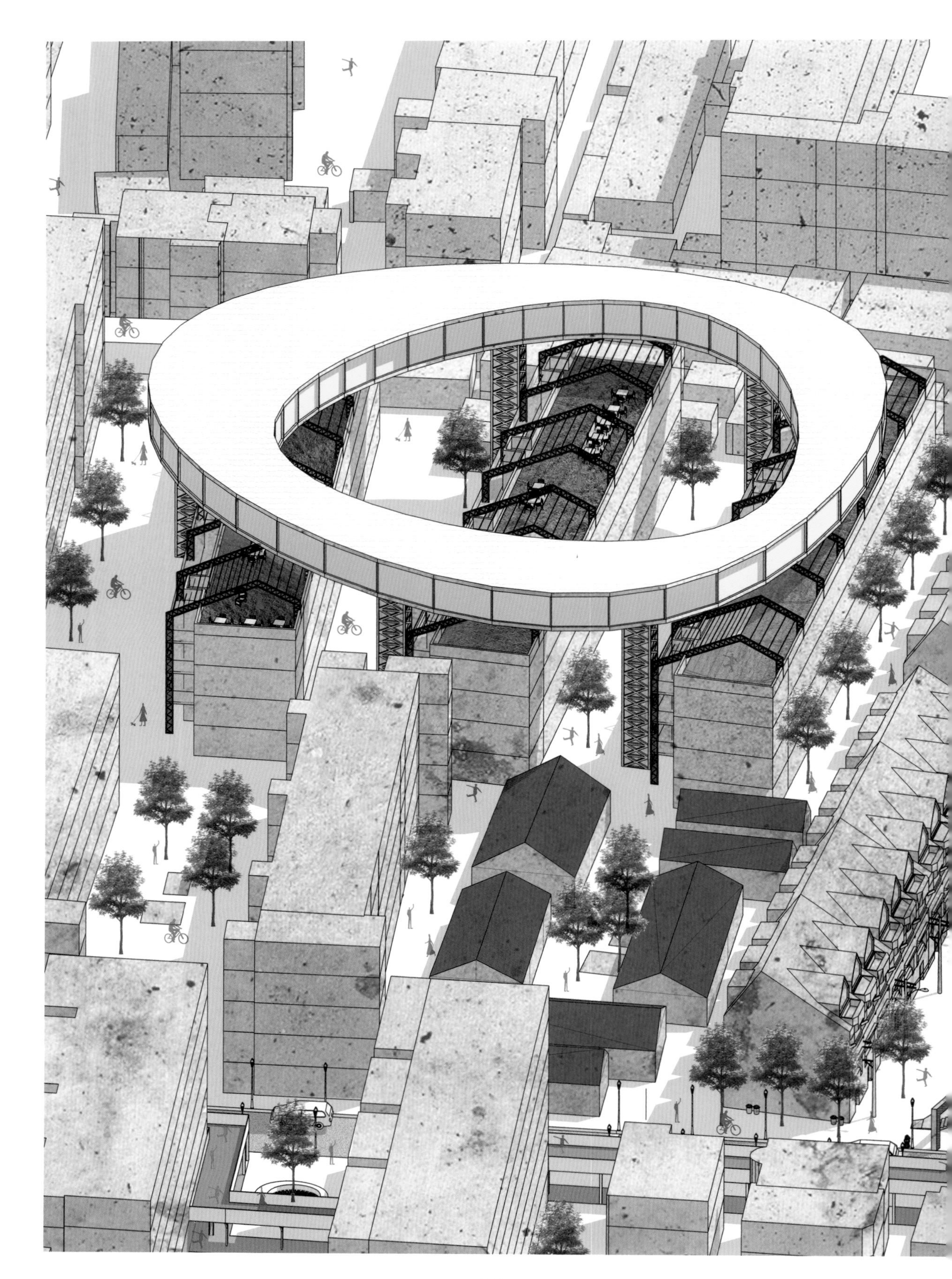

节点 B，保留原有的坡屋顶形式，将生活环以钢结构等现代材料建造，突出新旧对比。屋顶平台以休闲娱乐为主，设置咖啡馆等，同时解决居民晾晒等生活需求。

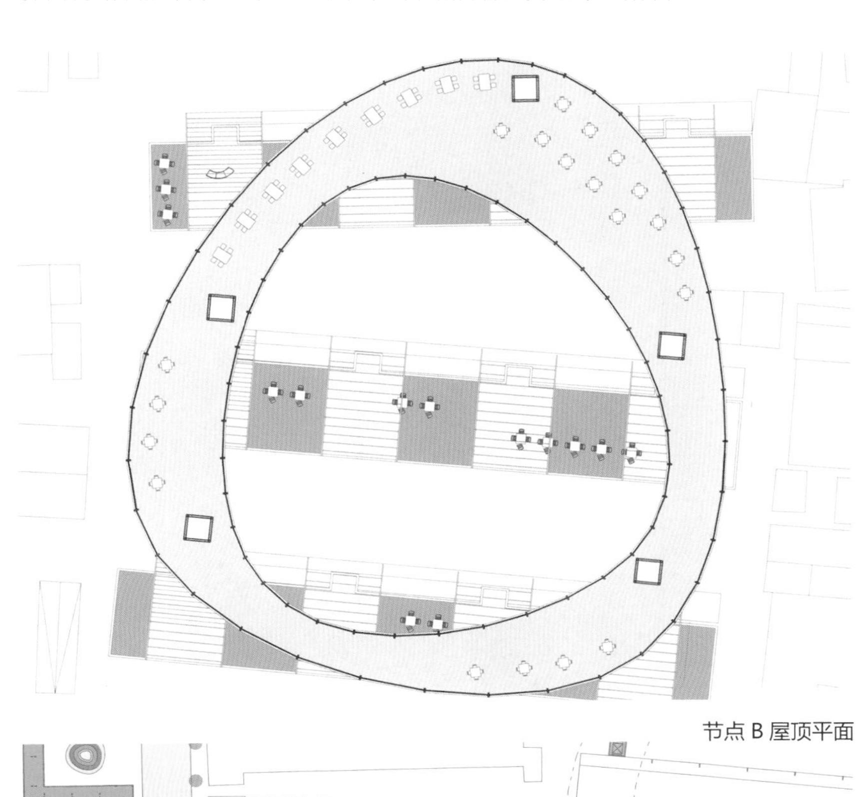

节点 B 屋顶平面

节点 B 底层改造

节点 B 场景透视

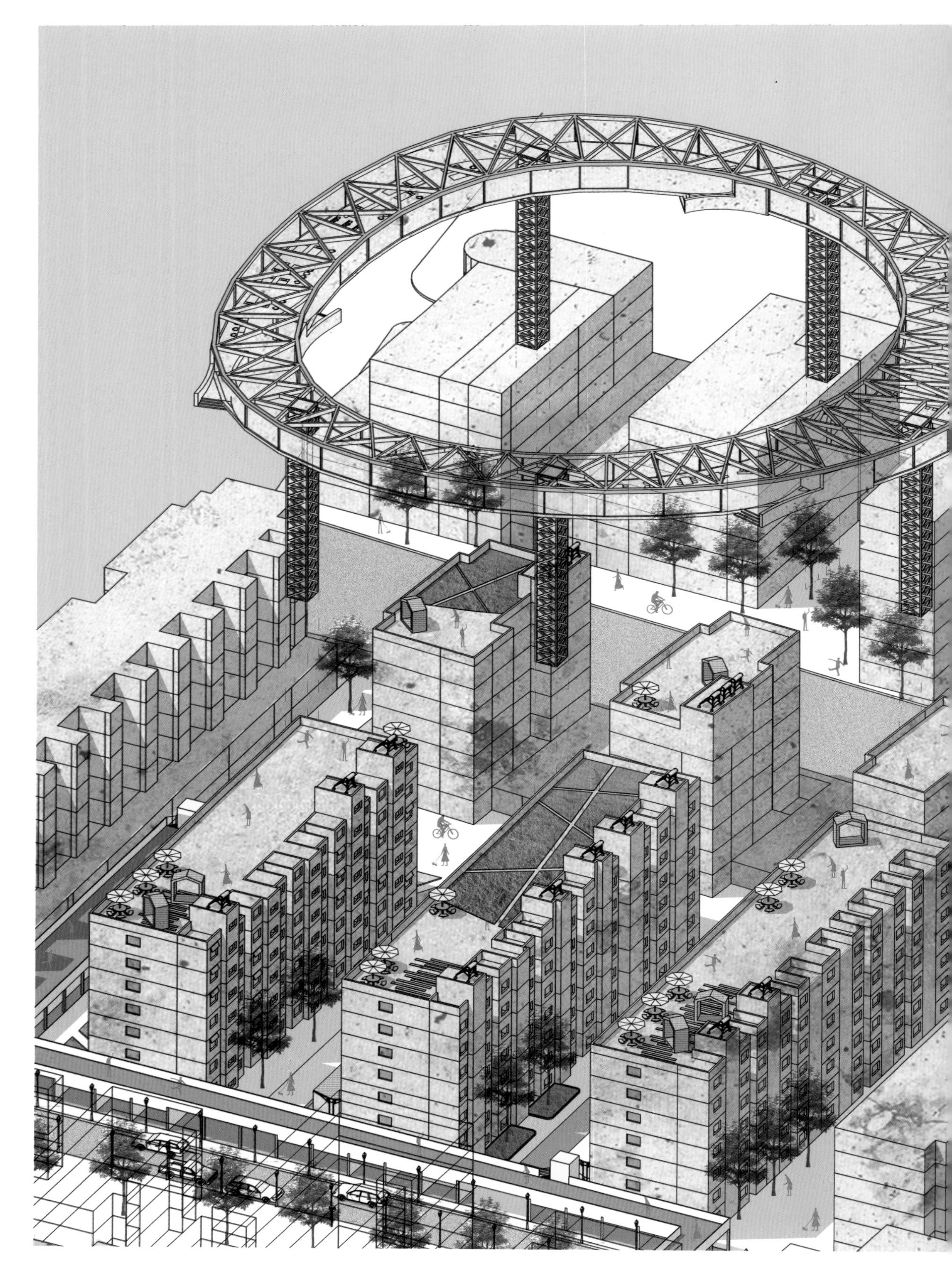

节点 C

节点 C 处的生活环内部结构通透，采用巨型网架结合电梯井的点式支撑，将主要体量布置在楼层之上。宅间以小体量连接，尽量减少对于日照的影响；底部车棚改为活动中心，车库下挖至地下层。

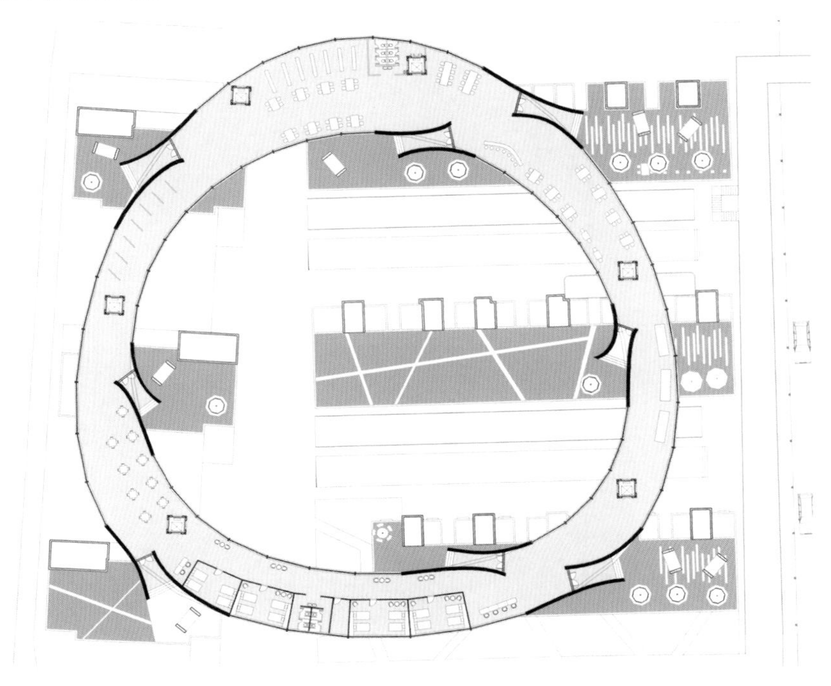

节点 C 屋顶平面

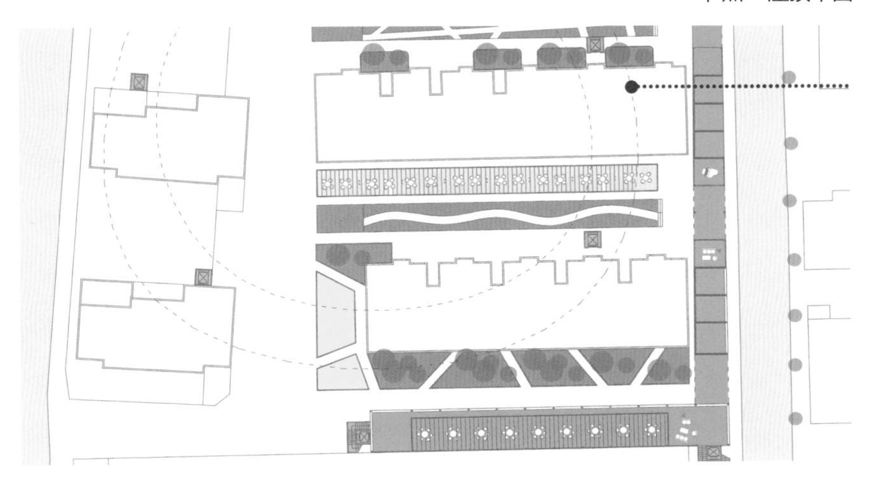

节点 C 底层改造

节点 C 场景透视

缤纷鲜

城市针灸

黄菲柳　戴　赟

发现

丹风街街区因历史原因被不同单位、小区的围墙分割为多个相互独立、不可互通的居住组团，造成围墙沿线的边界空间逐渐成为堆放杂物、垃圾的消极空间。随着当下开放性街区的诉求，围墙及其周边的消极空间也面临着更新改造的需求与可能。

不同居住组团的居民构成复杂且已严重老龄化，居民对日常生活的需求差异性也较大。街区中存在大量自发形成的生活类服务设施，多以底层住户开放改造、阳台院落扩建及移动性摊位的形式存在，形态混乱，挤占了本就不宽敞的公共空间。

更新

本案提出以针灸的方式，以点带面、化消极为积极的更新策略。拆除阻隔性的围墙和私搭乱建，整合未被利用的消极空间，寻找恰当的区位嵌入共享公共空间，形成承载不同使用功能的社区公共空间和公共活动节点。采用便于拼装拆建的集装箱为空间单元，根据不同节点环境及功能定位，组织形成差异性公共服务空间，利用原有围墙的线性空间串联起一系列节点空间，从而形成完整的网络状公共服务及景观步道系统。

场地分析

场地位置：南京市玄武区
场地面积： 7.3 hm^2
社区常住人口：3 万人
60 岁以上人口：6 700 人
老年人口比例：22.3%

居住用地　商业用地

分配房　回迁房　商品房

功能调研

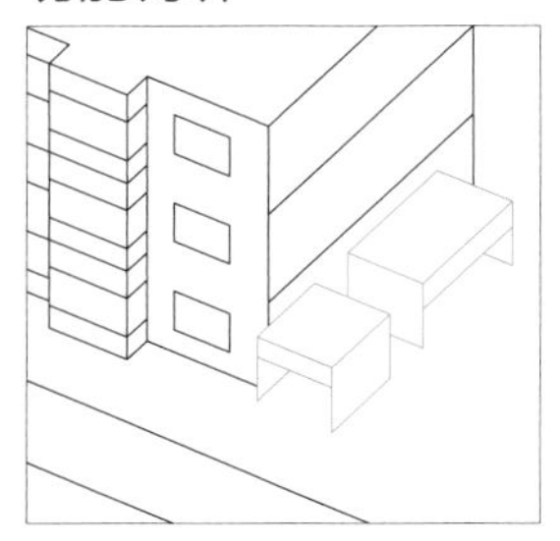

加建

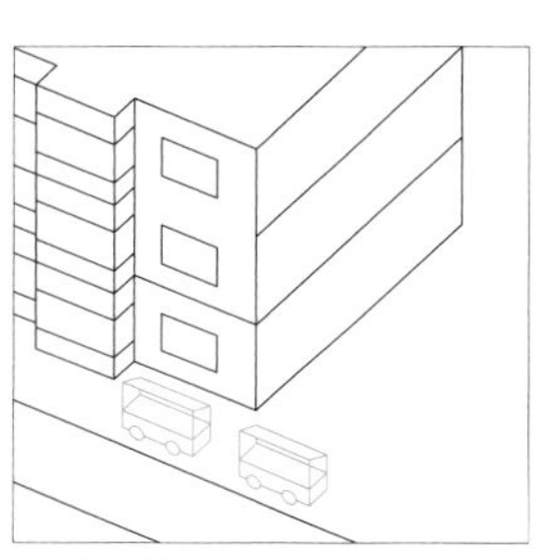

活动摊位

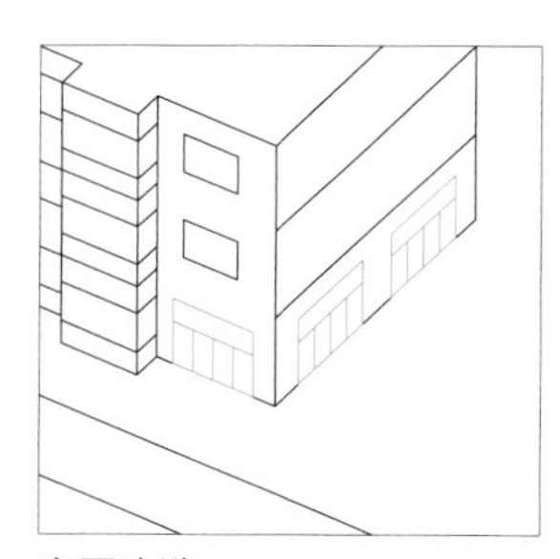

底层改造

在早期规划中，丹凤街地块内的社区内部并没有设置公共服务设施，随着社区居民生活需求的变化，社区中以加建、移动摊位、底层改造等方式增加了多样化的功能空间。
由于所有功能都是自发形成的，在配置上虽然满足了社区居民生活需要，但是在形态上却显得比较混乱，对社区公共活动空间带来较大的负面影响。

空间调研

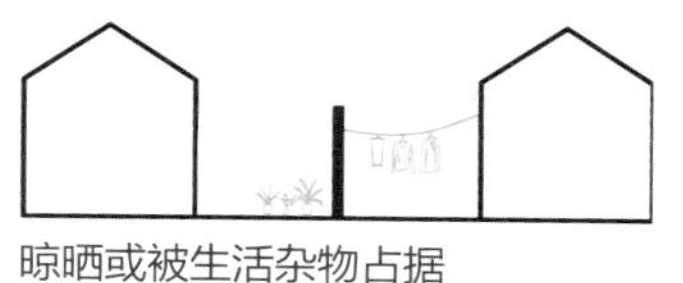

晾晒或被生活杂物占据

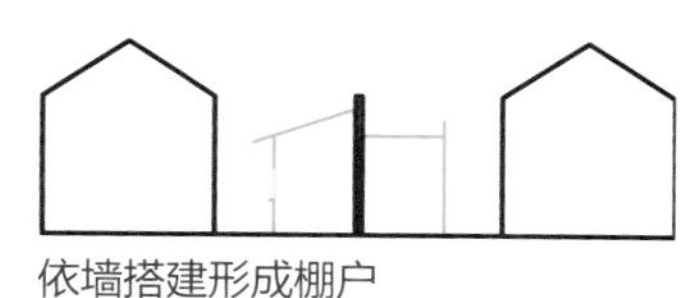

依墙搭建形成棚户

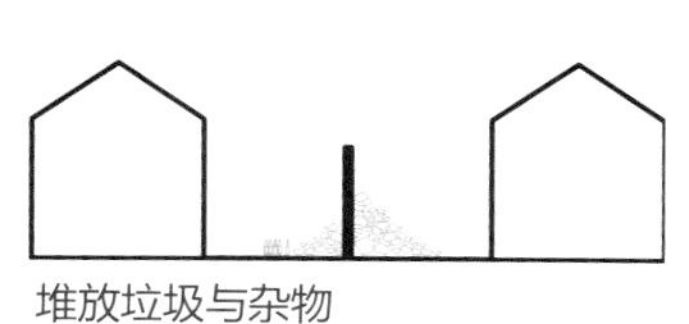

堆放垃圾与杂物

丹凤街地块大部分小区是早年由单位分房而形成的，每个单位之间用围墙隔开，所以地块内存在着多个相互独立且不可通达的小区。

实际上，由于房屋易主等原因，小区内的居民已颇为混杂，原有围墙所具备的防护与隔离的作用已渐渐消失。

此外，居民对围墙的自发利用，赋予了围墙多样的功能。但一些过度或不合理的利用给原本拥堵的社区空间增添了负面影响。

活动调研

希望到老年服务中心的步行距离

A. 5 分钟之内 32%

B. 5~10 分钟 56%

C. 10~15 分钟 8%

D. 15 分钟以上 4%

需要到老年服务中心的步行距离

A. 5 分钟之内 12%

B. 5~10 分钟 22%

C. 10~15 分钟 38%

D. 15 分钟以上 30%

小区能否满足老年人的交往活动

A. 能 24%

B. 不能 24%

C. 不清楚 42%

各小区功能需求调查结果

通过问卷与查访对丹凤街的社区活动进行调研。在早期规划中未考虑与公共活动相关的功能设施与空间，目前沿街道及空地等地带自发形成一系列居民活动，但是无组织的活动场地依然无法满足老年人的需要。

此外，由于丹凤街各个小区分属不同单位的人群居住生活习惯存在差异，导致各小区内对活动的需求也不相同。

更新策略图解

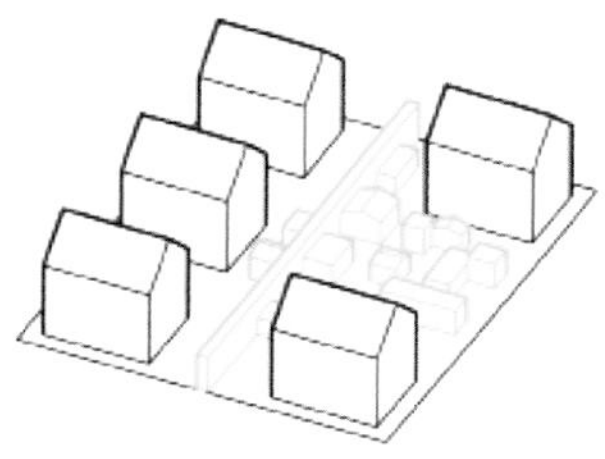

现状

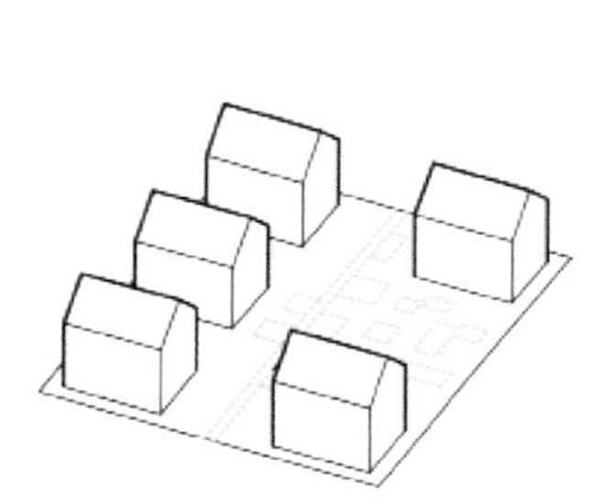

拆除

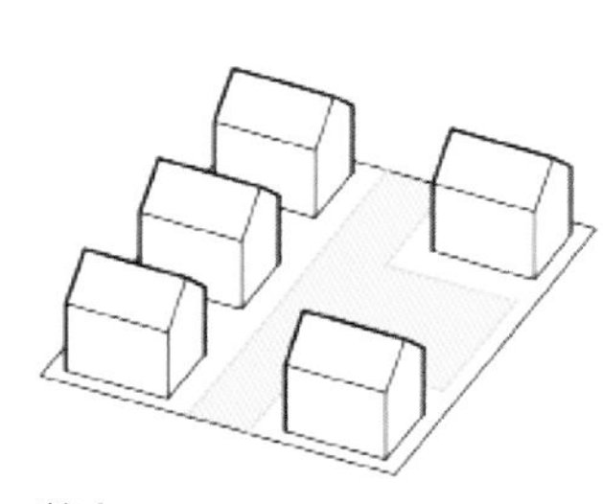

整合

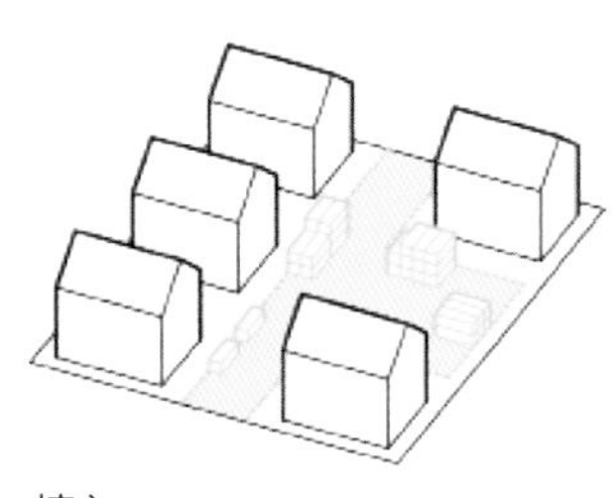

植入

空间更新策略

场地现状围墙的存在令两侧空间变得消极。

场地存在大量搭建，生活环境变得拥堵。

将原有小区间的围墙拆除，利用两边空隙嵌入步道，保留小区的边界，在保证私密性的同时实现小区间公共设施的共享。

移除私建，在步道上形成放大的节点，承载活动成为社区中心。

功能更新策略

场地原有医疗点分布状况远远无法满足老人对医疗的需求。

场地原有活动室分布状况，按照老人步速划定服务半径，仅能服务小部分人群。

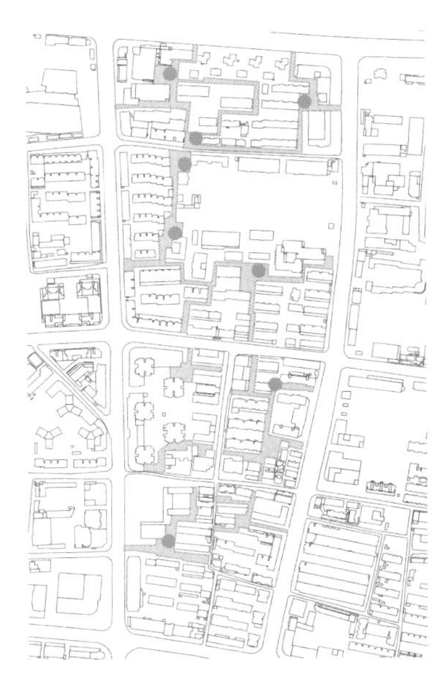

更新后阅览室分布状况，参照各小区功能差异，场地北部的人群对阅读需求更高。

根据基地实际状况划分片区，按片区布置医疗点，服务该片区内所有老人。

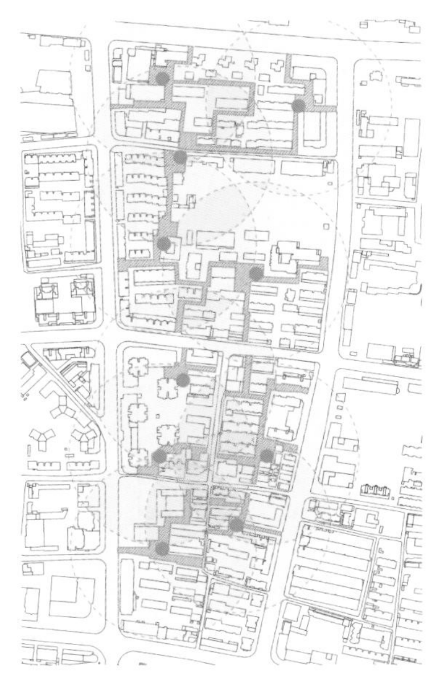

按老人5分钟行走距离划定服务半径，确保老人到最近的活动室的时间在5分钟以内。

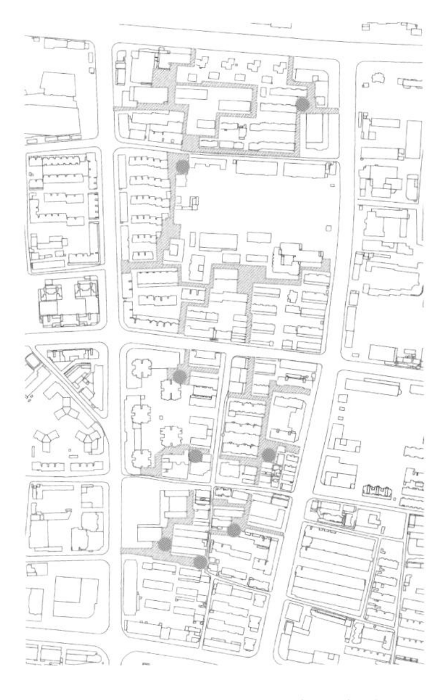

更新后棋牌室分布状况，参照各小区功能差异，场地南部的人群会花更多时间在棋牌上。

空间与功能更新叠合平面

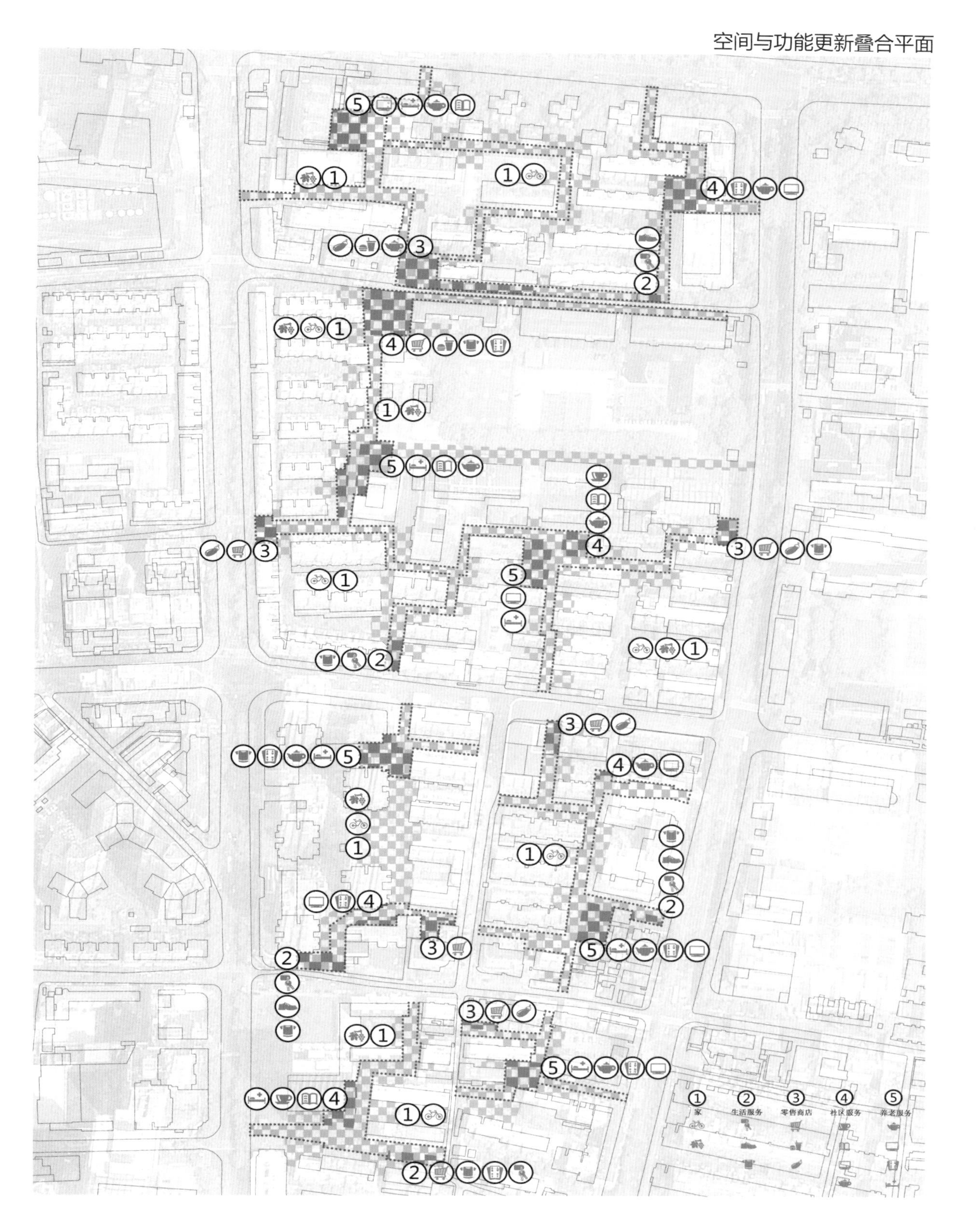

社区更新从空间与功能两个层面展开。空间更新中，整合原有场地中未被合理利用的空间，寻找位置合理并且面积较充裕的空间形成节点；功能更新中，依据功能配置策略在不同的空间中引入新的功能，形成社区更新的总体概念。

植入单体的选择与组合

在更新操作中，以快速组装的集装箱单体作为功能植入的载体。通过承载不同功能的单体组合，应对社区在功能需求上的多样性。

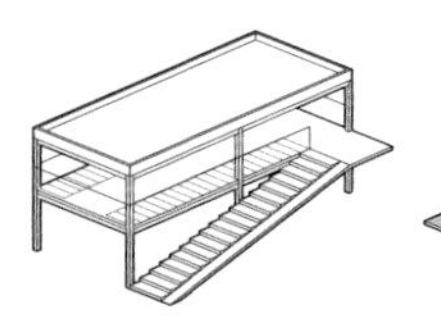

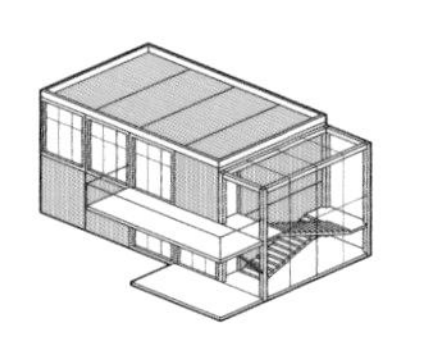

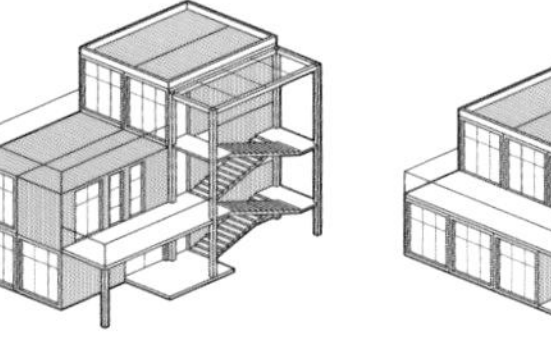

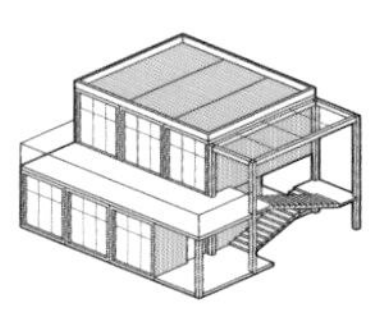

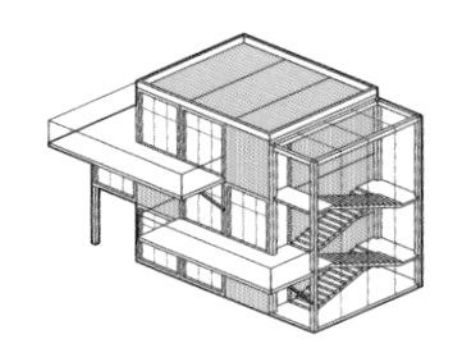

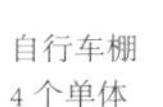

自行车棚
4 个单体

· 以集装箱尺寸为模数，轻型钢框架结构
· 可提供 50 个自行车位
· 底层架空，为居民活动提供地面空间

位置
宅前空地

商业体
1-2 个单体

· 整合流动商贩和临时商业点
· 提供活动雨篷遮蔽，随开随用

位置
路口，步道入口

医疗站
8 个单体

· 便民门诊
· 专科医师轮流看诊
· 提供定期免费体检，药房对外开放

位置
社区节点

活动室
10 个单体

· 根据社区需求差异调整功能，包括棋牌、电视、排练空间等
· 提供室外平台

位置
社区节点

咖啡吧
6 个单体

· 整合不同年龄层需求
· 体量错动提供一、二层室外平台，满足各类休闲活动要求

位置
社区 - 校园节点

阅览室
10 个单体

· 底层对外报刊亭
· 室外平台错动加强交流
· 期刊阅览、儿童阅览和小型讨论区，提供图书外借服务

位置
社区节点

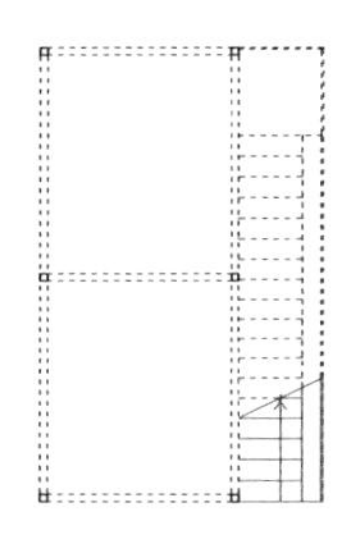

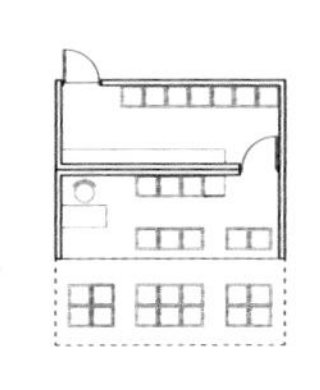

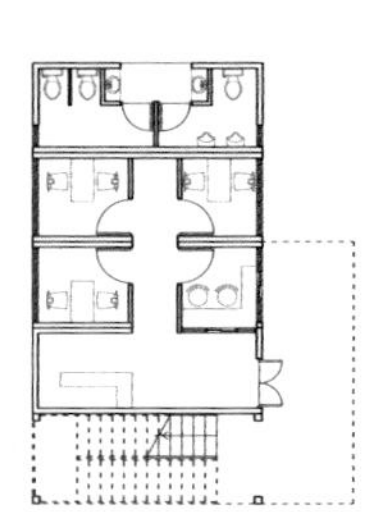

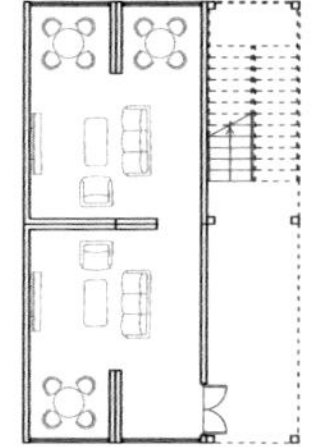

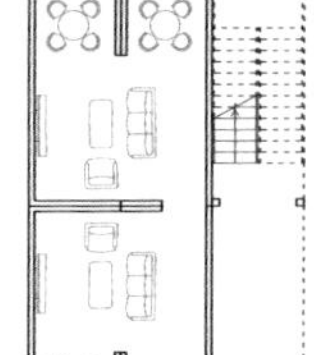

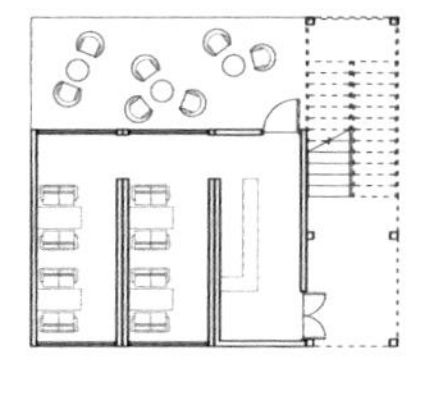

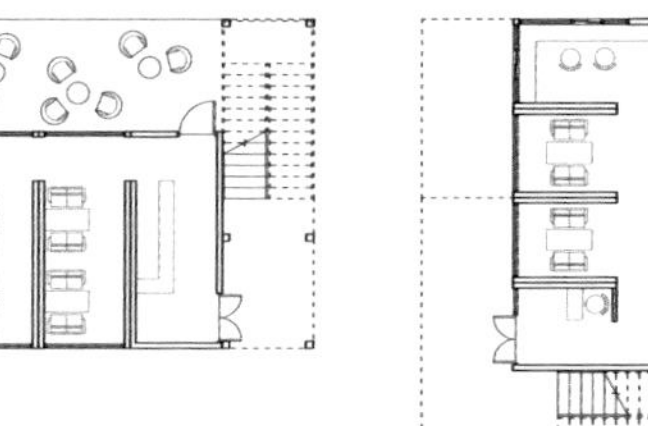

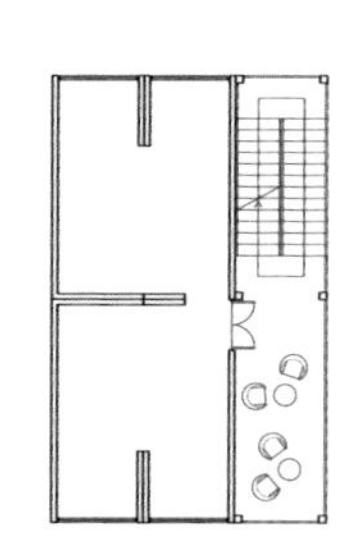

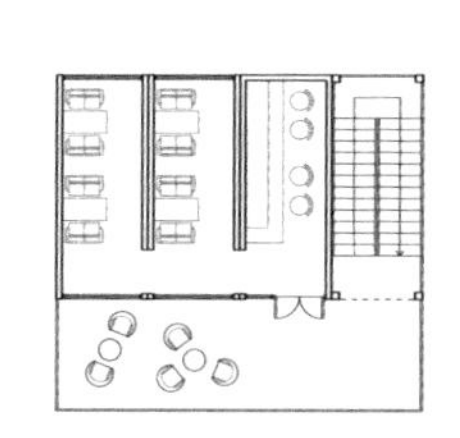

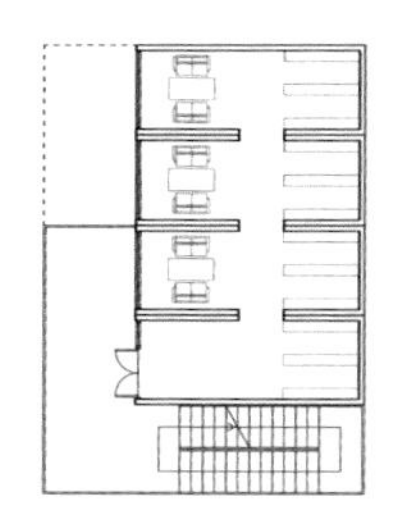

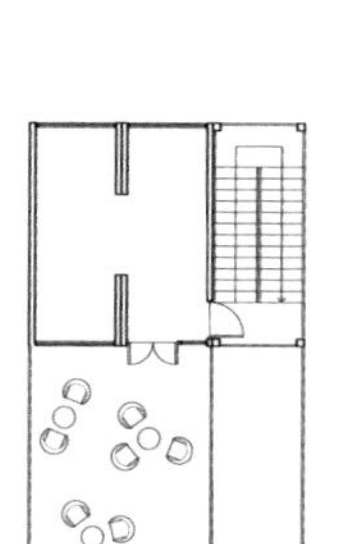

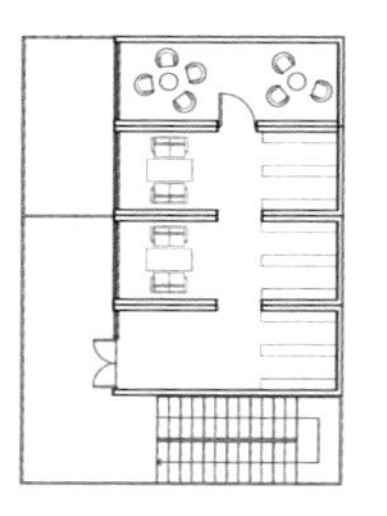

构造研究与建造

在结构上，集装箱自身结构便可以满足承重的需要。将集装箱按一定规则叠合，短边打开设窗户解决采光需求，长边根据内部功能要求可将部分打通得到大空间。

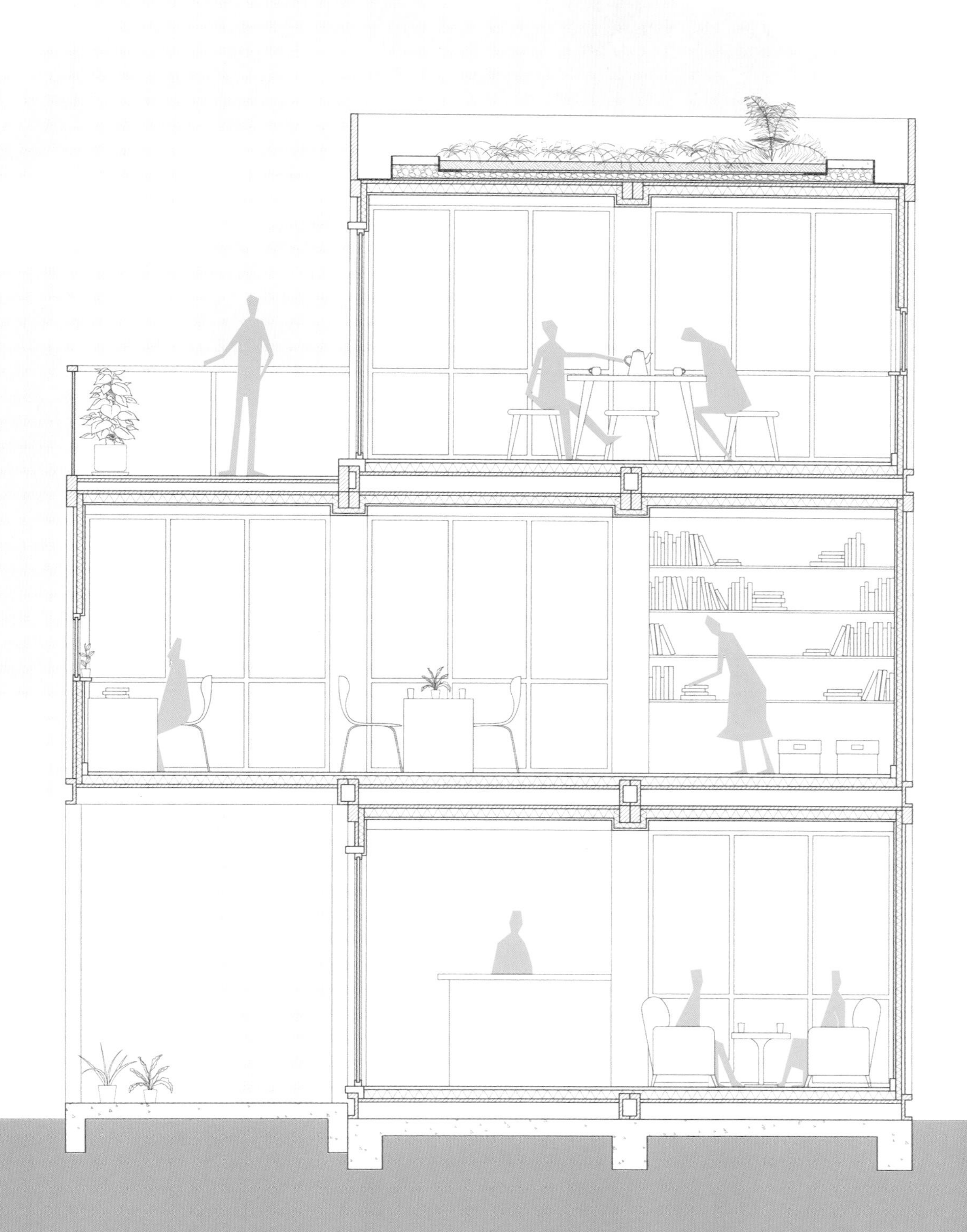

节点一
城市 - 社区

社区与城市相接部位，侧重于商业功能。在功能置入时更多考虑商业与社区活动之间的关系。

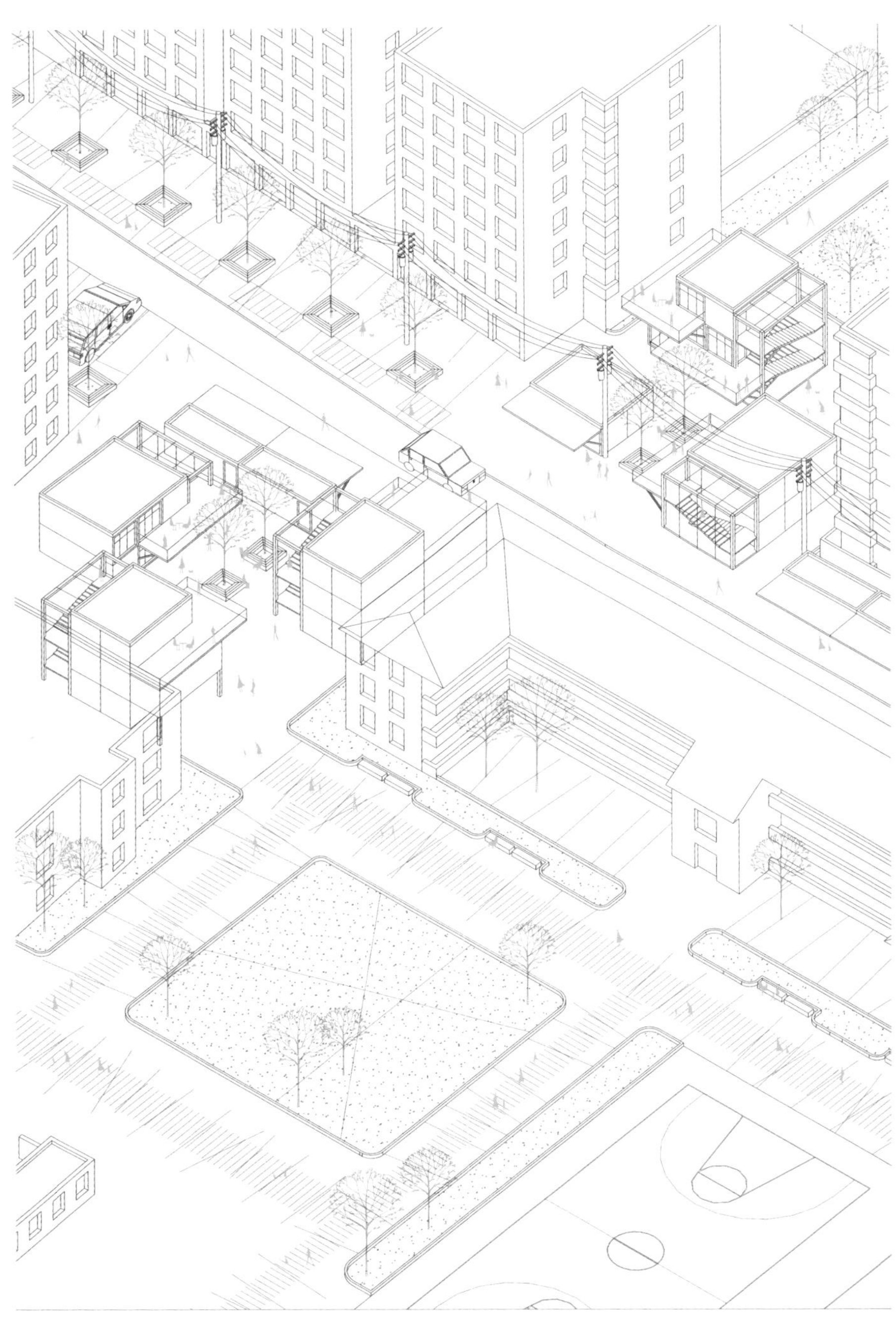

场景轴测

场景透视

一层平面

节点二
校园 - 社区

社区与学校相接部位，现状为停车场及违章搭建。更新方案将打破学校与社区的边界，使学生与居民共享公共设施。

场景轴测

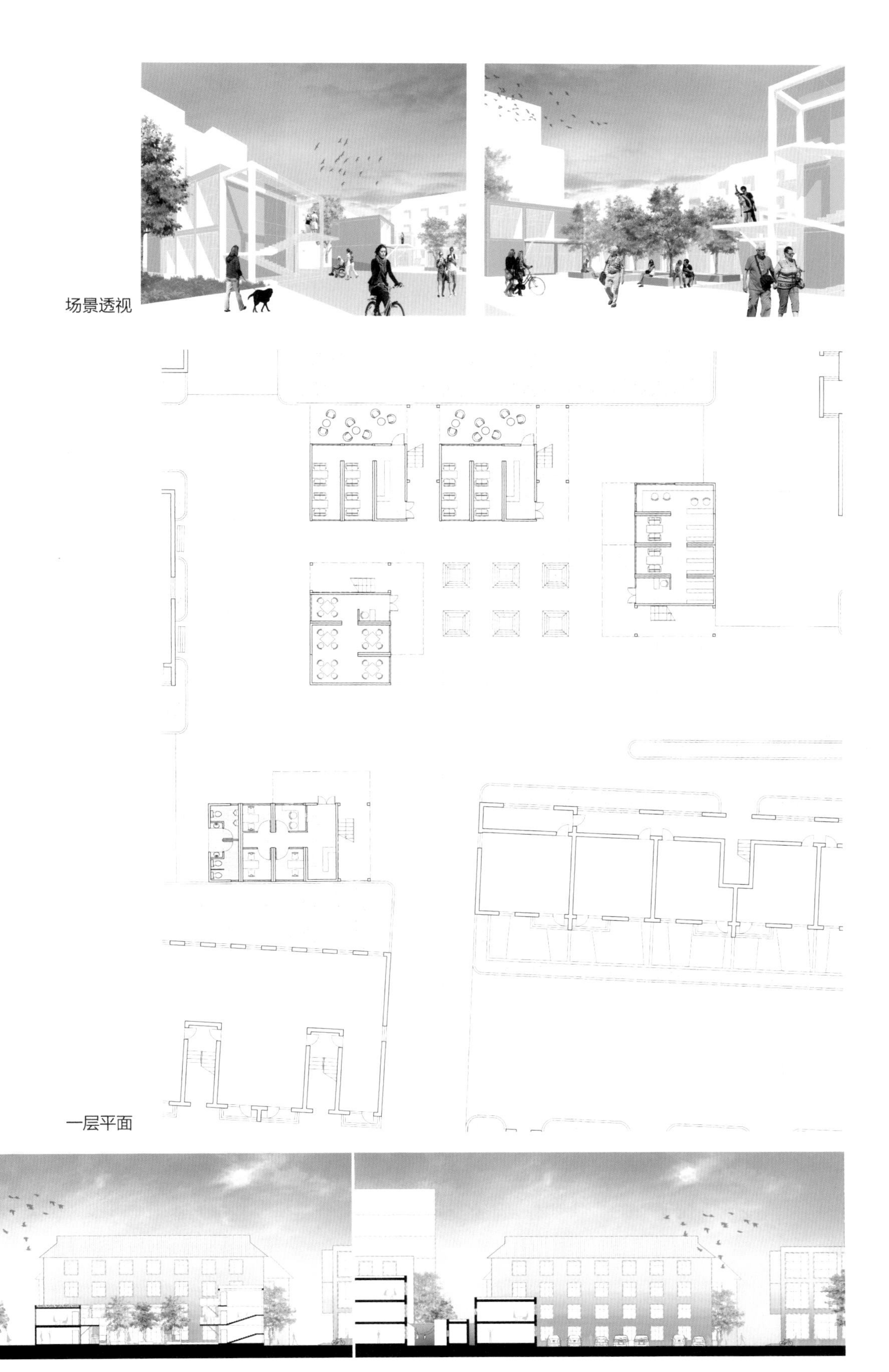

场景透视

一层平面

节点三
社区 - 社区

场地位于几个小区交界处，植入功能后为几个小区共用，起到社区中心的作用。

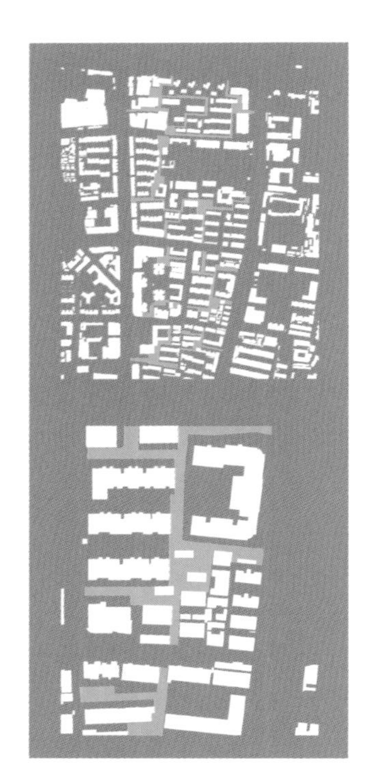

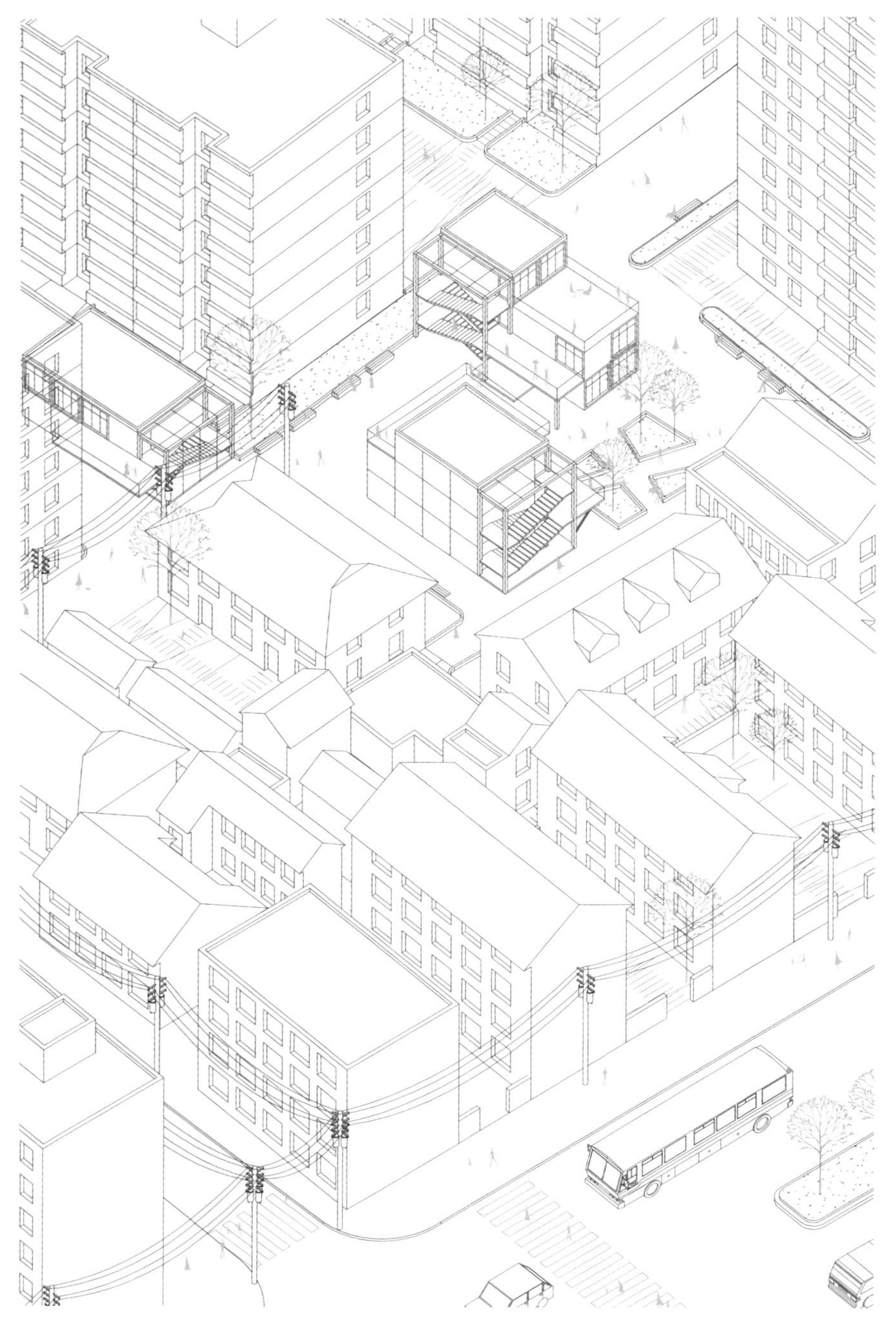

场景轴测

场景透视

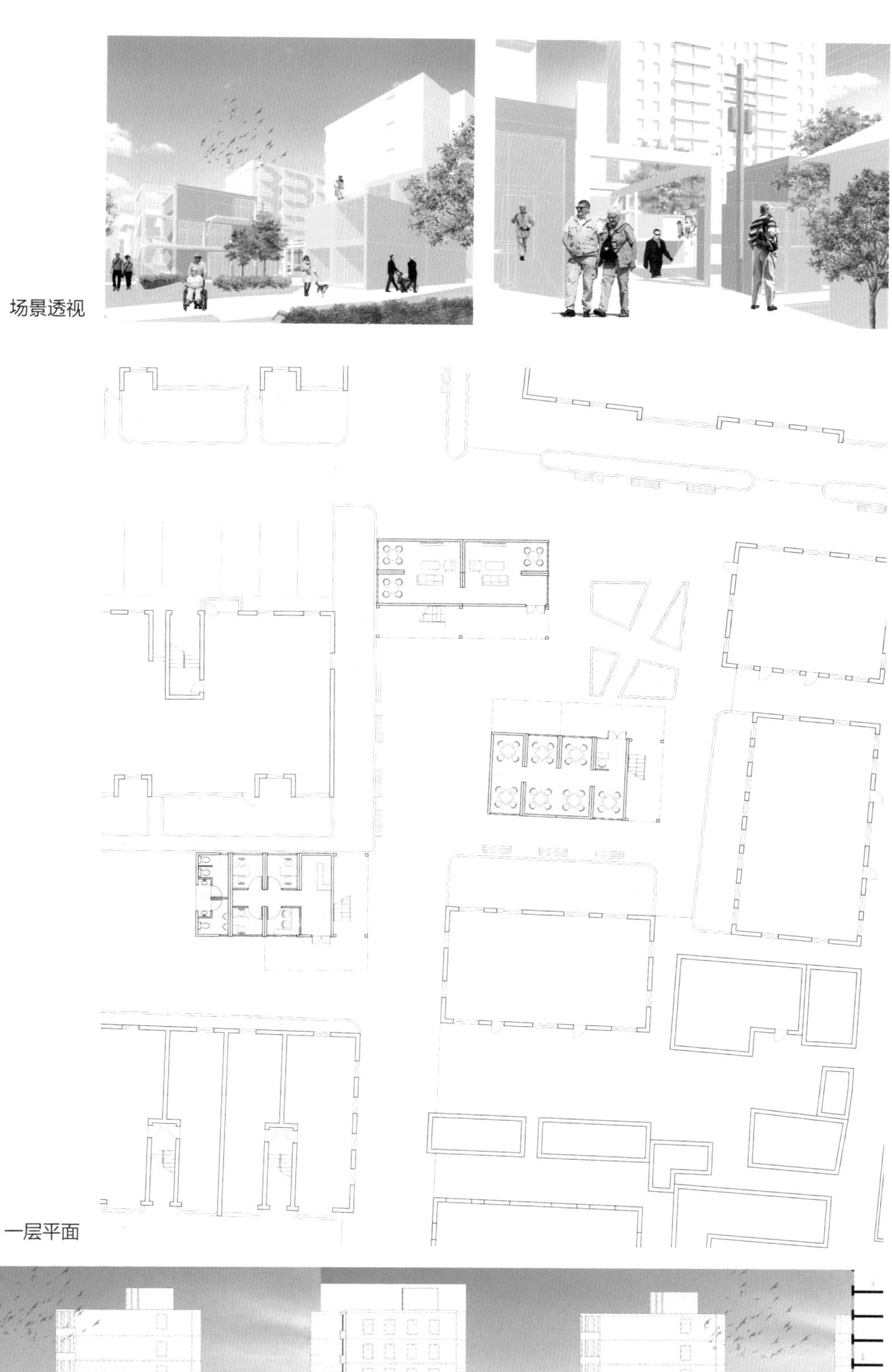

一层平面

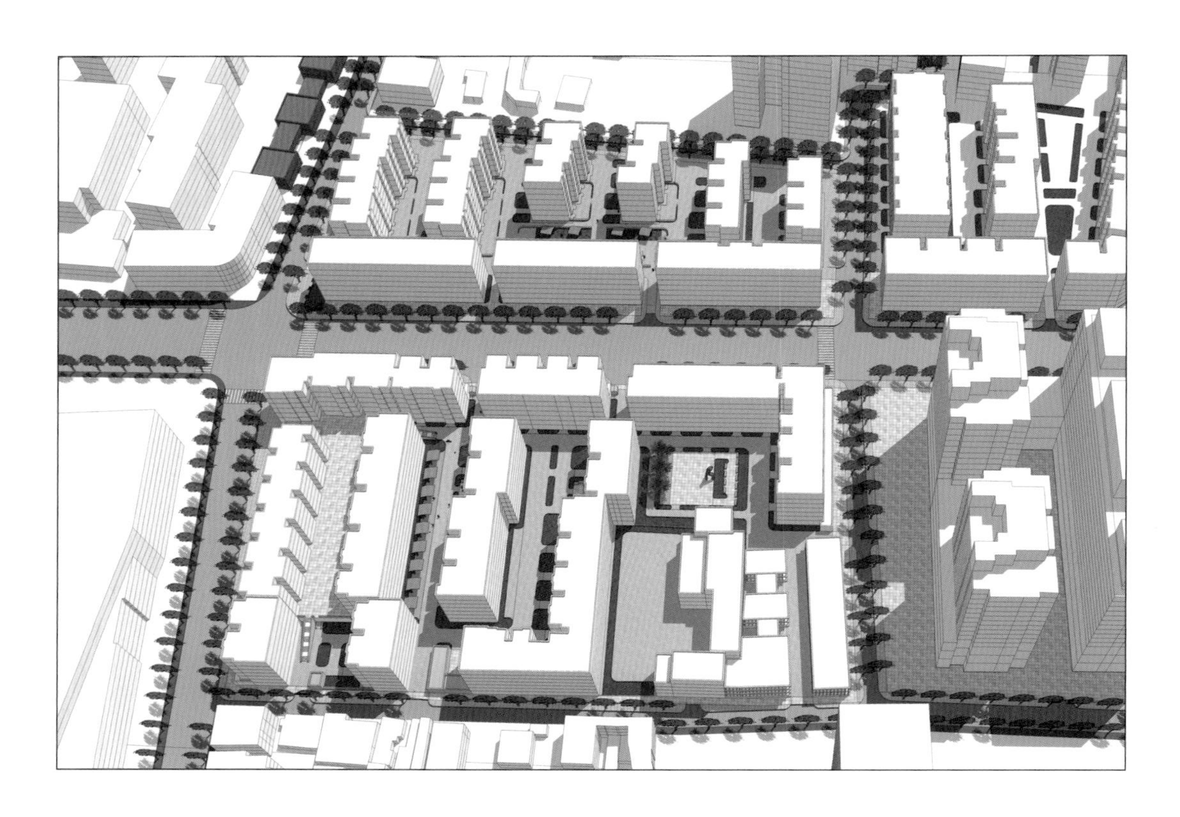

社交网络　安全联系

李雯雯　戚卫娟　张栩然

丹凤街地块建筑功能类型较多，区内丹凤街为城市商业性干道，交通繁忙，步行通道挤占严重，使得整个片区人车混杂，通行不畅。居住于此的住户老龄化严重，而适合老人活动的场所严重不足，安全性较差，此外还缺少方便老人生活的日常商业设施。

本案提出建立社交网络的概念，从片区、小区、宅间三个层级架构起覆盖整个地块、保障老人安全的联系通道和公共空间网络，链接起人与社区。在此基础上选择多个典型节点，策划适合于老年人使用的活动项目并进行场地设计。

场地调研

丹凤街片区位于南京老城区中心，人口稠密，商业设施繁华，交通拥挤。

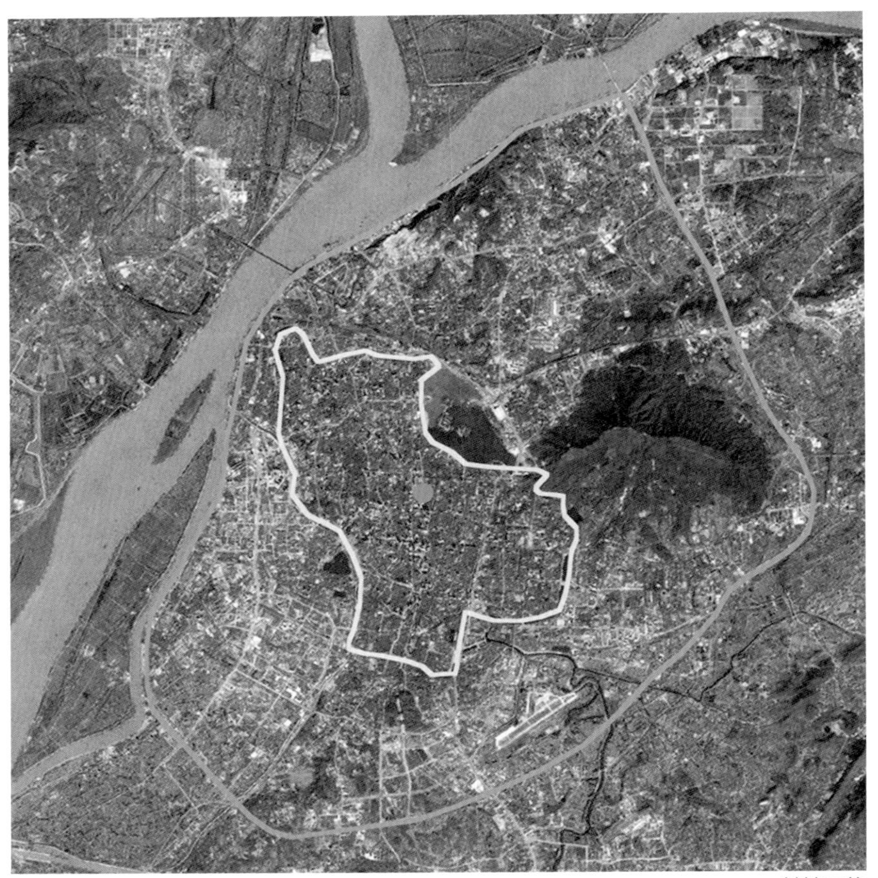

基地区位

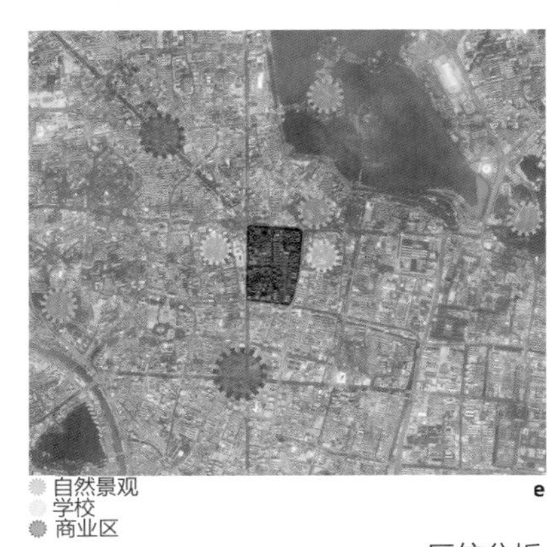

区位分析

主干道
次干道

交通分析

公共设施分析

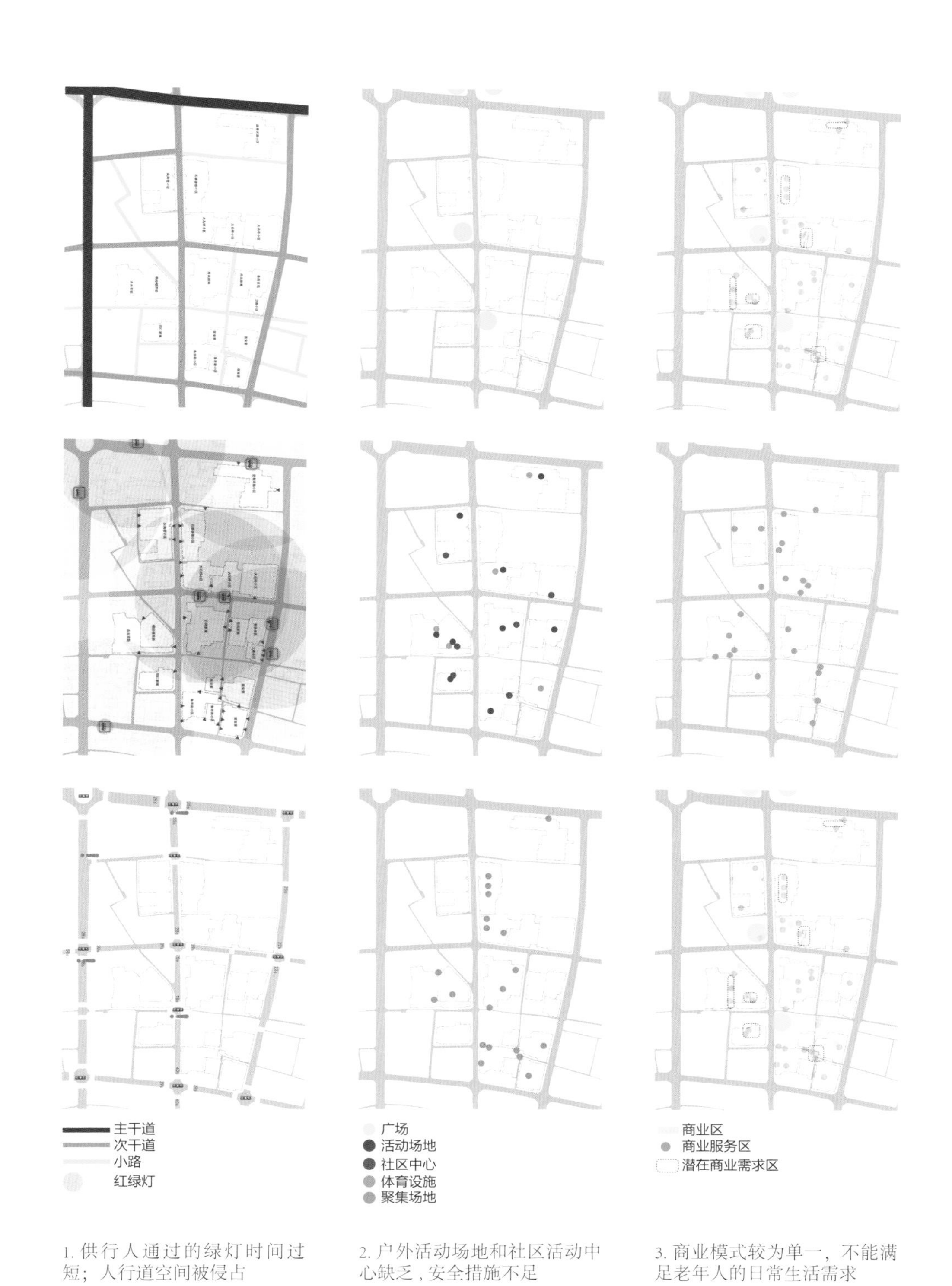

1. 供行人通过的绿灯时间过短；人行道空间被侵占

2. 户外活动场地和社区活动中心缺乏，安全措施不足

3. 商业模式较为单一，不能满足老年人的日常生活需求

概念生成

设计概念：从片区、小区、宅间三个层级重新架构公共空间网络

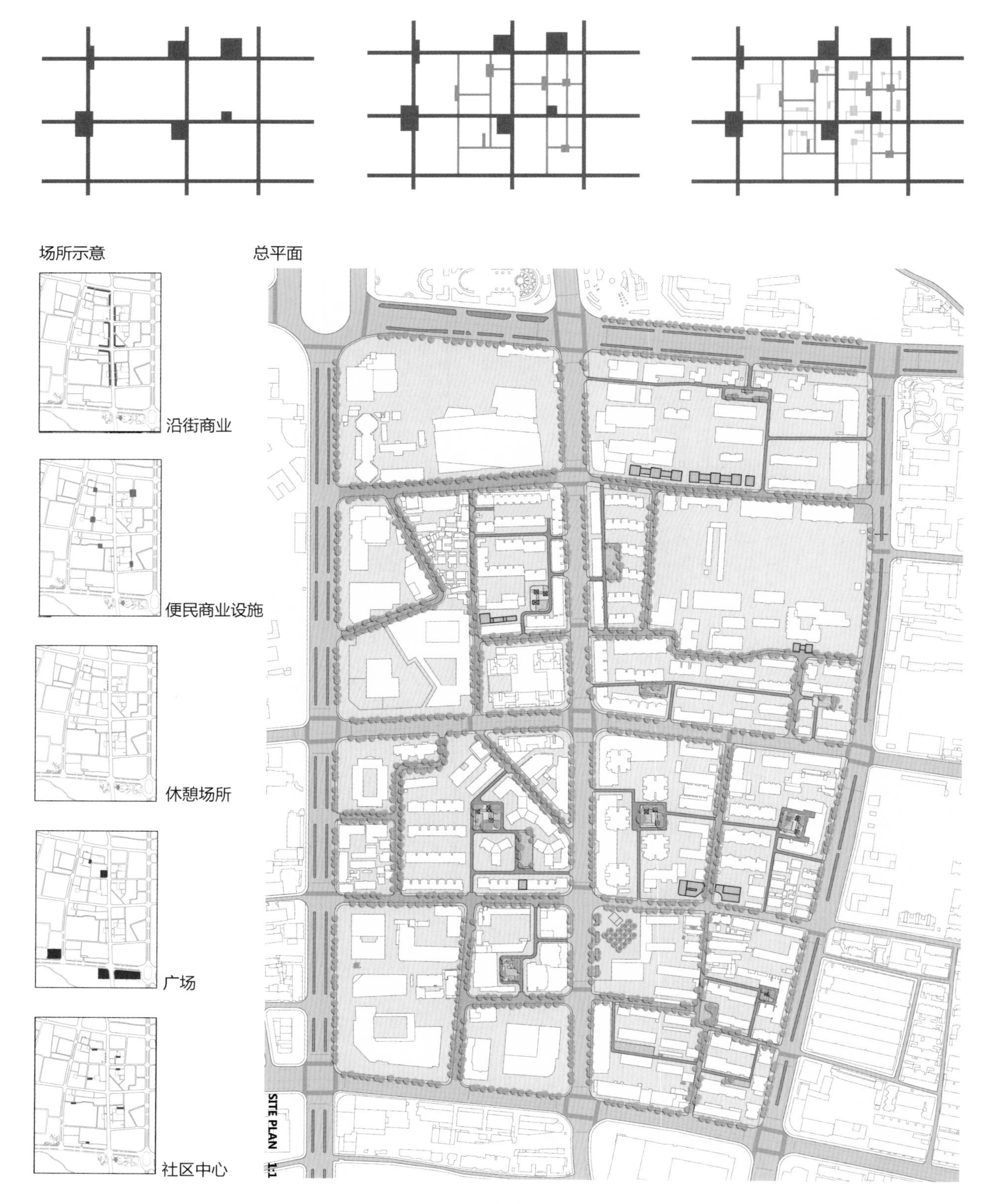

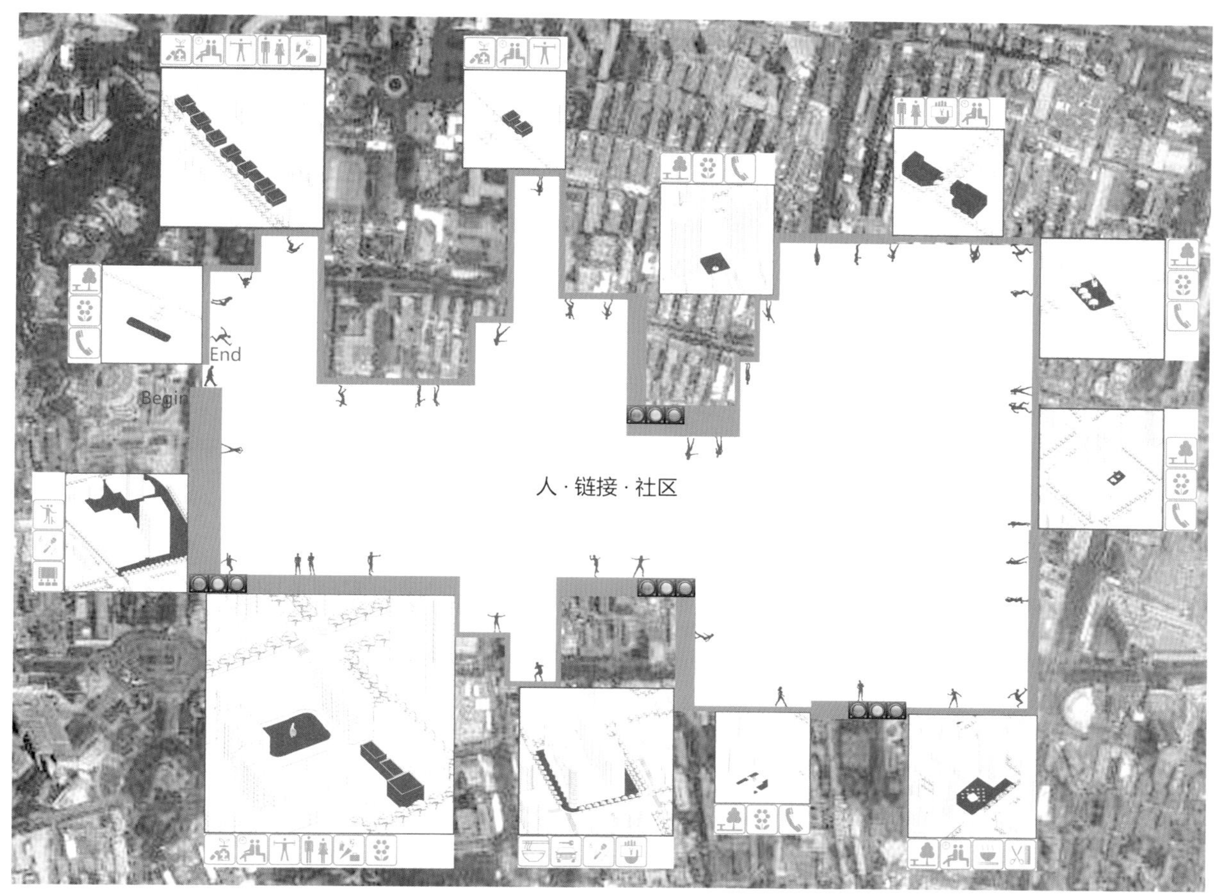

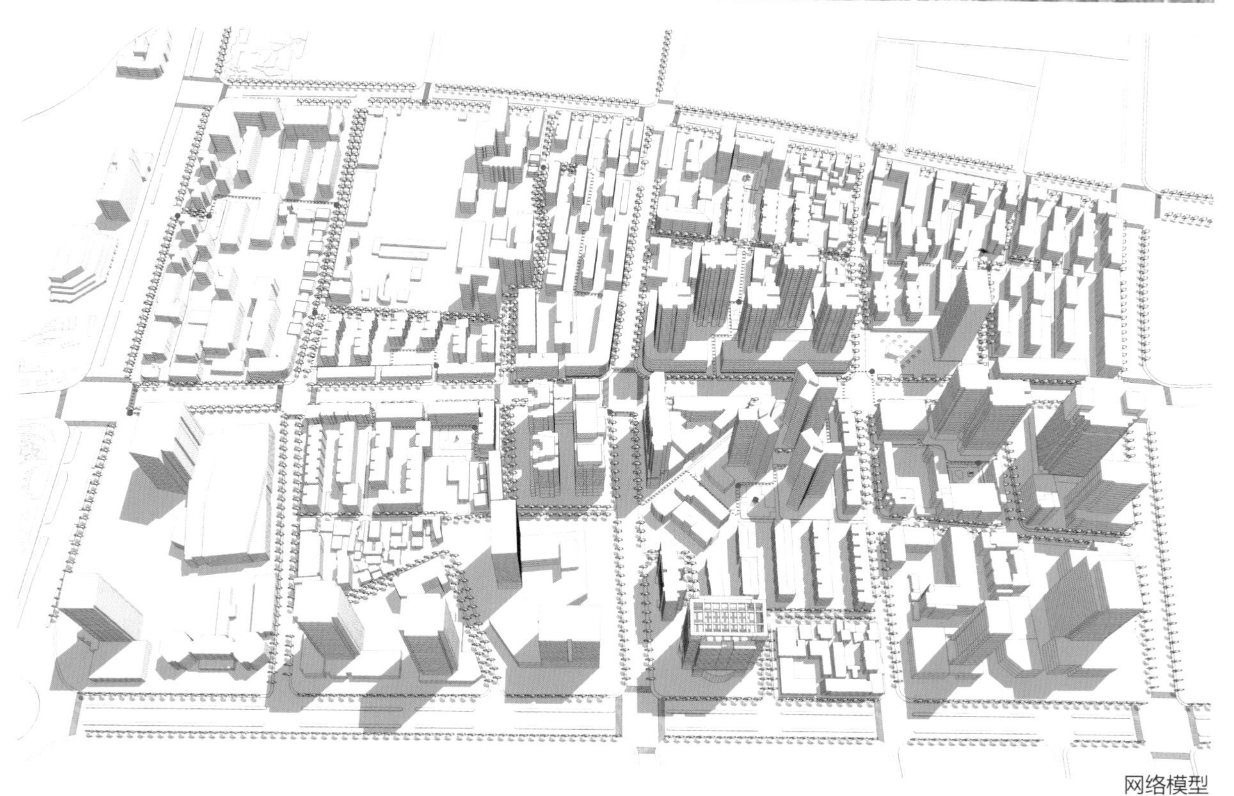

网络模型

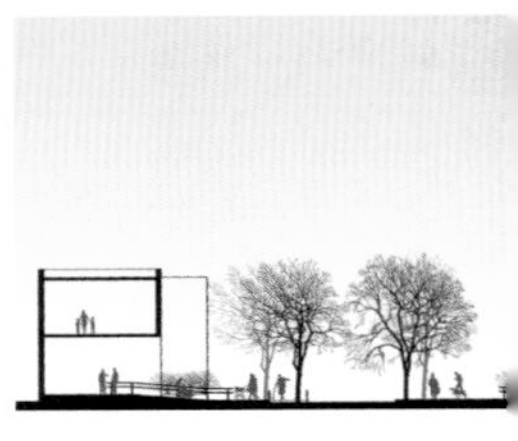

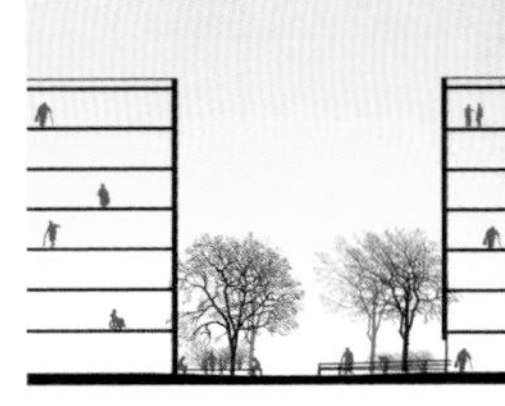
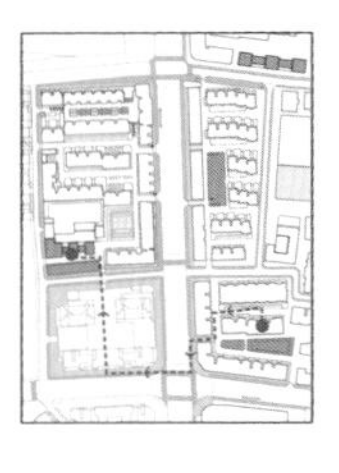
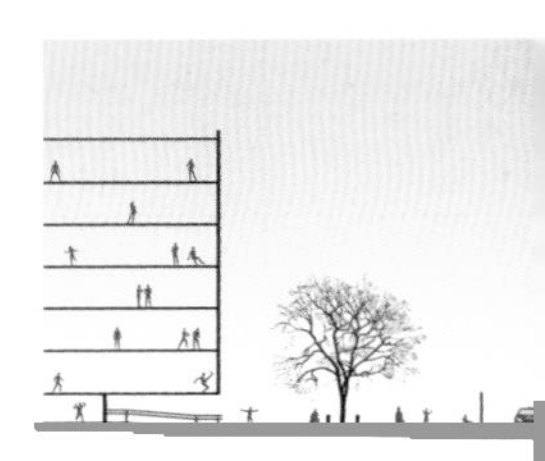

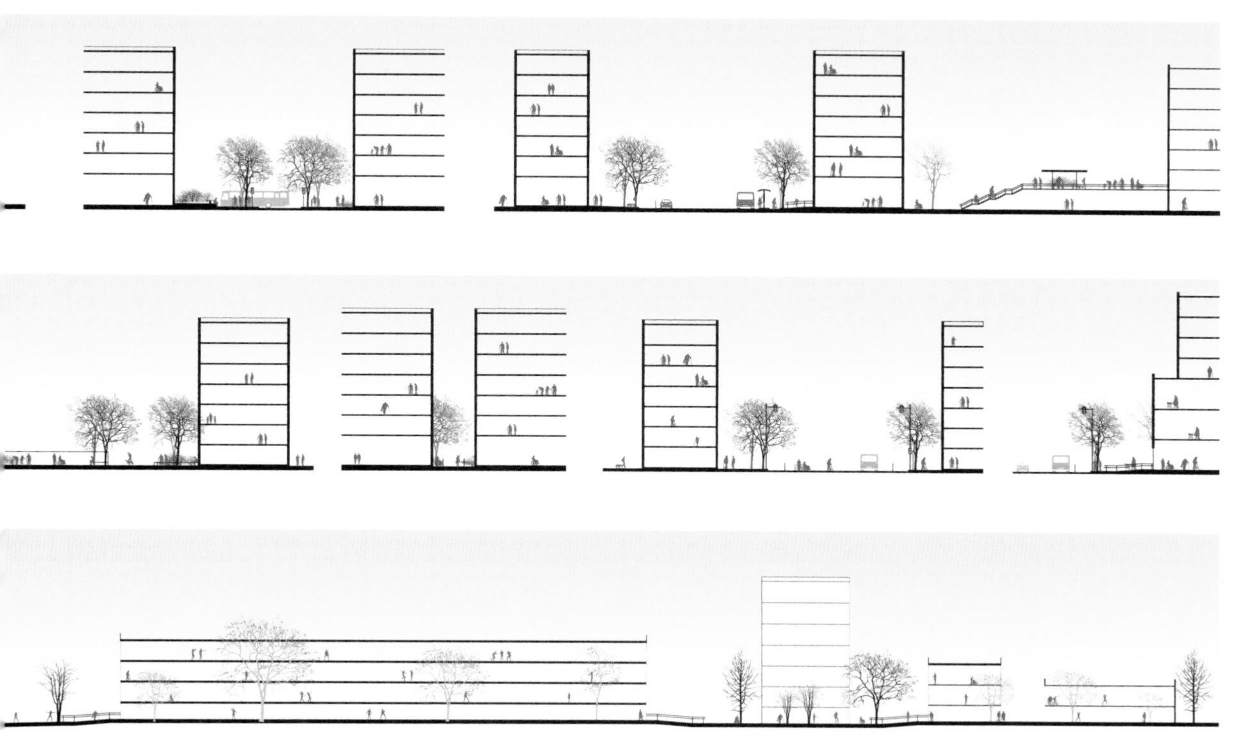

剖面图

社区活力街

陈晓玲　练玲玲

发现

中山东路小区是建于 20 世纪 80 年代的高密度社区，如今街道和开放空间已被机动车占领，原本丰富的市井生活空间也被不断压缩。如何创造和容纳居民交流与活动成为一个关键的问题。

调研中发现街巷及建筑底层活动空间的价值，便捷可行，具有安全感。跟随老人记录他们的运动轨迹发现，老人们更偏好在小尺度、安全感好的街巷中穿行逗留。

更新

本案将街区既有建筑的底层功能置换，将步行系统与小尺度活动空间相结合，提出社区活力街的概念。在建筑层面，选取有特色的民国建筑群和既有建筑作为改造对象，结合场地条件及配置需求，置换功能，植入更多的公共活动；在步行系统层面，结合景观设计一条步行路线以丰富现有交通系统，加入“活力架”和“活力墙”等社区街道家具，以形成公共活动的空间节点。通过日常生活行为的集中与碰撞来促进人与人之间的交流，在高密度的既有社区中创造安全舒适的公共生活。

周边关系与配置

城市区位

场地位于南京主城区，处于新老建筑并存的状态。

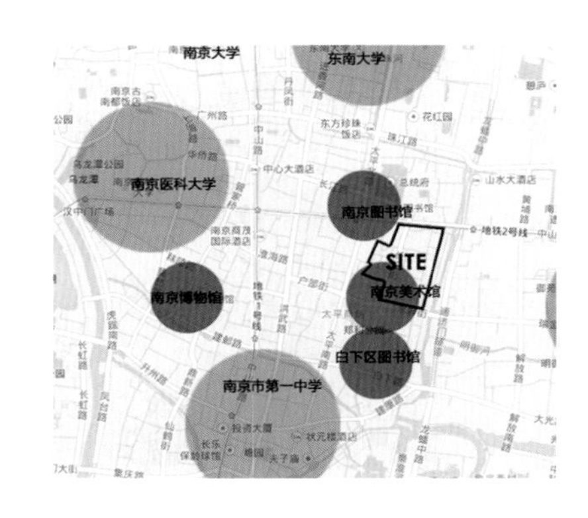

文化设施

场地紧邻南京图书馆、江苏省美术馆、白下区图书馆；场地内部有南京美术馆，文化设施配置齐全。

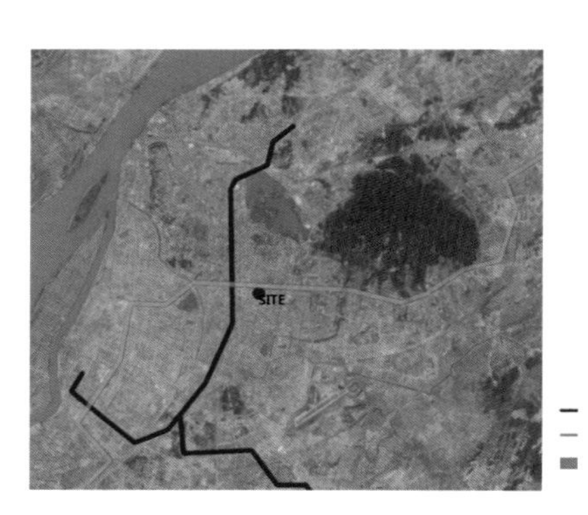

城市交通

场地邻近地铁沿线，交通便利。

周边交通

场地靠近地铁1、2号线交汇点大行宫站，内部有3条公交线通过，东面紧邻通济门隧道。

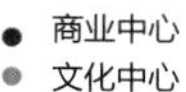

商业文化

场地周围有多处商业文化中心，区内居民生活设施配套基本满足需求。

周边商业

场地处在新街口商圈的辐射范围内，周边沿线有珠江路、太平南路等商业性道路，南边则是夫子庙人文商业景区。

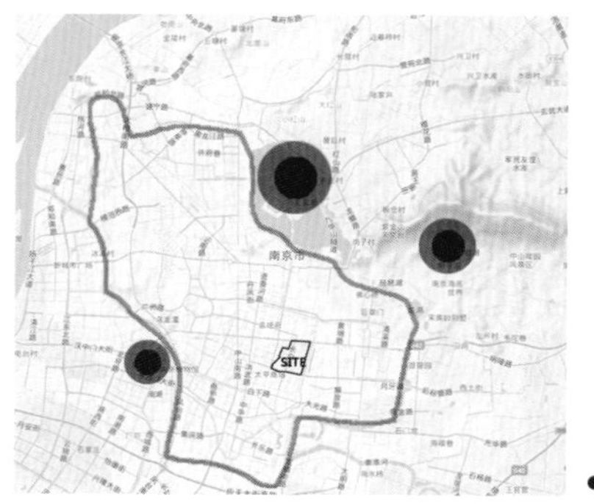

城市景观

场地紧邻钟山风景区、玄武湖、莫愁湖景区。

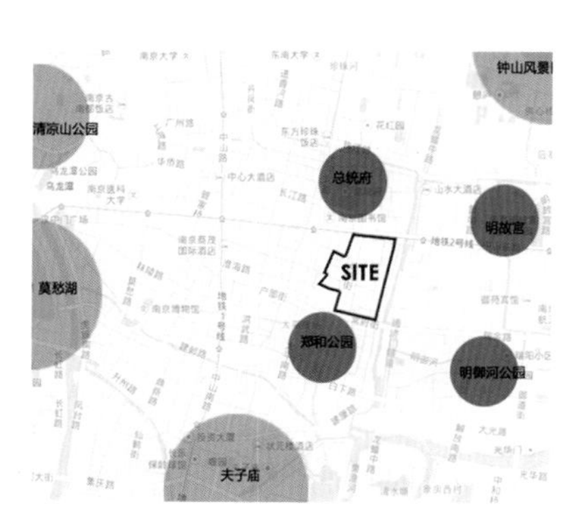

周边景观

周边有总统府、明故宫等旅游景点，还有郑和公园等小型公园。

道路现状

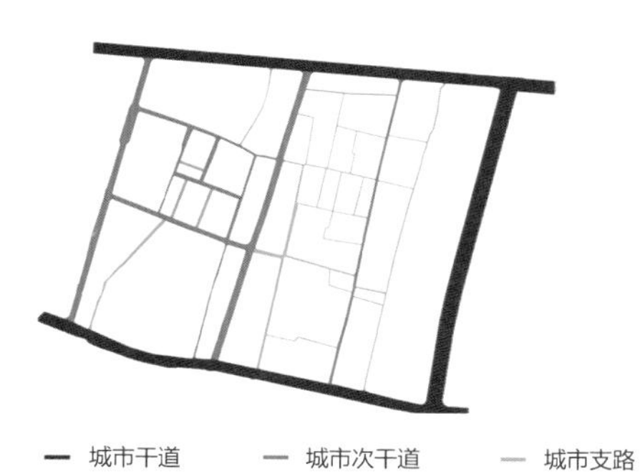

— 城市干道　— 城市次干道　— 城市支路

城市道路 人车混行

主要城市干道——双行线

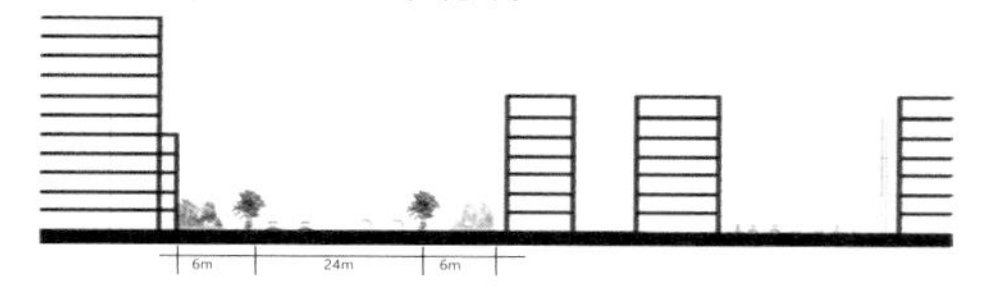

社区道路 安全、私密性好

主要生活道路——人行线　主要社区道路——单行线

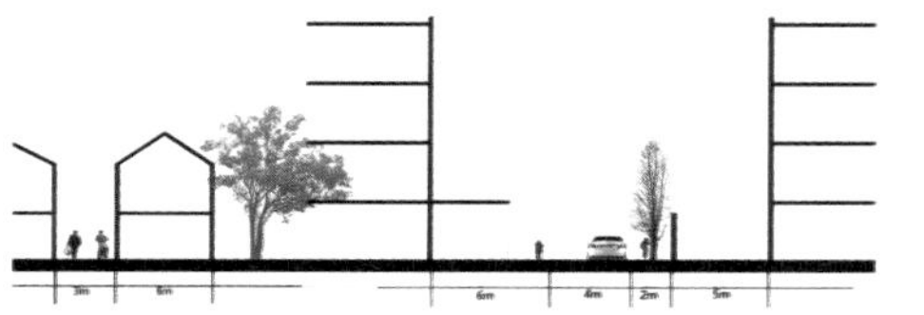

建筑现状

— 文化与历史建筑

高二适故居

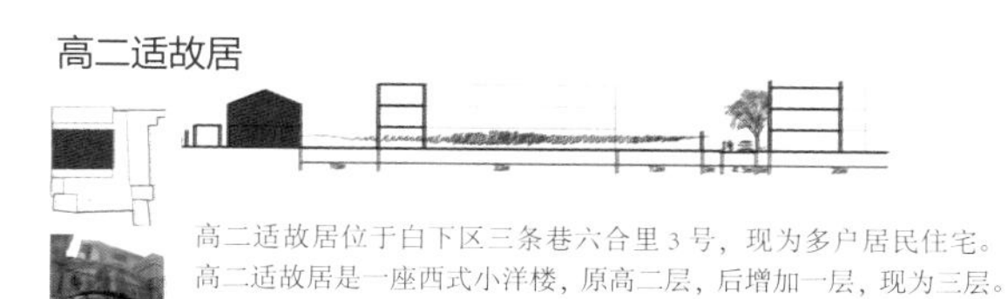

高二适故居位于白下区三条巷六合里 3 号，现为多户居民住宅。高二适故居是一座西式小洋楼，原高二层，后增加一层，现为三层。

仁寿里民国建筑

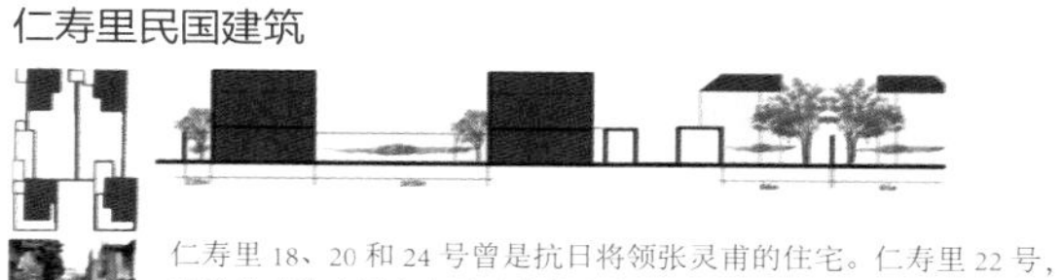

仁寿里 18、20 和 24 号曾是抗日将领张灵甫的住宅。仁寿里 22 号，据称是青海省原主席马步芳的住宅。

李鸿章家族祠堂

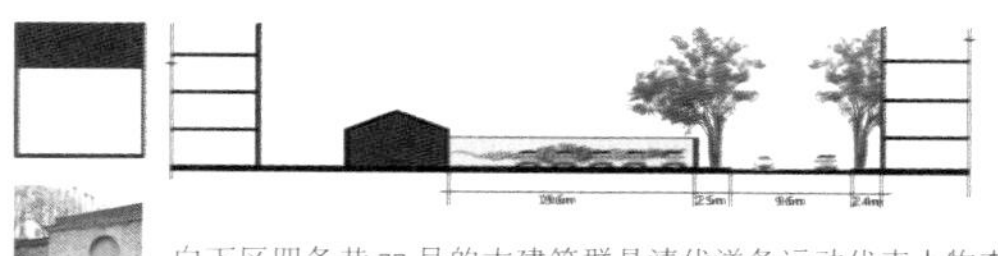

白下区四条巷 77 号的古建筑群是清代洋务运动代表人物李鸿章的家族祠堂，也是南京市重点文物保护单位。现尚存大殿、门厅、照壁。

“慰安所”遗址

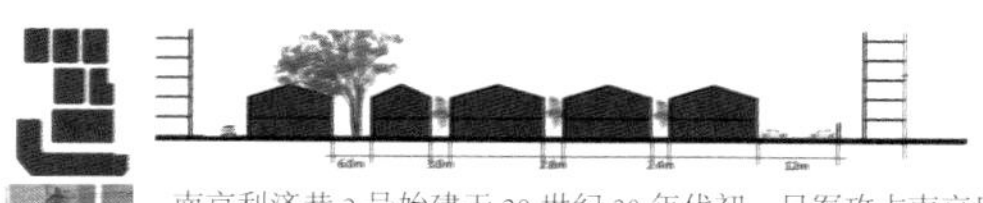

南京利济巷 2 号始建于 20 世纪 30 年代初，日军攻占南京后，在此设立“慰安所”。如今这幢旧式楼房被围了起来，目前房屋门窗已毁、楼梯散架、部分房顶及天花板坍塌，楼道内垃圾遍地，杂草丛生，随时都有倒塌的危险。

场地现状：场地基础服务设施调查

对周围业态的分析结果表明，场地内的生活设施基本可以满足日常生活需要，但是活动设施比较缺乏，使用状况不理想。

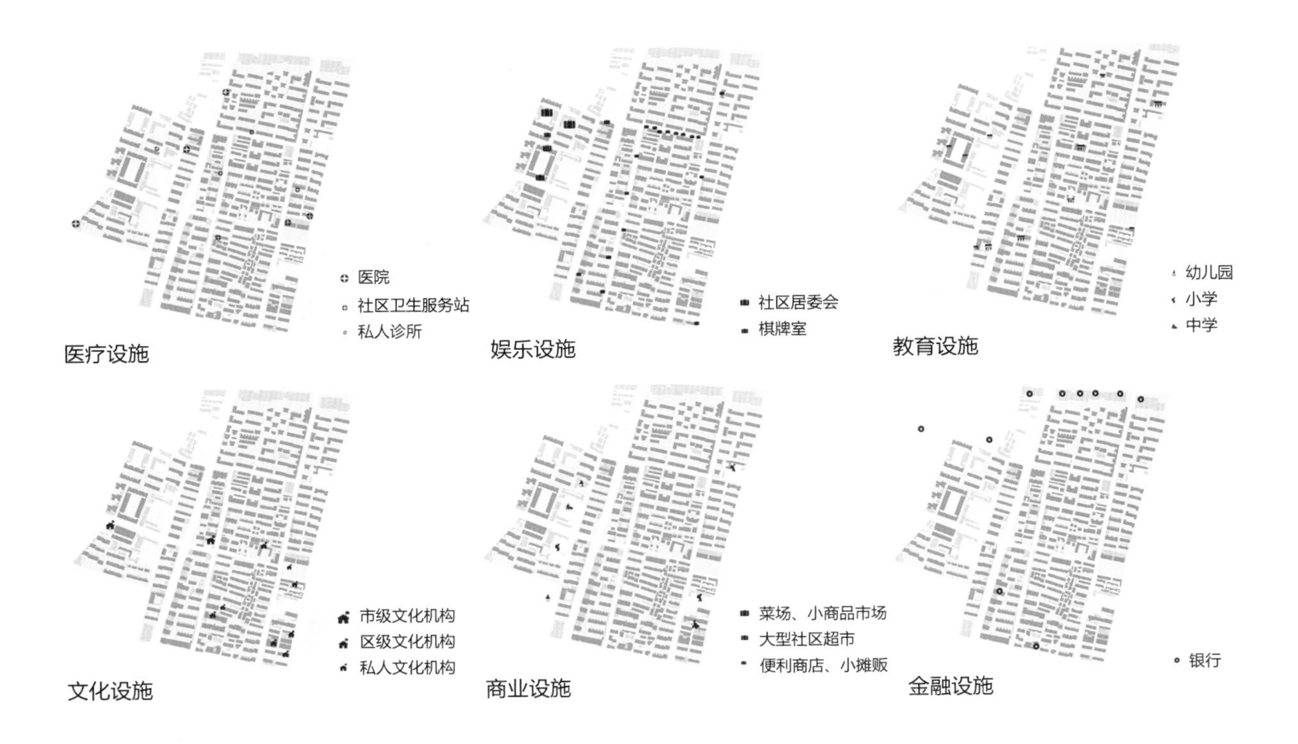

老年人活动状况调查

通过对老年人的活动轨迹追踪和问卷调查，发现老年人渴望与别人进行日常交流，他们需要多样的活动，需要安全、尺度适宜的空间，同时发现街道则是承载老年人日常活动的主要空间。

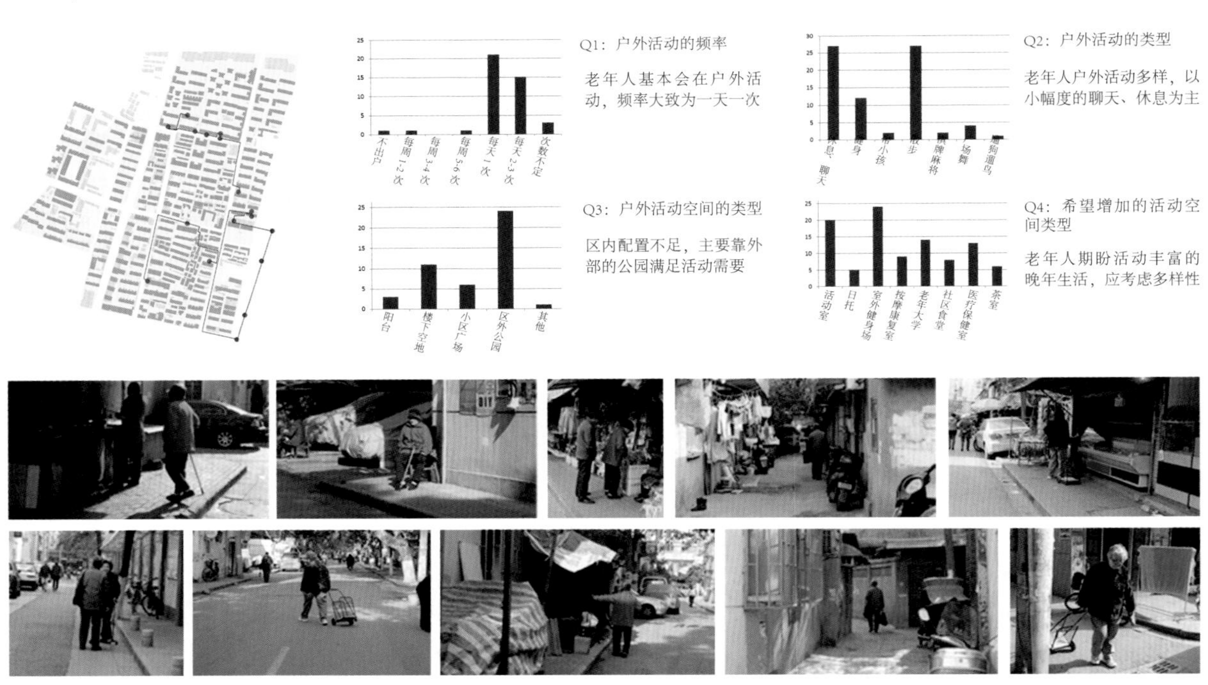

居民自发性应对

经过调查发现居民对场地的功能已经做了初步改变，对后期改造方法有所启发。

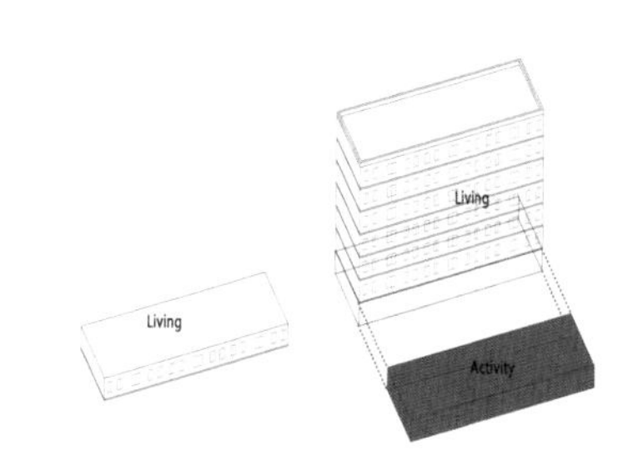

活动场地与设施

社区内活动场所多为棋牌室，社区活动中心也多作为棋牌室使用，另有网吧一间，使用者多为年轻人，老年人活动项目不多。社区内仅有一个小型广场与沿湖的带状广场，户外活动场地不足。

底层功能置换

经过调研发现，居民自发性地将居民楼底层的住房置换为服务、餐饮、商业、文化、医疗、娱乐等类型的公共空间使用。

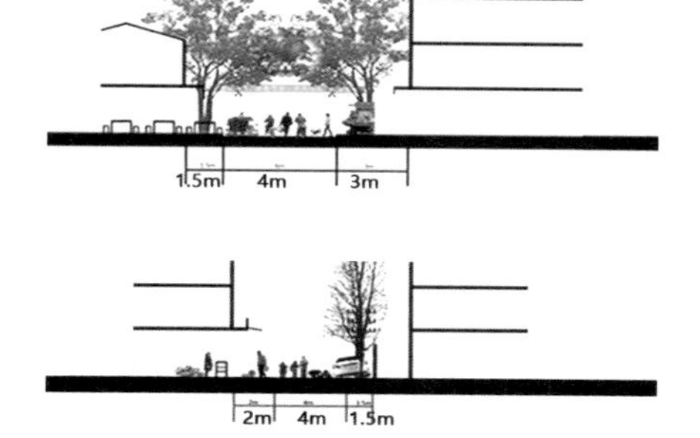

街道

社区内街道多作为活动场地使用，比较杂乱，空间拥挤。街道大幅路面被停车占据。

对街道空间的利用

经过调研发现，高密度社区普遍缺少晾晒场地和活动空间。居民充分利用街道空间进行晾晒，形成最具特色的公共空间。

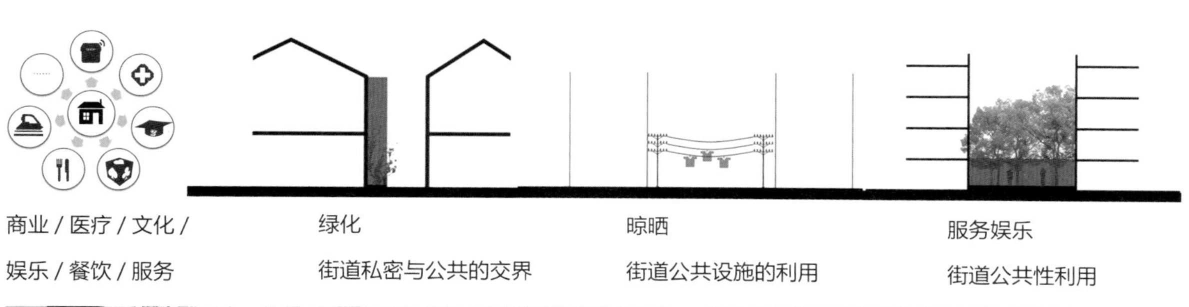

商业 / 医疗 / 文化 / 娱乐 / 餐饮 / 服务

绿化

街道私密与公共的交界

晾晒

街道公共设施的利用

服务娱乐

街道公共性利用

街道改造：加入有活动功能的小尺度步行系统

确定位置

建筑

选择需要进行改造的建筑。

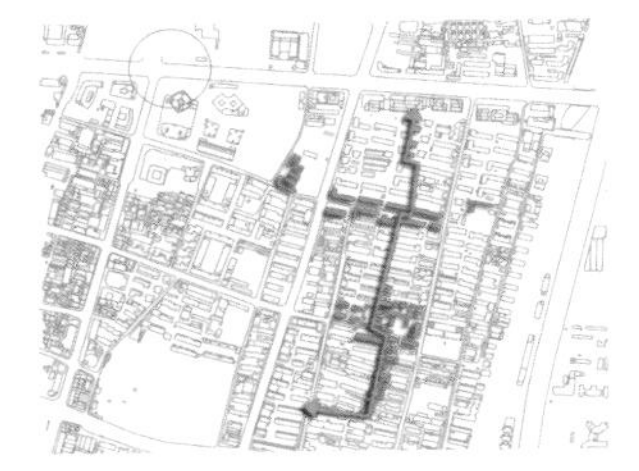

主体位置

确定活力街的主体位置。

衍生

增加文化节点，活力街向东西方向衍生。

改造手段

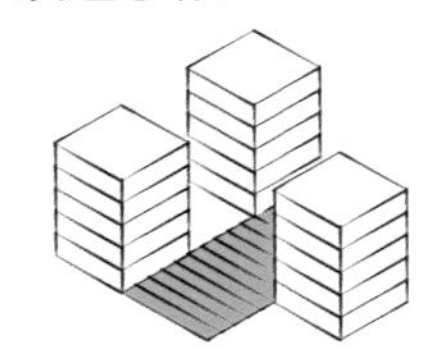

铺地

改变铺地，具有标识性。

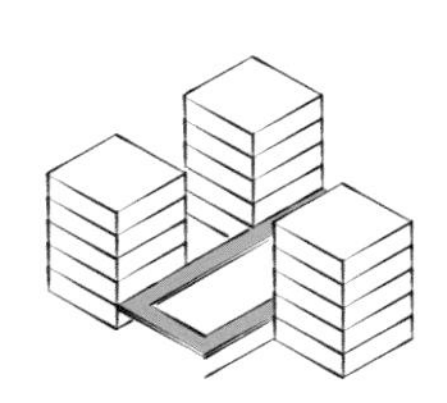

通道

加设二层人行步道。

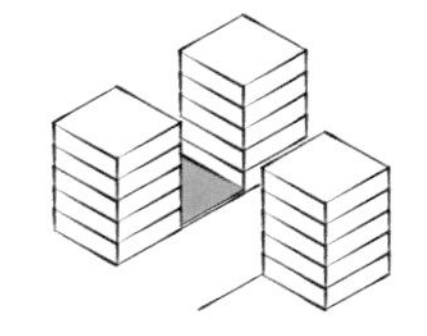

节点

放大节点，局部抬高。

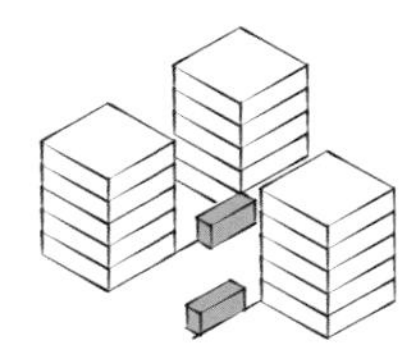

构件

增加构件，丰富功能。

增设构件

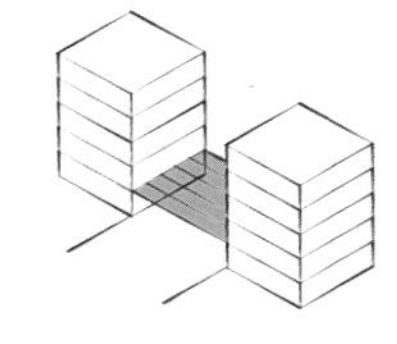

架子

提取场地中常见的“架子”作为活力要素，并还原其功能。

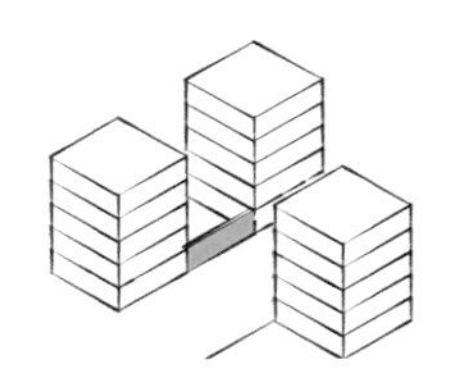

墙

场地中的“墙”不仅有围护的作用，同时也有储物、停靠、休憩等功能。

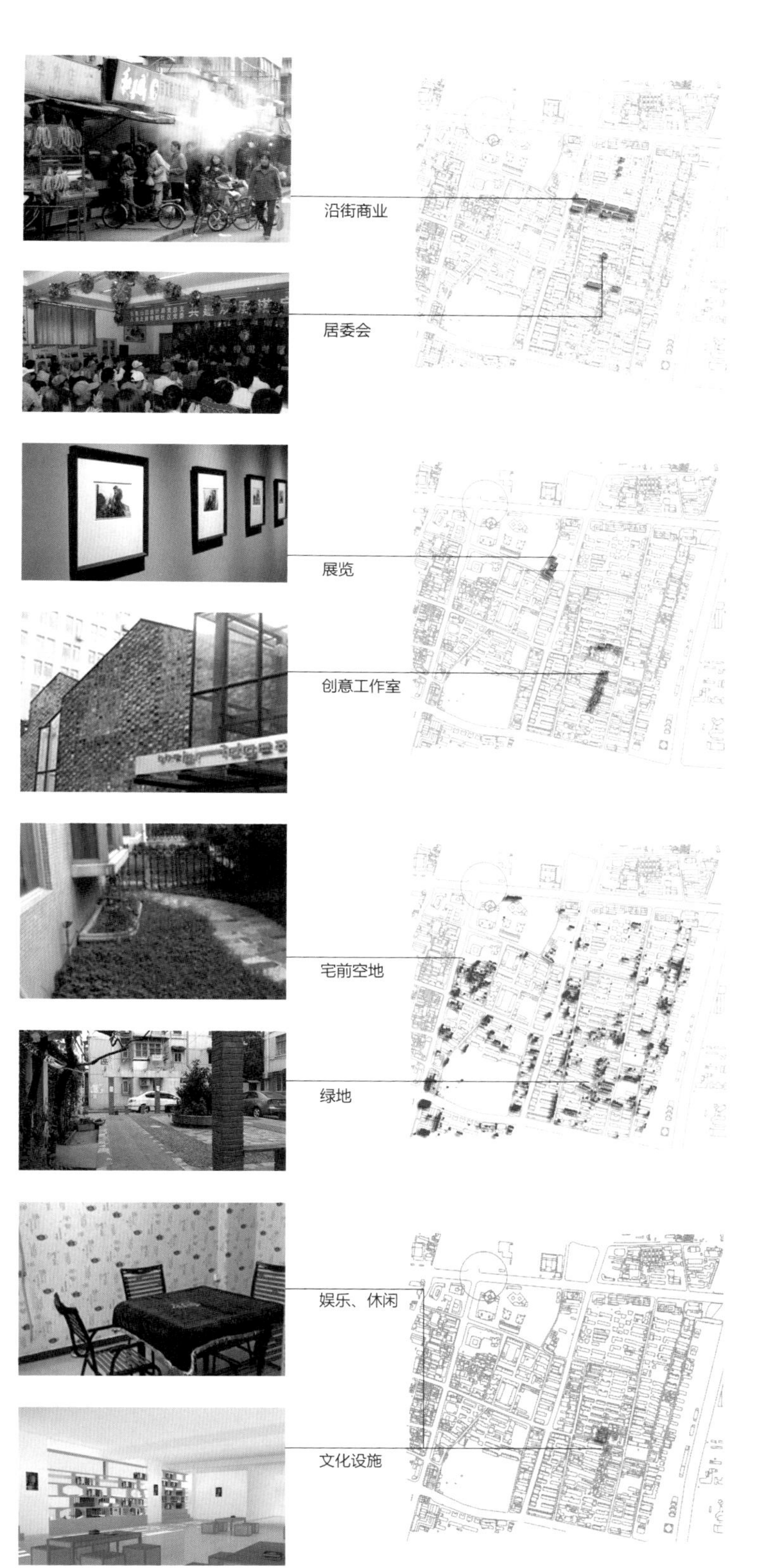

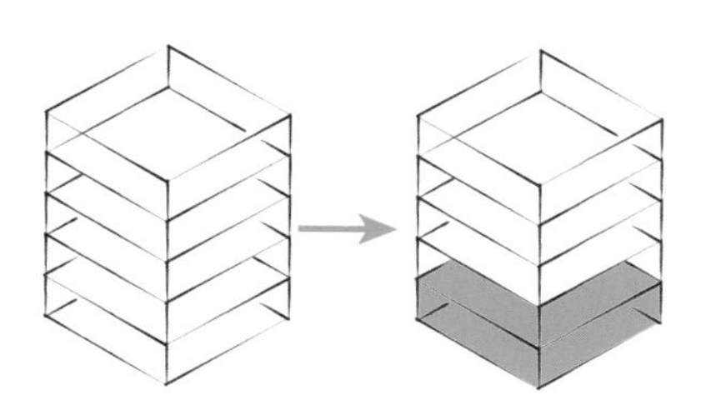

普通居民楼——底层功能置换

选取部分功能缺失或需要补充的地块，对居民楼的底层空间进行统一的功能置换。

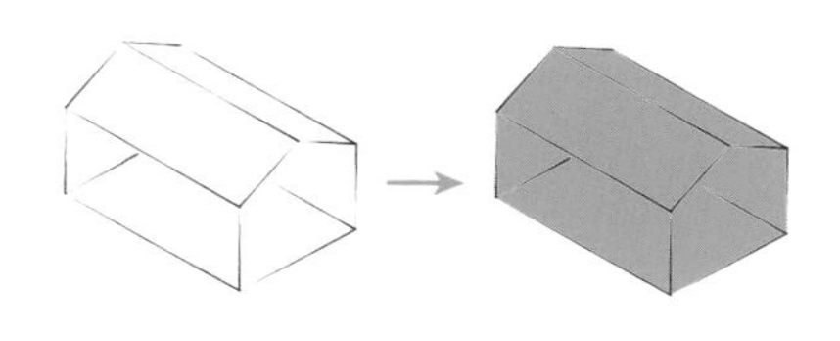

历史建筑——翻新、功能重置

选择场地内部具有历史意义的建筑，将这些“老房子”进行翻修，在保持居住功能的同时添加展览、创意工坊等其他用途。

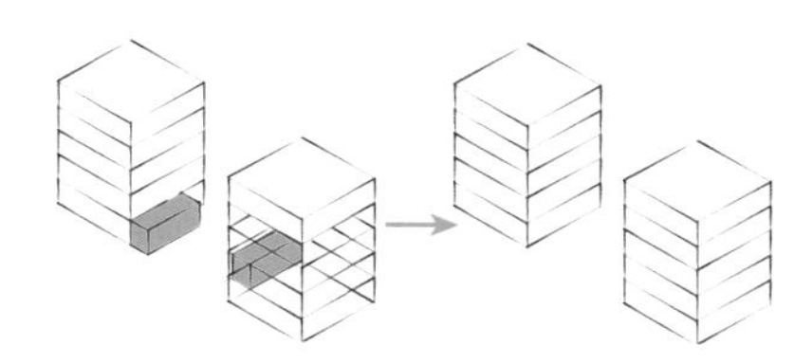

违章建筑——拆除

拆除居民私自搭建的违章建筑，还原社区原有的绿地及宅前空间，同时通过系统地加建公共设施弥补社区功能缺失。

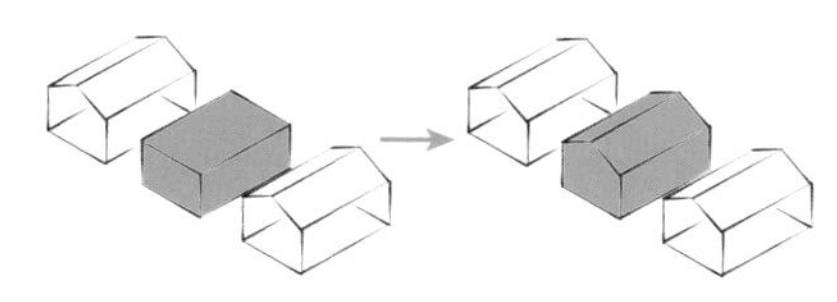

旧建筑群中的新建筑——改建

为了更好地向居民或游客展示原有建筑群的风貌，将部分新建筑改建，与原有建筑风格保持一致，形成完整、统一的文化建筑群。

改造：活力街功能设施分布平面
总平面图 1：1000

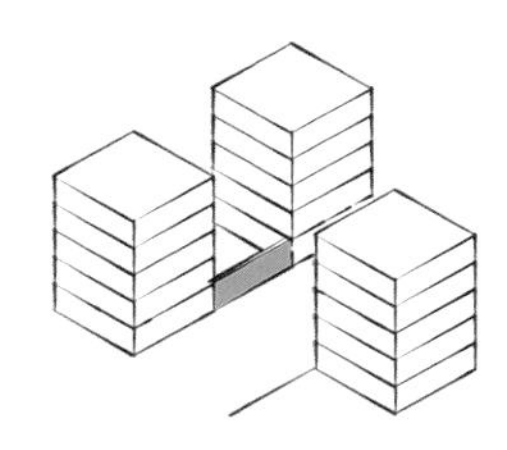

活力墙的日常

7:00 A.M. 养花
散步到养花的地方，给自己和邻居的花浇浇水，美好的一天从早晨开始。

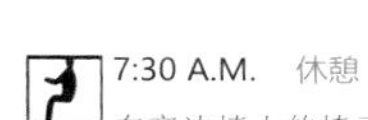

7:30 A.M. 休憩

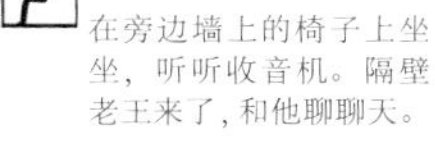

在旁边墙上的椅子上坐坐，听听收音机。隔壁老王来了，和他聊聊天。

8:00 A.M. 棋牌
太阳出来了，把冬天的鞋子拿到专门的架子上晒晒。

8:30 A.M. 电影
今天社区放露天电影，和隔壁老王一起早早去占个好位子。

10:30 A.M. 购物
看完电影，去卖菜的摊点上买点菜，挑挑拣拣，货比三家，回家做饭。

2:00 P.M. 乒乓
和以前的老同事相约去打乒乓球，今天竟然输了两局。

3:30 P.M. 快递收取
在淘宝上给儿子买的围巾到了，去顺丰快递点取了个包裹。

3:40 P.M. Wi-Fi
收快递的地方有 Wi-Fi，手机确认收货，给儿子发微信，让他回家拿围巾。

4:00 P.M. 棋牌
回家路上碰到老王，当即决定去路边的棋盘上下一盘象棋。

5:00 P.M. 借阅
去路边的移动书库借了两本书，准备用来打发晚上的时间。

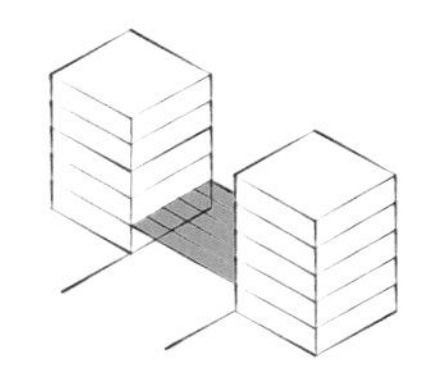

活力架的日常

6:00 A.M. 拴狗
早晨醒了，带着宠物散步碰到熟人，把狗拴在架子上，坐下聊天。

7:00 A.M. 挂鸟笼
提着鸟笼散步，碰到熟人，把鸟笼挂在一起，听小鸟此起彼伏地唱歌。

8:00 A.M. 棋牌
吃过早饭，下楼碰见牌友，将路旁架子上的可活动桌子放下，开始打牌。

10:00 A.M. 休憩
太阳正好，将路旁架子上可活动的椅子放下，晒晒太阳。

11:00 A.M. 快递收发
女儿说给寄了几件衣服，去楼下的临时快递收发点取快递。

2:00 P.M. 服务
熨衣服的人开始工作了。拿出女儿寄来的衣服，下楼熨烫，顺便聊聊天。

3:00 P.M. 展览
文化中心在社区的路上办了一个书画展，回家路上刚好看看。

4:00 P.M. 挂放物品
取一根挂在楼下的香肠，准备回家做晚饭，数一数，香肠好像少了几根。

6:00 P.M. 小商品售卖
听说楼下有跳蚤市场，把一些不用的东西拿下去换点儿新鲜玩意儿。

7:00 P.M. 交流
准备回去的时候碰见以前的老同事，两人在椅子上坐下，谈天说地。

改造：

活力街构件细节设计——“活力墙”与“活力架”

乒乓球与电影墙

电影墙

乒乓球

晾晒与阅读墙

挑书

阅读

座位

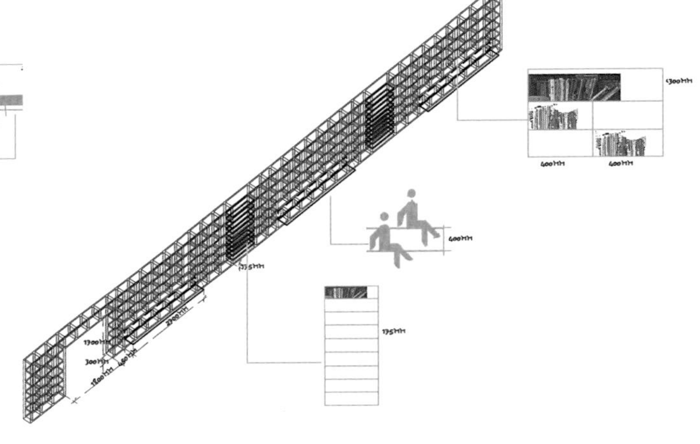

公示、快递、休憩、熨衣架

SUN PROTECTION

ADVERTISEMENT

THINGS HANGING

WAITING

SERVICE

EXPRESS DELIVERY

YUNDA

遛狗、休憩、贩卖架

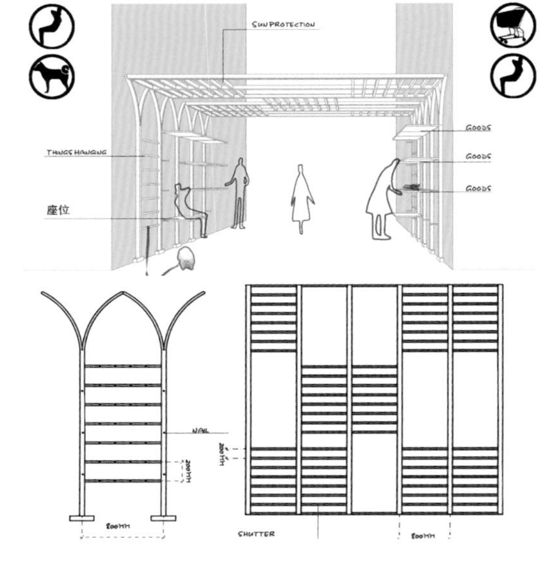

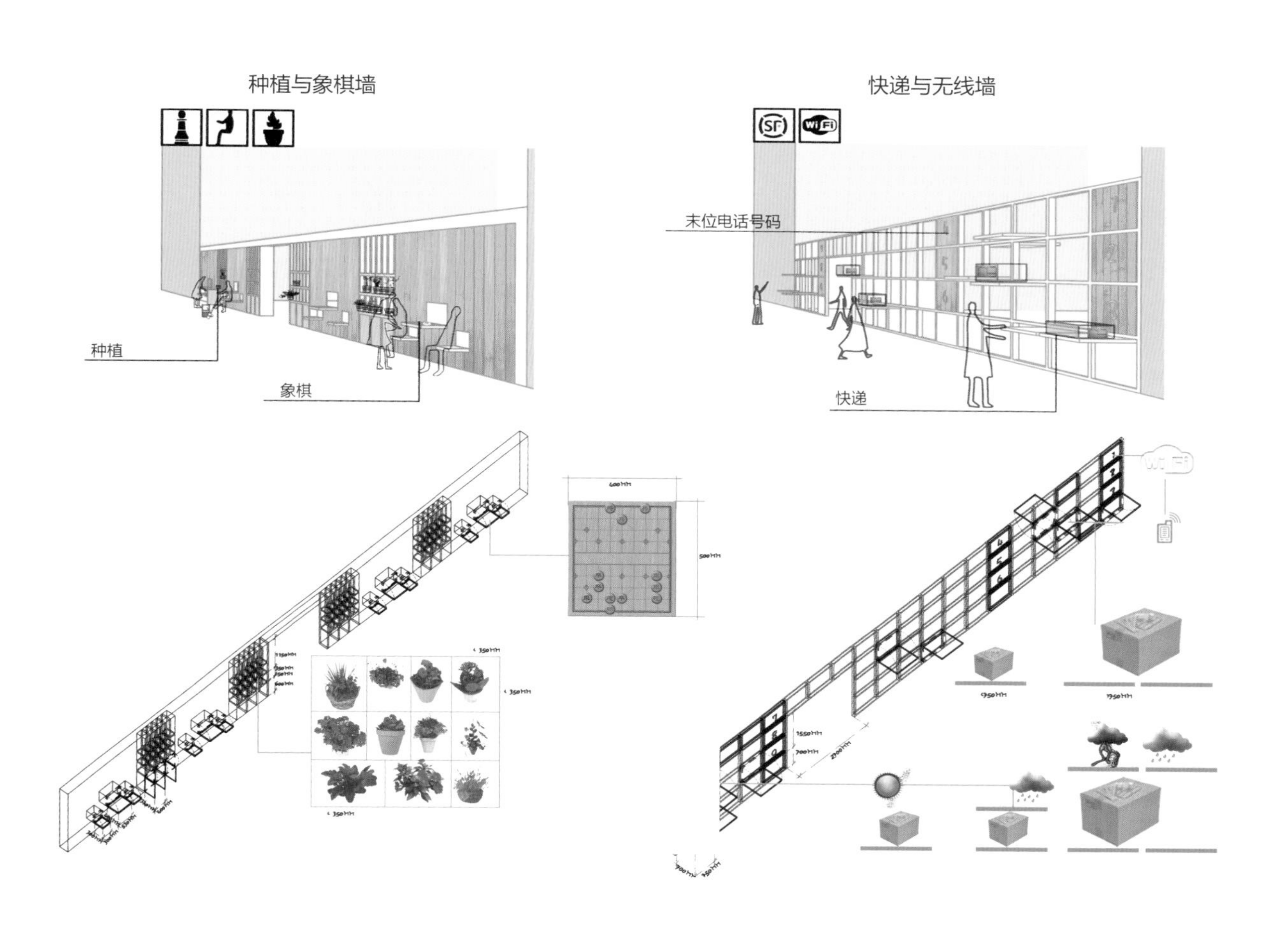

种植与象棋墙
种植
象棋
快递与无线墙
末位电话号码
快递

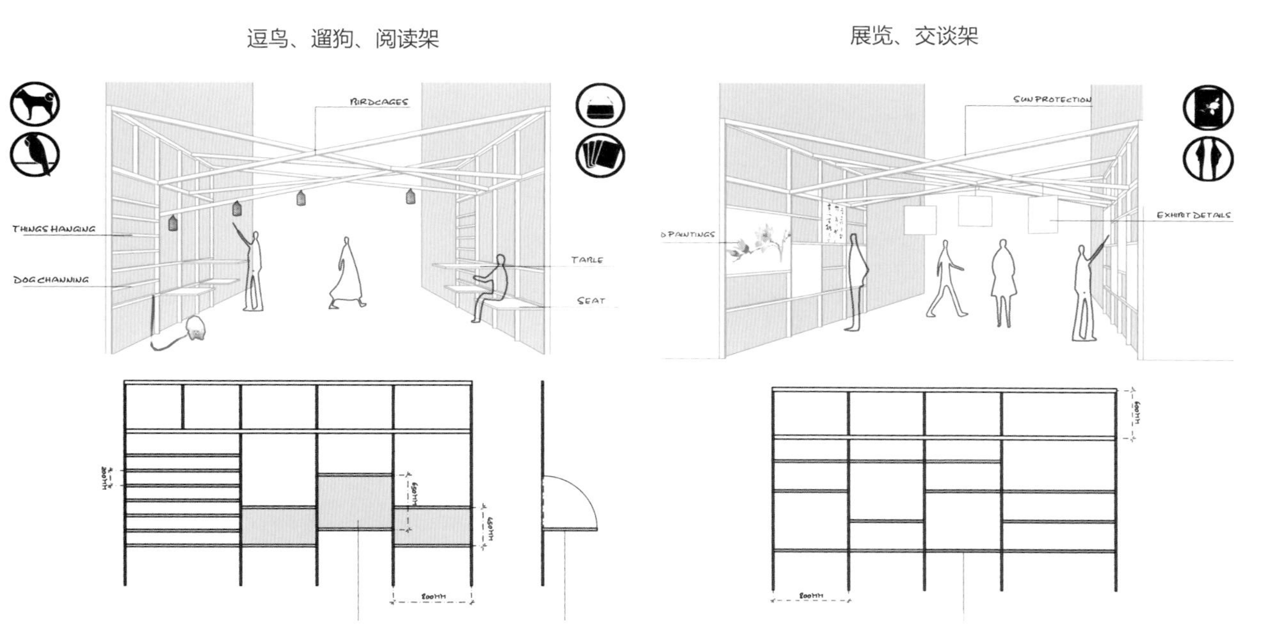

逗鸟、遛狗、阅读架
BIRDCAGES
THINGS HANGING
DOG CHANNING
TABLE
SEAT
展览、交谈架
SUN PROTECTION
PAINTINGS
EXHIBIT DETAILS

改造：空间节点现状分析

文化节点选址

选取仁寿里与三条巷的交界处，这里存留着一批文化与历史建筑，有浓厚的历史气息与文化氛围，可以聚集大量的人群活动。

对选址范围内的违章建筑进行拆除，将拆除建筑内的功能就近安置。

文化建筑

周围有李鸿章家族祠堂、南京艺术家联合会等重要文化建筑。

历史建筑

地块内有马步芳故居、张灵甫故居、高二适故居等重要的历史建筑。

功能还原

对拆除建筑，采用功能就近安置的策略。

交通可达性

基地位于两条生活街道的交汇处。

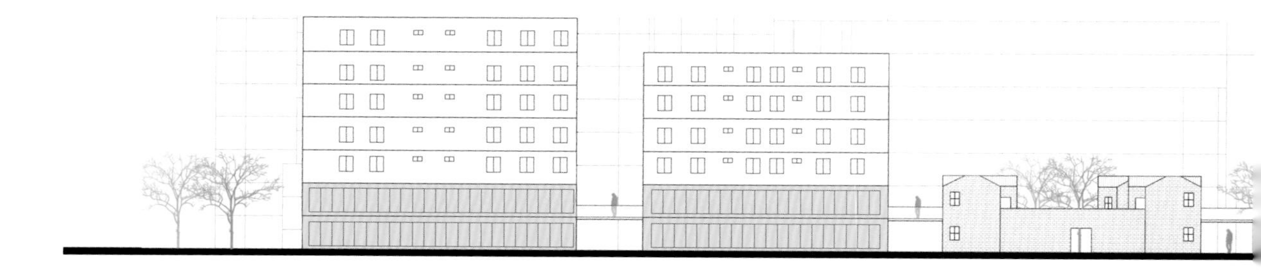

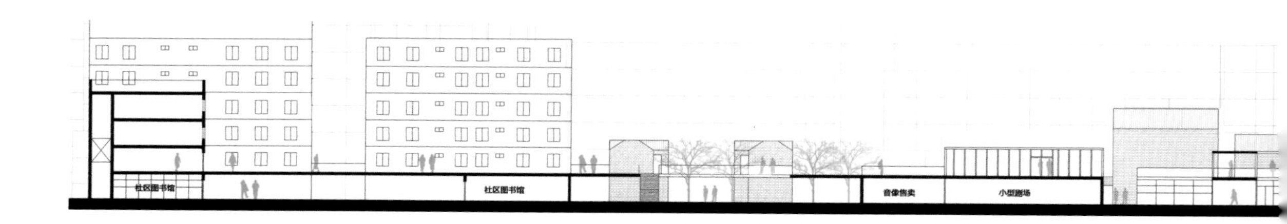

功能现状与增加

对场地内部的功能进行调查，发现老年人活动项目单一，活动场地比较缺乏，经量化分析，确定新增加的功能类型与数量。

新增加的功能主要为戏曲、阅读等适老活动，并且使其位置相对集中。

文化

场地内有许多有价值的故居、遗址等历史建筑，现状大多为居住或是废弃。

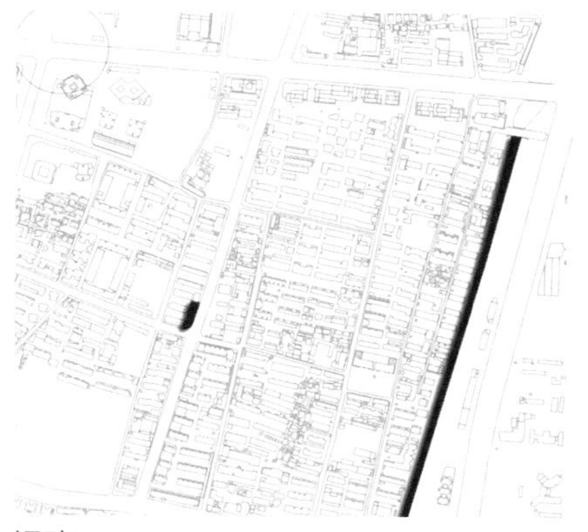

运动

场地内仅有河边带状公园和一个小型广场两处活动场地，老年人缺少运动场地。

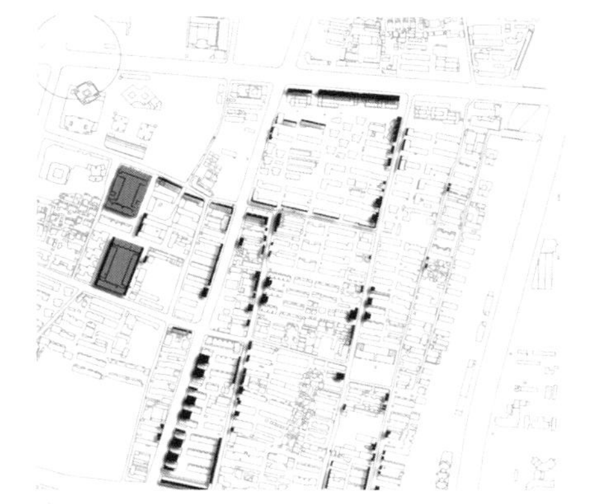

商业

场地内商业设施完善。

娱乐

场地内活动大多数为棋牌；宅前街旁也常常有人下棋，棋牌室未能满足需求。

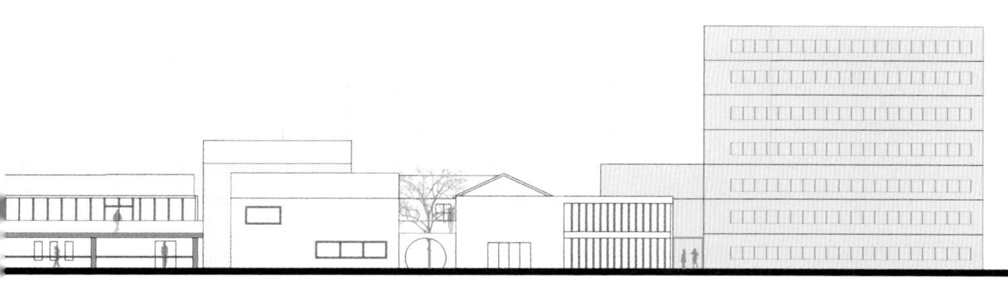

立面图

剖面图

改造：空间节点平面与配置

综合考虑场地交通、活动等因素，选取如左图所示的核心位置作为文化中心的节点，它与活力街上散布的文化点形成辐射关系，由它维系不同的文化生活。通过对原有建筑在形体、材料、功能上的重新定义，改变视线与动线堵塞的现状，布置集中的室内与室外活动场所，以亲切适宜的尺度营造空间，满足居民集会活动的需要，同时发挥原有建筑的价值，使其成为整条活力街上的核心区域，增加居民生活的丰富度，为居民的生活注入非凡活力。

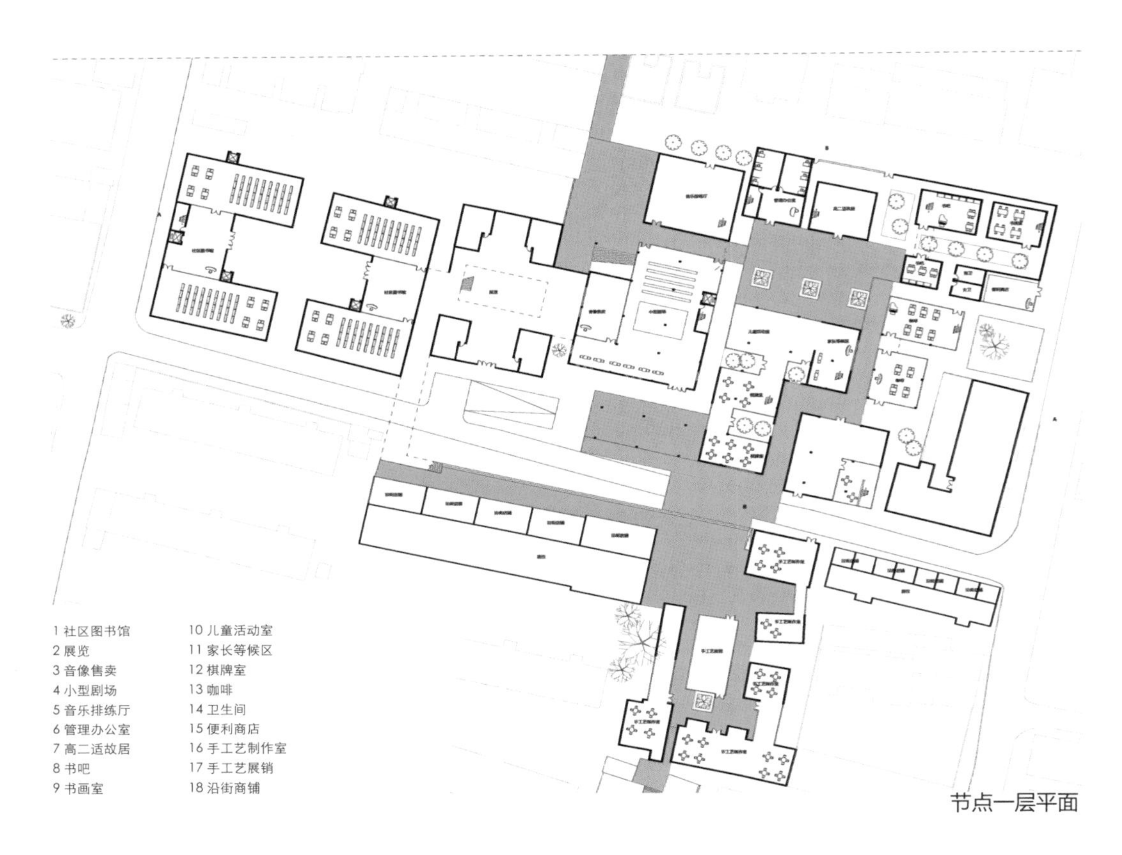

节点一层平面

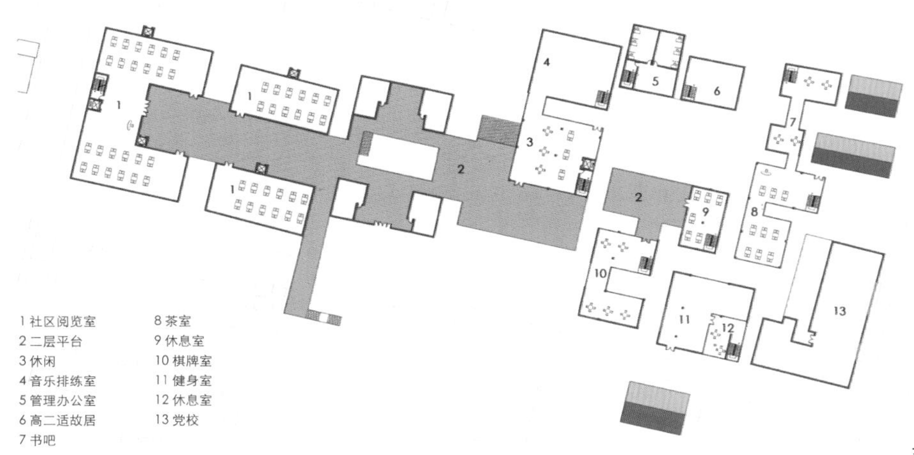

节点二层平面

绿廊

刘 畅 张思敏 段鸿琪

中山东路街区的居住组团规模小、权属多元，居民老龄化严重，社区公共服务特别是为老人的福利设施配备不足，住区环境零乱拥挤，缺乏老年人可以日常休憩交流的安全空间，也缺乏足够的晾晒场地及相对集中的种植空间。如何优化住区空间品质，补充完善服务设施和公共空间的配置，以满足老人安全活动和生活需求成为亟需解决的问题，而充分挖掘宅间楼旁等边角空间的潜力成为一种可能。

本案提出在街区结合现有景观绿化植入由点、线、面组织而成的绿廊体系，来激活和串联起宅间楼旁老人们日常使用频率较高的空间。小品式的多元丰富的功能化空间单元为点、老年人无障碍步道为线、社区及街区的活动广场和公共开放空间为面，绿廊联系起街区内各个单体、组团以及周边社区，从而建立起便捷安全的老人通廊及活动聚集场所，同时保证在居所周围就近即有各类满足老人闲聊休息、棋牌娱乐、健身锻炼、种植晾晒等日常活动所需的设施。在此基础上，对仁义里小区的旧屋及其周边环境进行案例式更新改造设计。

场地调研

区位图

基地区位

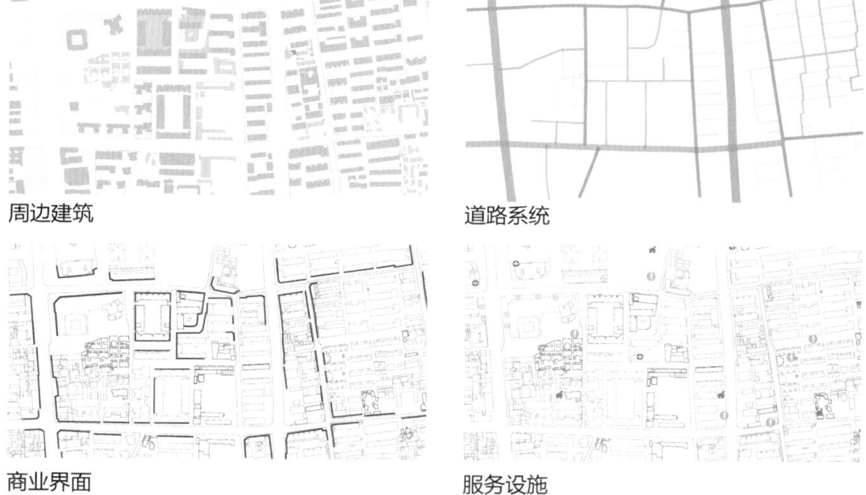

周边建筑

道路系统

商业界面

服务设施

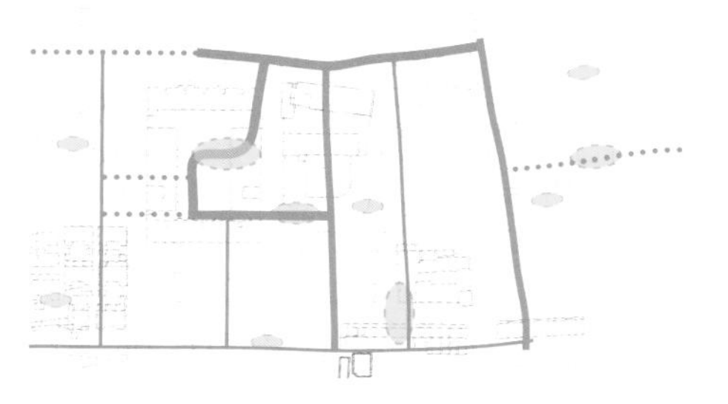

老年人通行及停留区域

老年人倾向于避开车流量大的道路，而选择车流较少、商业较繁华的小路。

边界阻隔

小区围墙阻断了老年人的便捷路径，令空间变得消极，同时加重了道路的交通负担。

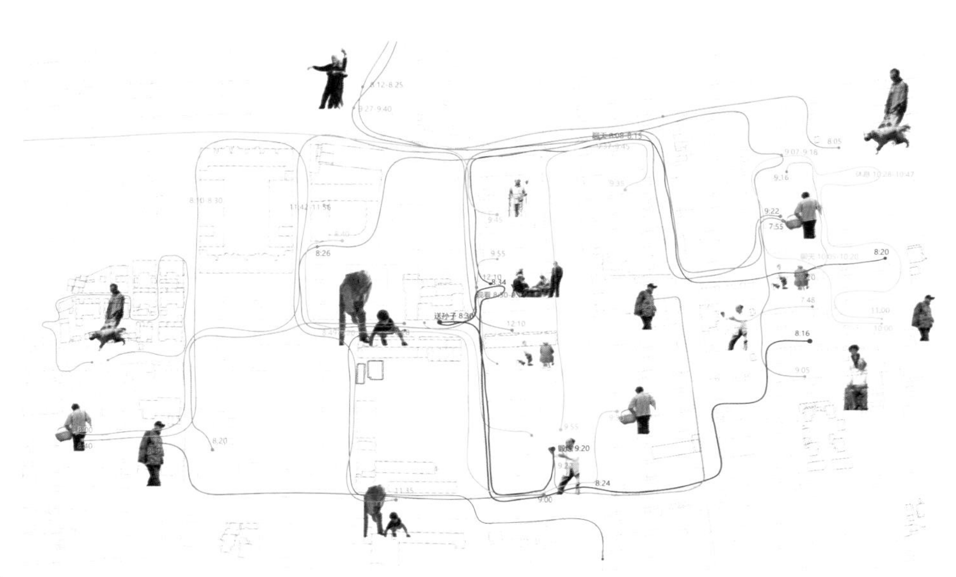

轨迹追踪

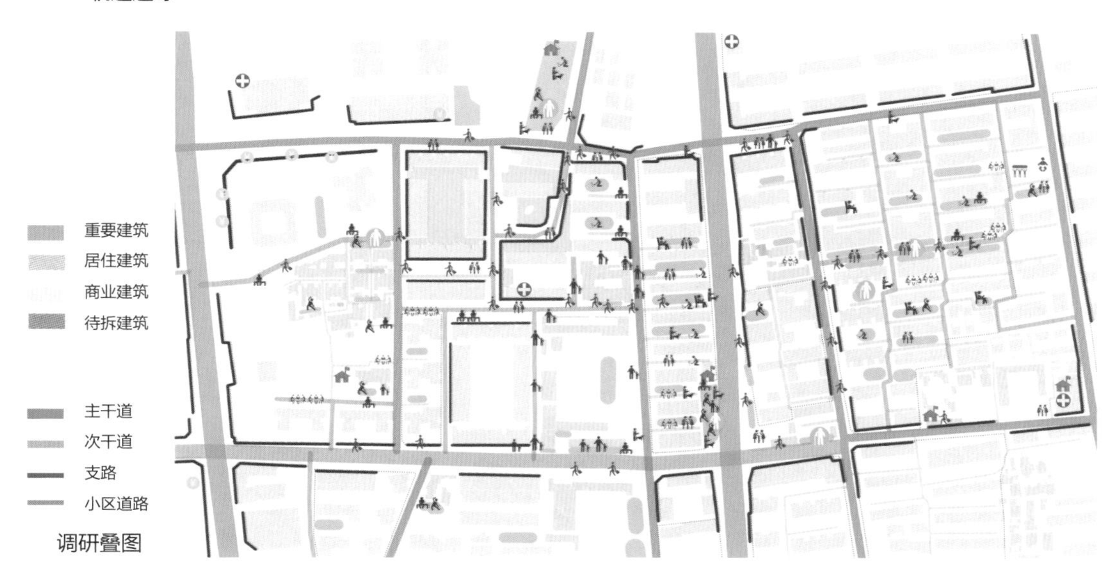

调研叠图

场地调研

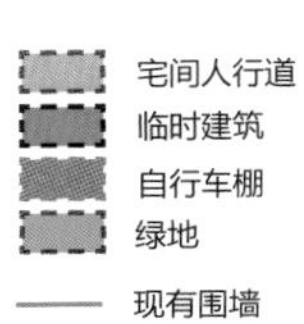

宅间人行道
临时建筑
自行车棚
绿地

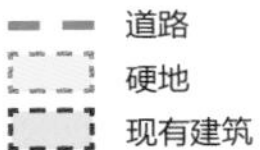

现有围墙
道路
硬地
现有建筑

1. 缺乏充足的自行车和机动车停放空间。
2. 缺乏为老年人使用特殊考虑的晾晒空间。
3. 住栋入口缺乏缓冲休憩空间，无障碍设计不足。
4. 没有专门设计的种植场所。

养老问题

1. 经济条件

a. 收入差异较大。
b. 家庭经济条件对老年人生活带来影响。

3. 养老机构

a. 社区养老院价格较高,政府补助支持不足。
b. 服务管理及监管系统不完善。

2. 社会福利

a. 养老福利方面还很不完善，整体水平较低。
b. 不同职业的养老福利差异较大，部分老年人心理上不平衡。

4. 公共服务

a. 配套设施不完善。
b. 场地拥挤,空间不足。

解决方案

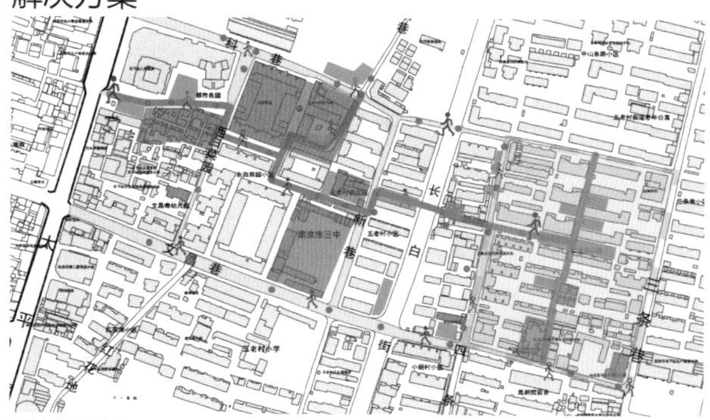

联系与置入

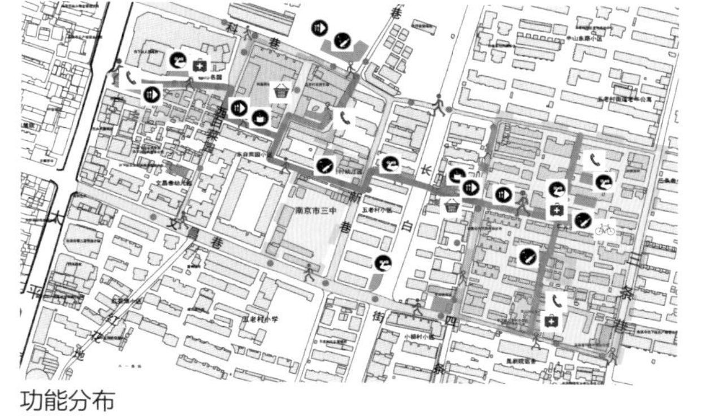

功能分布

设计概念

片区改造策略——绿廊

在区域内置入一套供老年人使用的“绿廊”体系，既能联系现有老年人日常使用较多的建筑场所，又能增加目前社区所缺乏的服务设施。

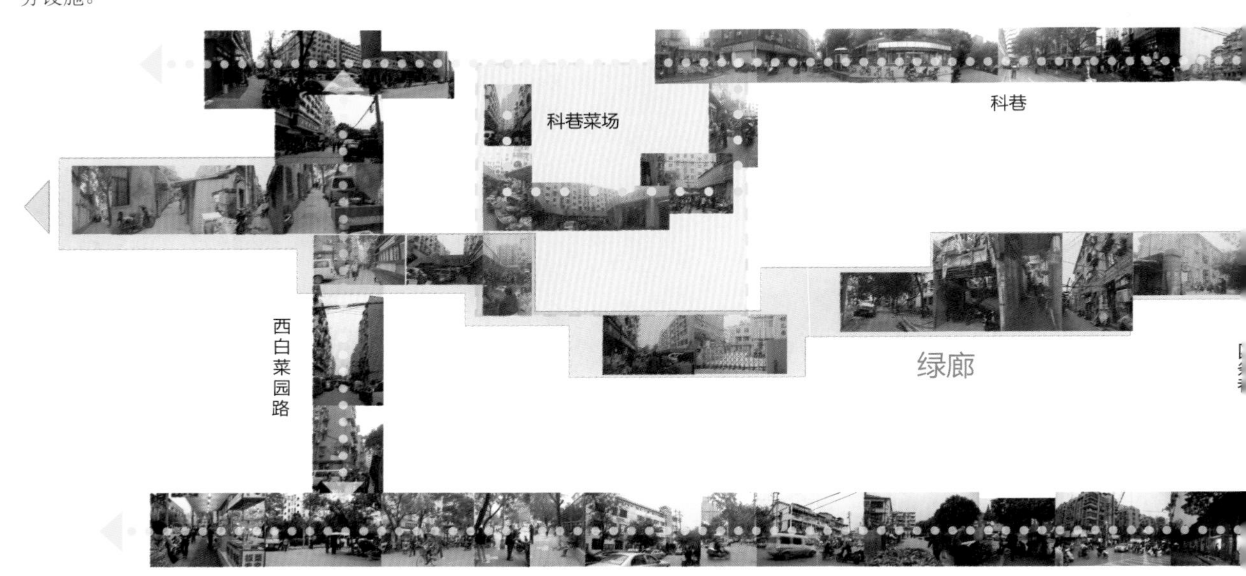

“绿廊“概念示意

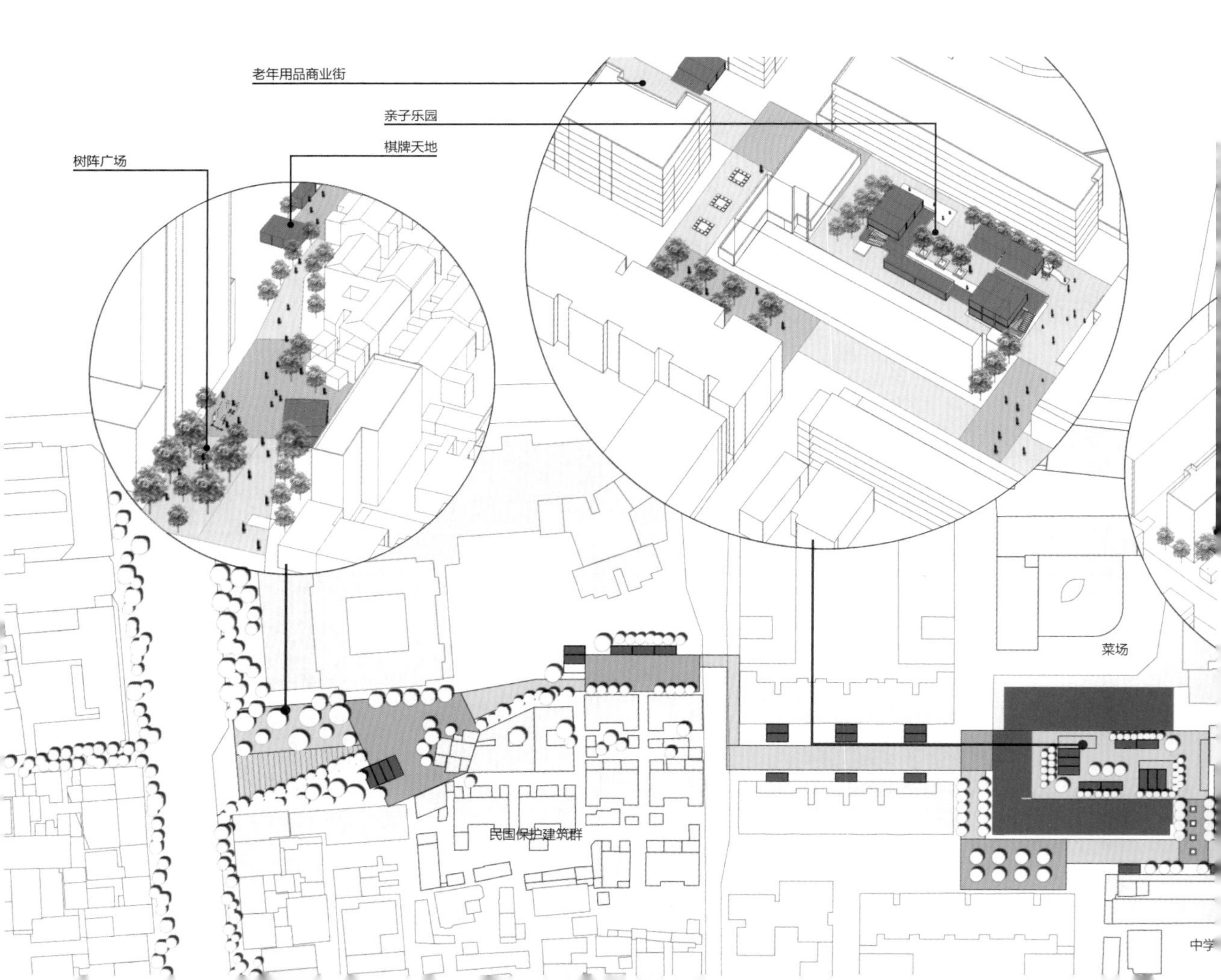

"绿廊"特点

便　　捷——快速联系社区内及周边老年人聚集区域，大大缩短绕行时间。
安　　全——减少老年人穿越街区的频率，营造人车分流的交通模式。
配套齐全——补充社区内所缺乏的老年人活动设施，如健身场地、聚会场地、医疗设施等。
生　　长——以单元模式相互连接，不断复制，最终可以形成覆盖整个城市的绿廊网络。
公众参与——鼓励老年人自发参与、自我营造富有生命力的社区空间。

"绿廊"组成

点——活动单元　　　　线——老年人步道　　　　面——活动广场及建筑

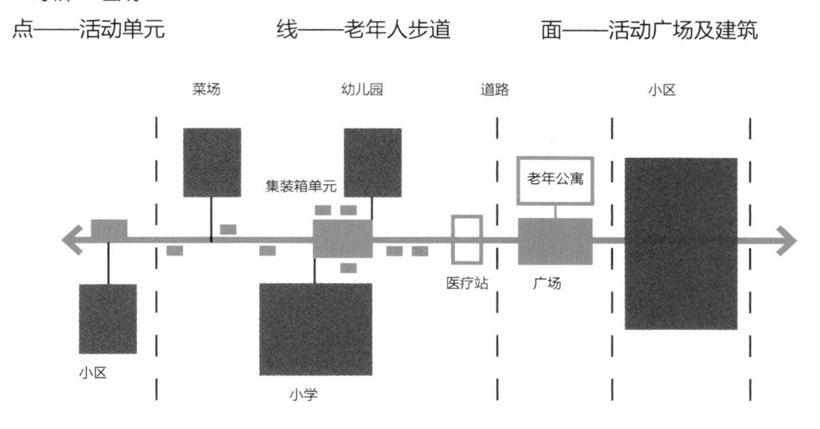

"绿廊单元结构框架

义里小区

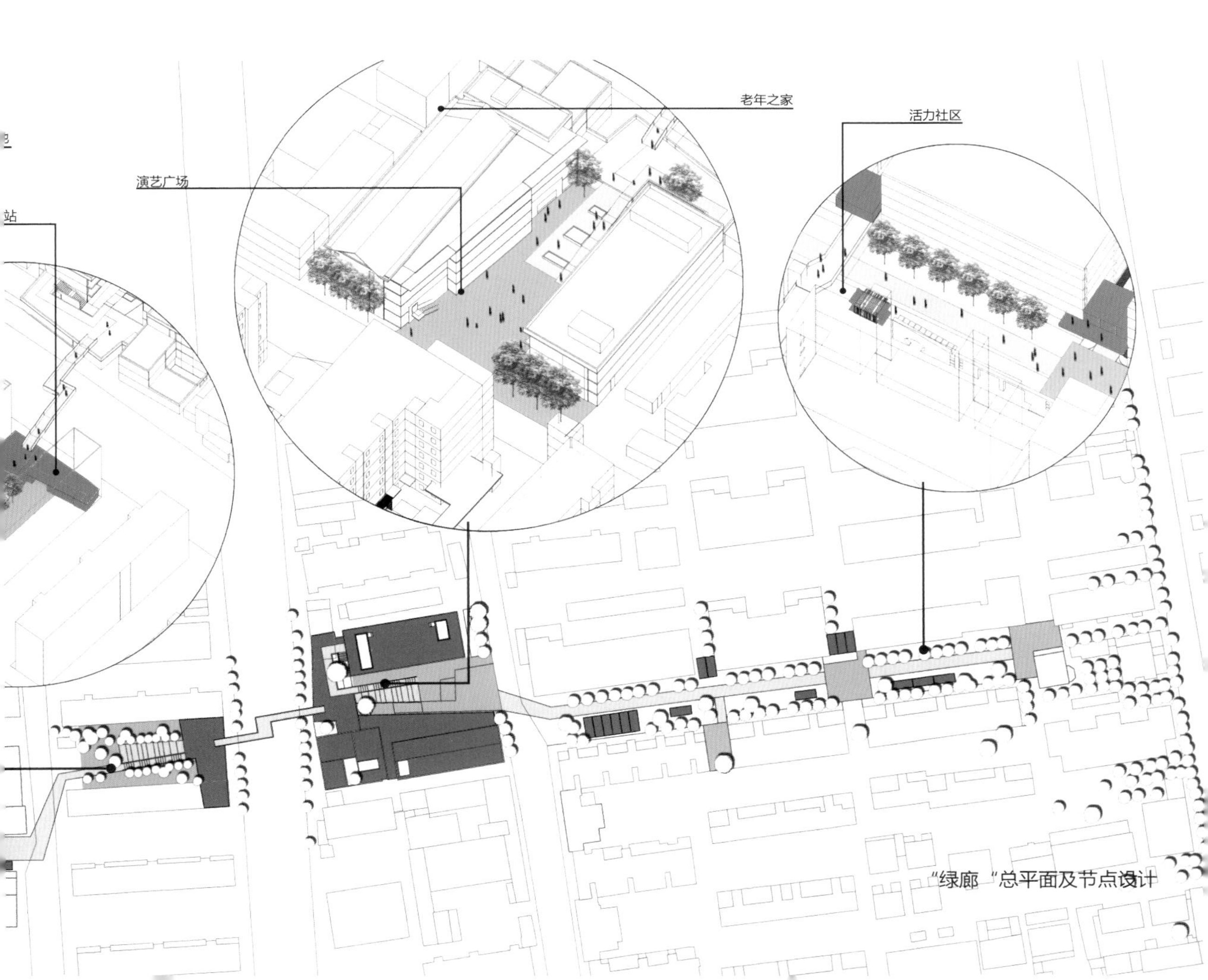

"绿廊"总平面及节点设计

小区内每隔几分钟路程就设置一个宅旁空间供老人休息。同时，还有较大的宅间小广场供老人们进行体育锻炼和棋牌等娱乐活动。

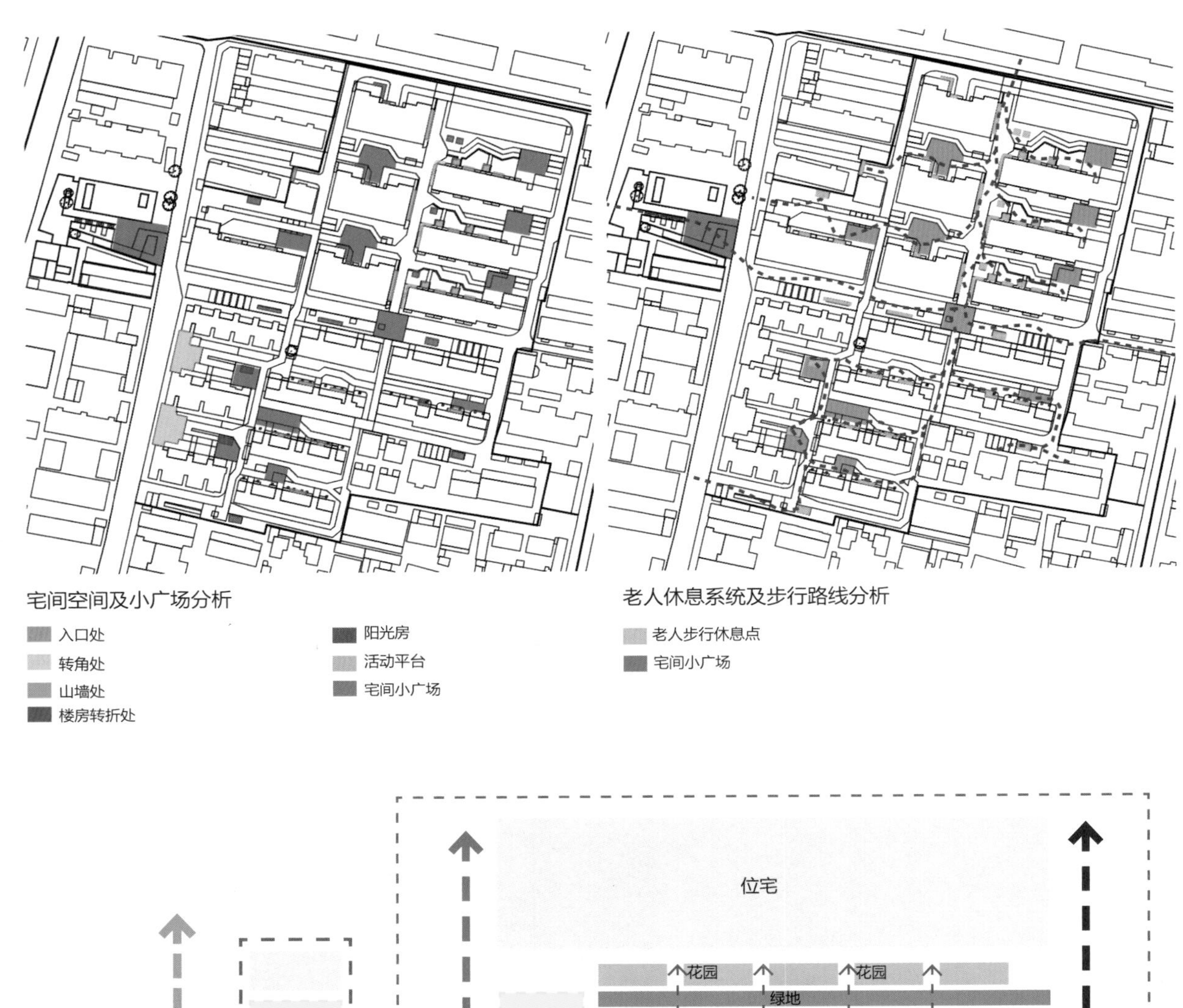

宅间空间及小广场分析

老人休息系统及步行路线分析

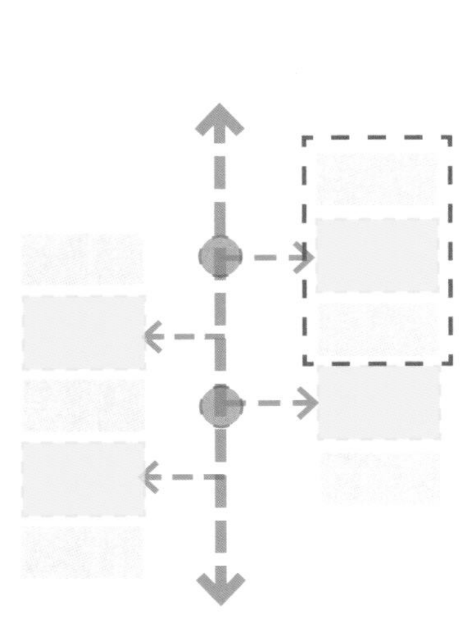

骨架

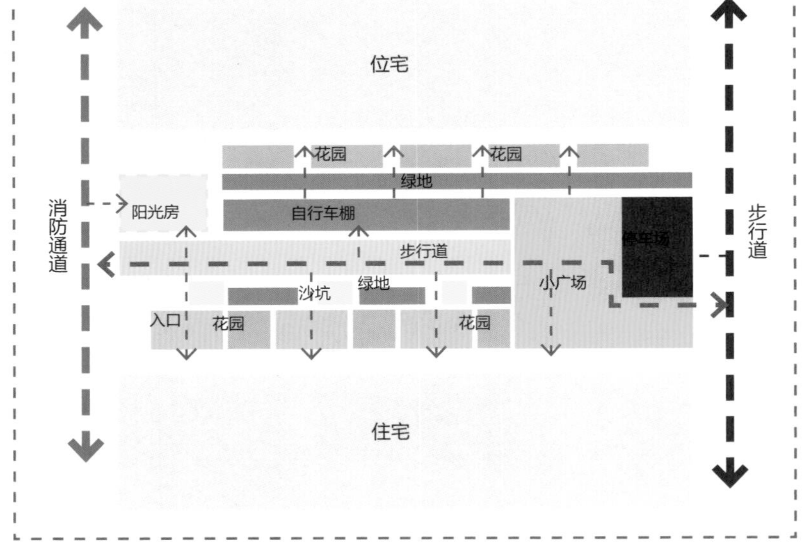

宅间广场布局形式

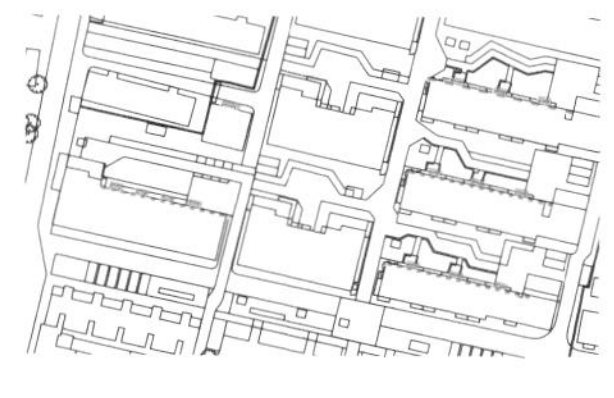

入口处

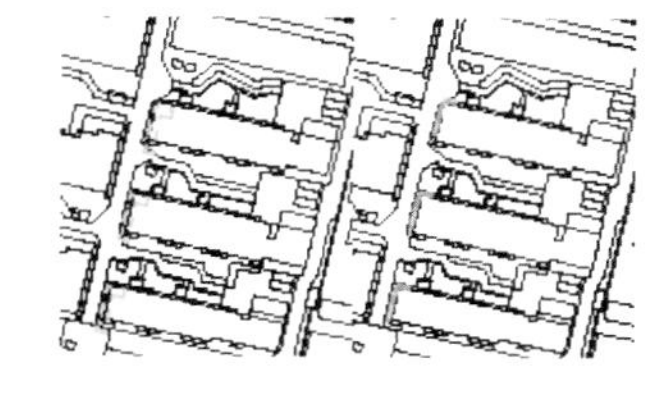

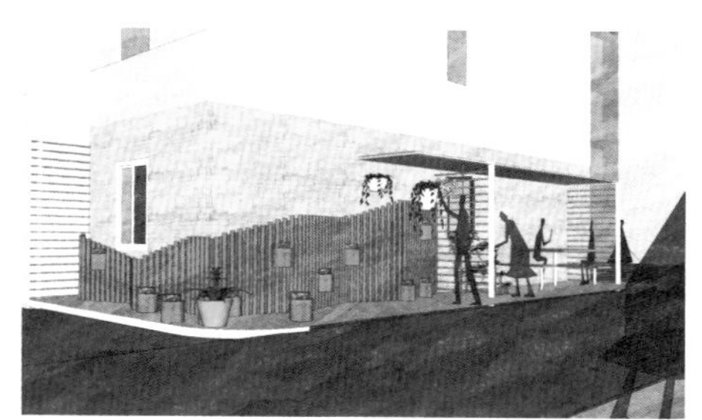

转角处

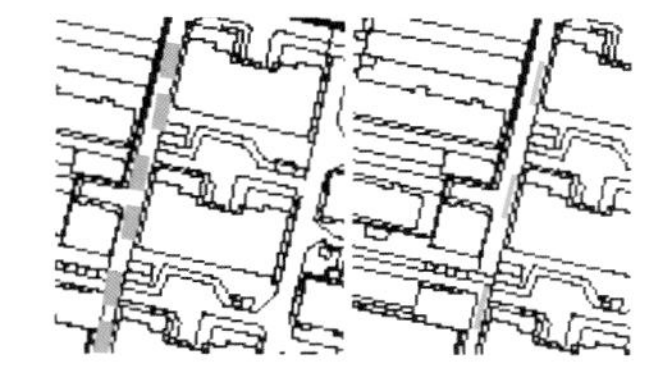

聊天 种植 晒衣

山墙处

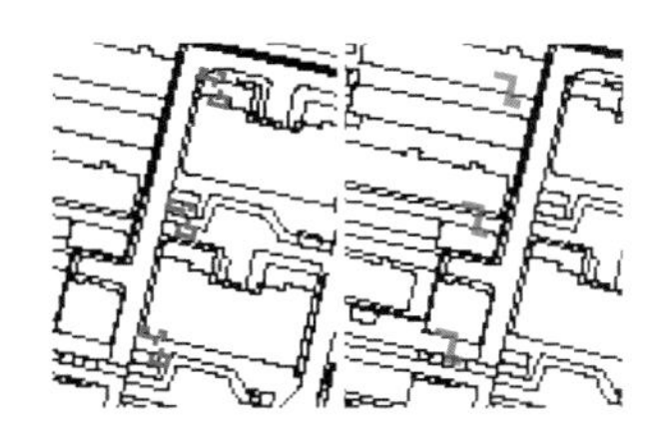

楼房转折处

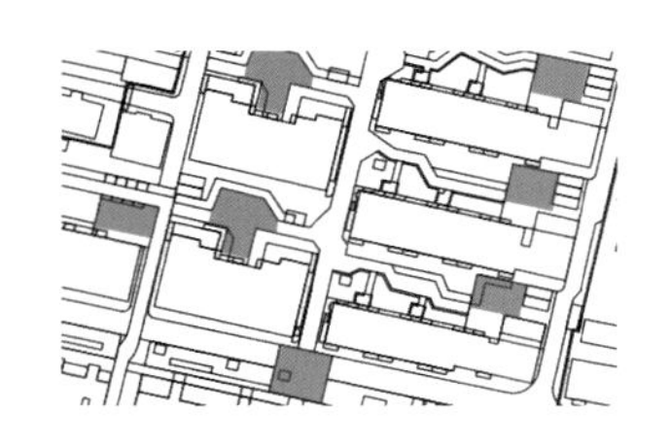

活动平台和宅间小广场

活动单位：集装箱

选择集装箱作为活动单元，具有可移动、可拆卸、自由组合的优点，结合小区功能及老年人生活需求，将其设置于小区内合适的宅间空地及小广场上。

天气好时可开启，天气差时可关闭。

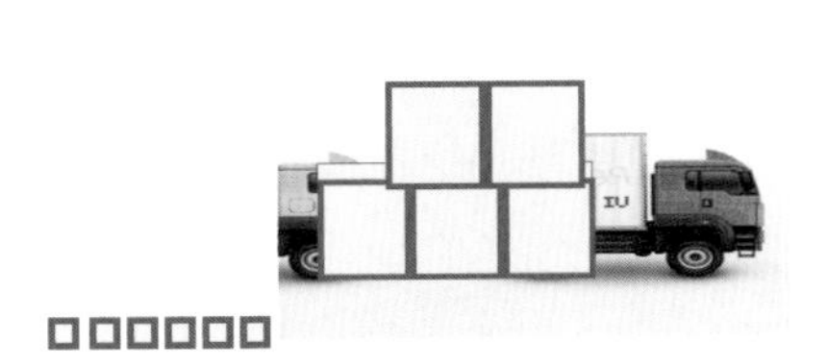

可以放置于任何需要的地方。

不同的模式

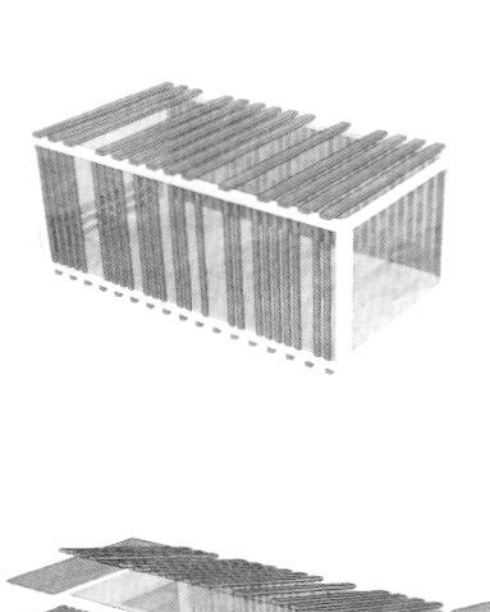

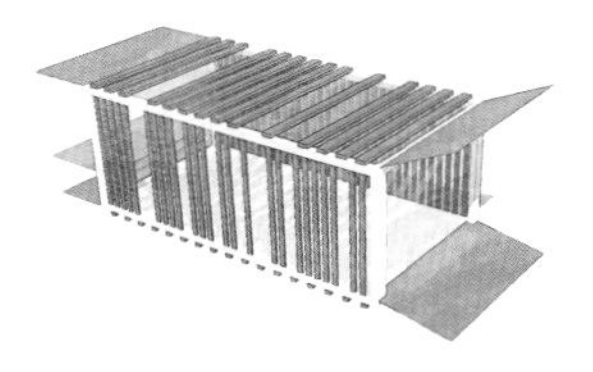

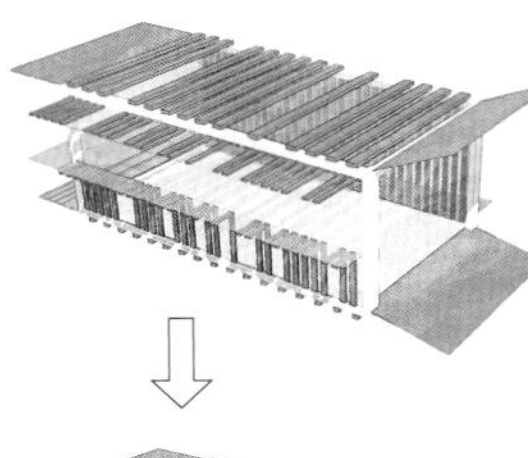

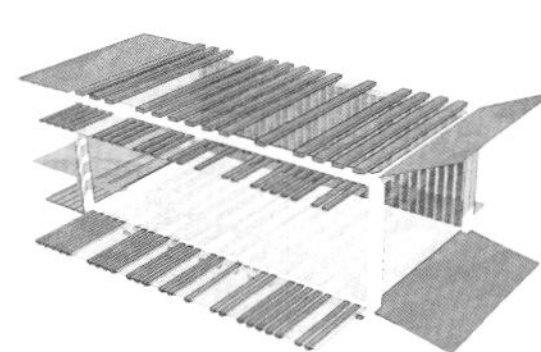

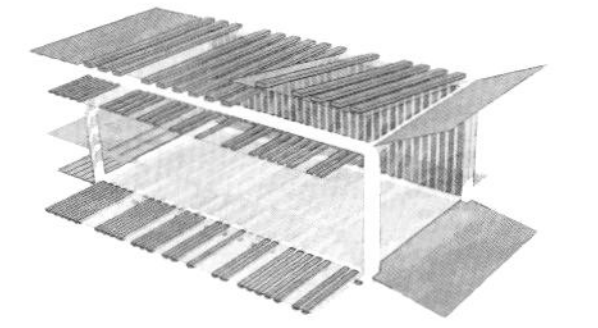

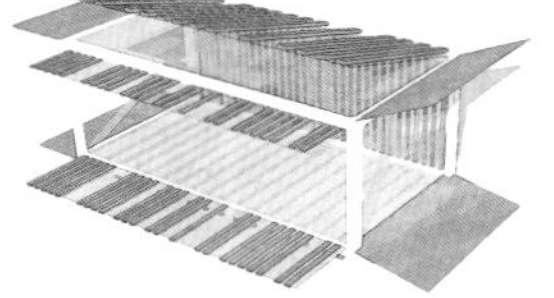

不同的行为

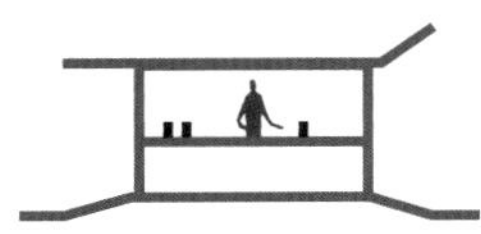

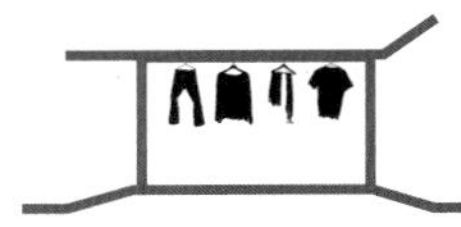

小卖铺及维修服务

娱乐

种植

晾晒

场地内有一些杂乱无章、年久失修的老建筑，选择其中一栋颇具历史价值的老建筑和若干古树加以保留。拆除破败建筑，打破围墙限定，将空地整合为老年人活动场地；改造并加建保留建筑作为老年公寓。

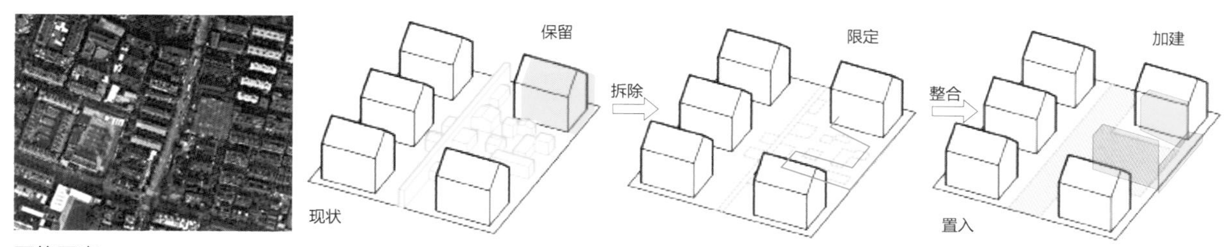

区位示意

改造模式

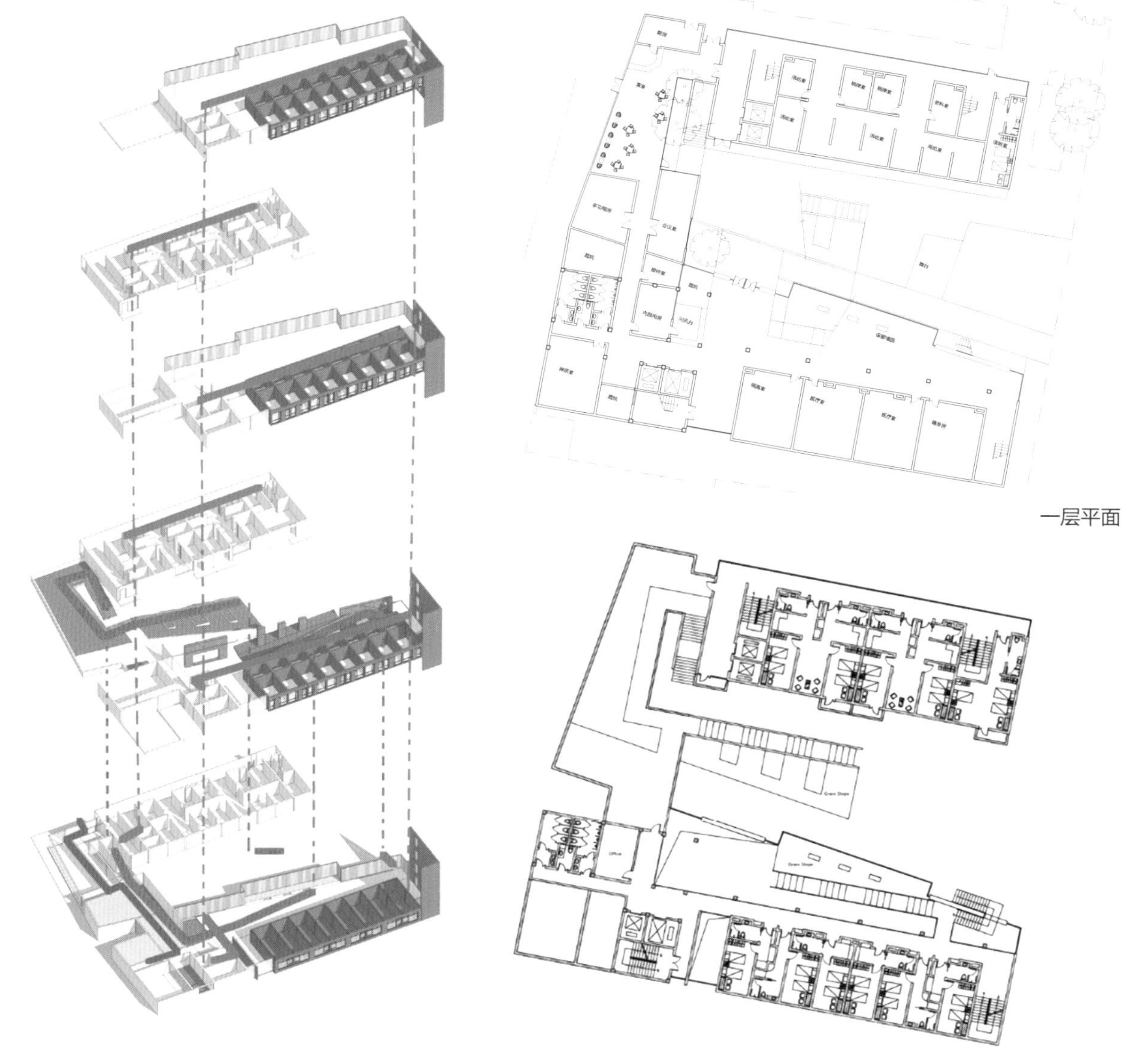

一层平面

展开图

二层平面

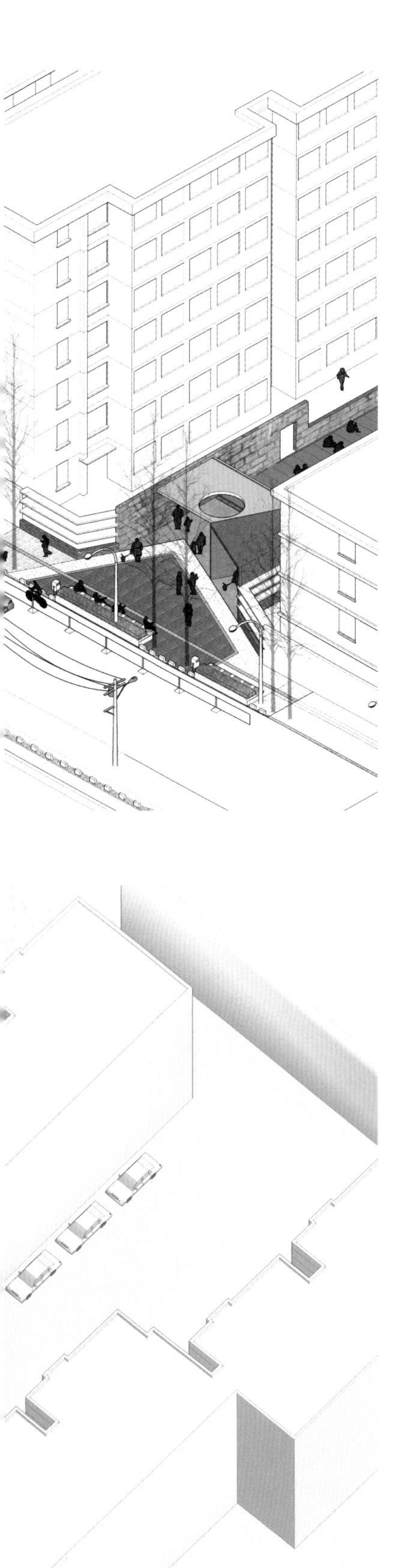

城市·生活·记忆

倪贤彬

丹凤街街区为商住综合地块，街区内建筑的建设年代跨度大，新旧掺杂，形态丰富，居民构成多元复杂。本地居民多为年事渐高的老人，随着活动能力和记忆的衰退，其对周边社区生活环境的依赖度高。

本案从老年人的内心需求分析入手，寻求老年人在生理、情感、物质三方面的具体需要。通过对基地内社区居民的问卷调查、跟踪观察、深入调研等方式，发现高密度社区环境下，老年人所需要的基础医疗、活动场所、休憩空间等严重不足，以致老年人难以走出家门，自由活动。

考虑到老年人多有对新事物的惧怕心理，新的设计与改造将以原有记忆为基础。因此，本方案从场地调研出发，记录社区内老年人的步行轨迹、生活习惯，在保留老年人原有记忆的前提下，植入老年人社区生活所需要的其他功能。

以街道改造为链接，将老年人散步、闲谈的街道进行适应性改造，对不同尺度的道路进行分类，逐一给以设计示范，植入休憩活动空间。

以社区中心为节点，植入社区活动所缺失的医疗等服务设施，在基地范围内筛选、分类，挑选合适的场地，植入特定功能，满足老年人不同的活动需求；并挑选两例做设计示范。

关于场地

一些共性问题

1. 公共活动空间的欠缺；
2. 医疗服务设施的欠缺。

碎片拼贴和轨迹追踪

截取老年人日常生活的碎片，通过照片和拼贴的方式，记录和重组老年人日常社区生活中的细节。
寻找老年人最日常的生活习惯和行为可能为出发点，跟踪记录多个老人日常行走的轨迹和周边环境，以此为基础评价老年人现阶段的生存环境。

提出问题

功能植入

在高密度城市社区中，在保留原有记忆的前提下，植入社区所缺失的为老服务与活动设施。

鉴于场地位于城市中心区内，其高密度的特性意味着缺乏空余的开发场地。因此选取南京老城中普遍存在的 20 世纪 80 年代建造的多层住宅，将宅间空地作为可能的研究对象进行分析。

开放车棚型：由建筑与车棚限定出的宅间院落。
基本功能：非机动车停车，通道。

院落型：由围墙限定出宅间院落。
基本功能：非机动车停车，小型绿化，通道。

宅间过道型：间距较大，两旁有绿化。
基本功能：停车，绿化，公共车道。

开放绿地型：走道相间绿化。
基本功能：非机动车停车，绿化，通道，晾晒，停车。

开放绿地型：走道相间绿化。
基本功能：非机动车停车，绿化，通道，晾晒，停车。

小区边界型：基本无绿化，两小区之间有围墙分隔。
基本功能：通道，非机动车停车，小区边界。

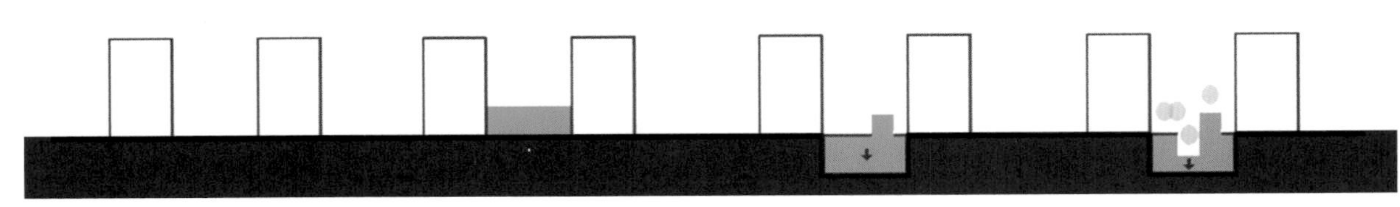

原有场地　植入服务体　利用地下空间　剖面变化

街道改造

在设置了必要的活动与服务设施以后，引导老人安全地“走出来”，穿行在城市间的活动轨迹上。

街道的分析与梳理

解决问题

街道改造

梳理功能体系，以此满足老人不同层次的生理、心理需求。

街道现状梳理与问题的提出

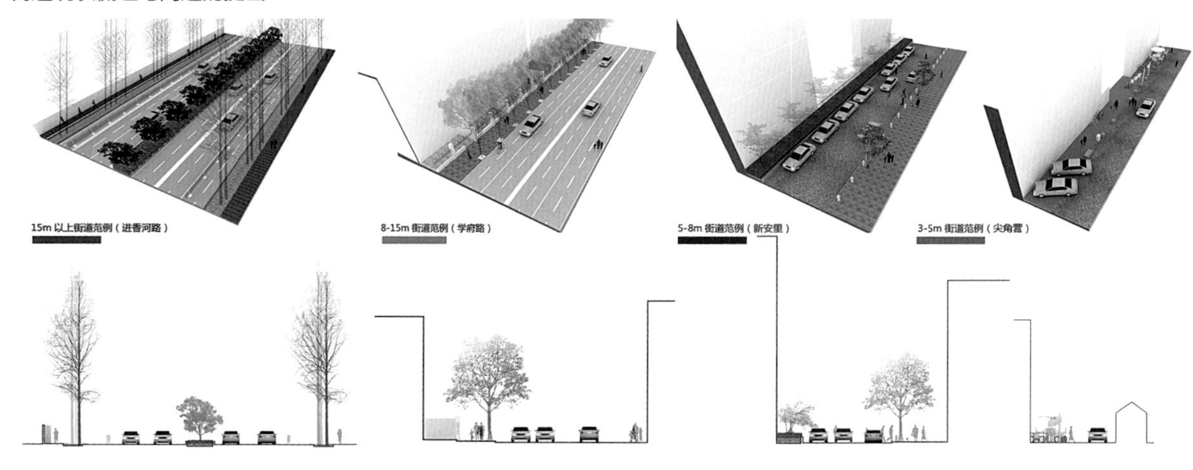

1. 两侧人行空间单调，周边界面单一。
2. 缺乏休憩空间。
3. 对老人不友好。

1. 街道空间被围墙隔院占据。
2. 一侧街道无安全人行道路。
3. 缺乏休憩空间。

1. 道路一侧供周边小区停车。
2. 一侧街道无安全人行道路。
3. 人车混行。

1. 道路一侧被生活空间占据。
2. 人车混行。
3. 缺乏休憩空间。

针对现状问题的改造与整理

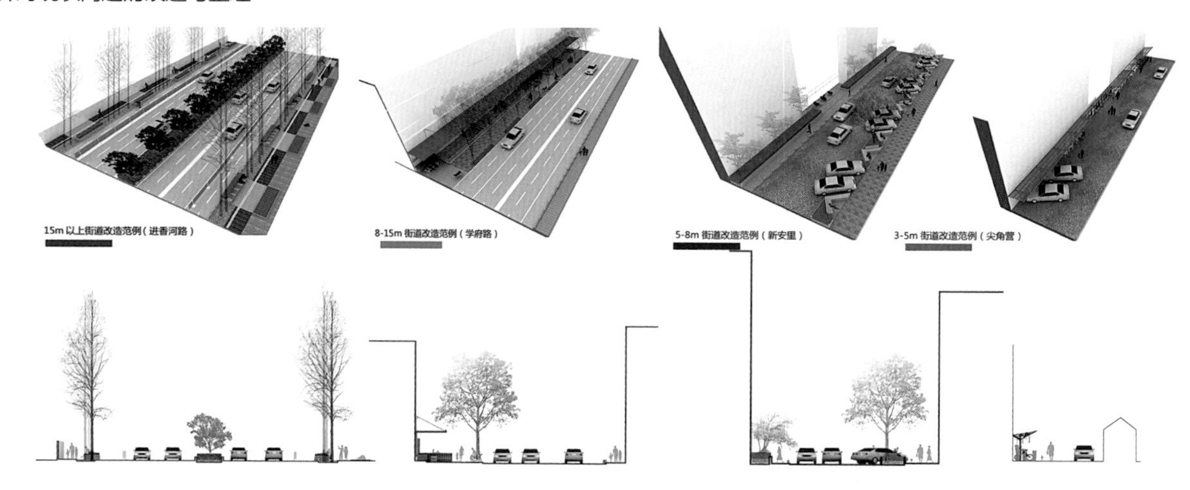

将休憩空间散布在街道绿化之间，丰富空间层次。

1. 将围墙打开，回馈以商业顶界面雨篷与低矮围合边界，扩大街道空间。
2. 在一侧置入安全活动步道。
3. 将休息空间设置在建筑间隙之间，不影响商业界面的连续。

1. 将停车场地和休息空间结合，借用一侧街道空间，解决停车和休憩问题。
2. 安全活动步道设置在另一侧空置的空间处。
3. 部分解决人车混行问题。

1. 重新梳理活动空间，在道路一侧设置类雨篷装置，同时解决休憩空间问题。
2. 部分解决人车混行问题。

梳理医疗护理系统，实现便捷的社区医疗服务

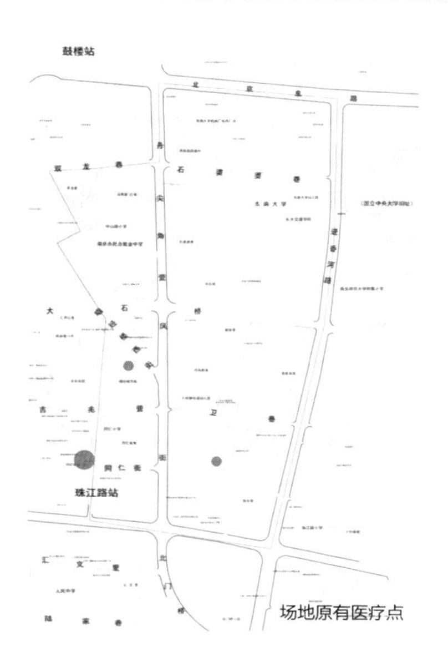

场地原有医疗点

新置医疗护理点

医疗护理辐射范围

梳理区域活动体系，形成完整连续的活动系统

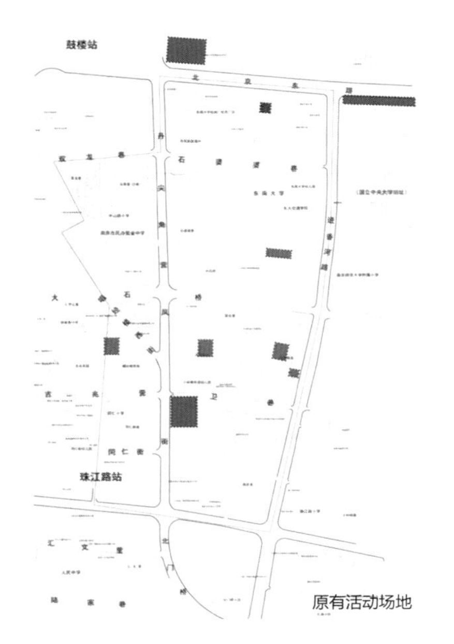

原有活动场地

新置社区中心

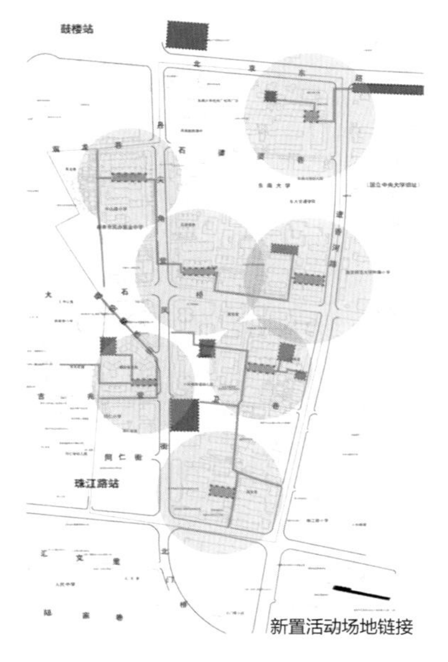

新置活动场地链接

解决问题

社区微中心植入

对不同地块赋予特殊定义与功能设定，以此满足各区域的不同需求。

节点选择

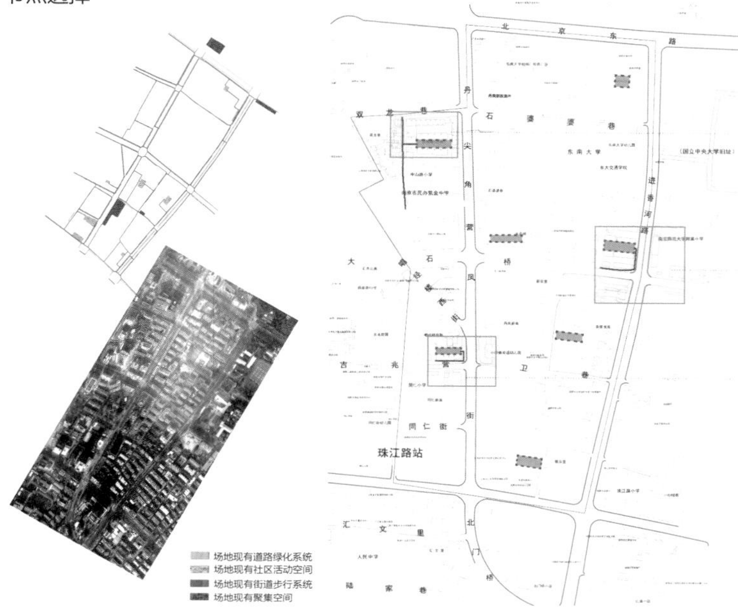

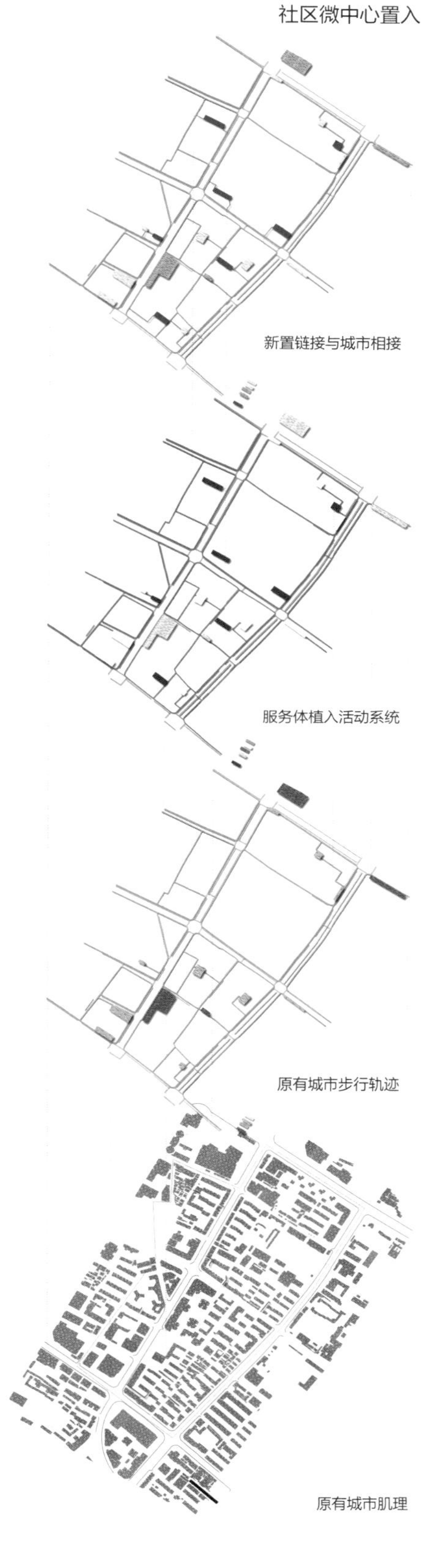

尖角营地块

原有功能：
1. 自行车停车棚
2. 过道

新加功能：
1. 社区医疗护理中心
2. 遛鸟活动中心
3. 遛鸟相关商品商业

宅间空地

相邻街道

大石桥地块

原有功能：
1. 自行车停车棚
2. 过道
3. 小区绿化

新加功能：
1. 社区医疗护理中心
2. 亲子儿童乐园
3. 手工儿童玩具商业

宅间空地

相邻街道

唱经楼地块

原有功能：
1. 小区边界
2. 自行车停车
3. 小区入口

新加功能：
1. 社区医疗护理中心
2. 盆栽爱好者聚集中心
3. 盆栽相关商业

宅间空地

相邻街道

解决问题

尖角营地块

位于小区内部，空地型，与城市没有直接交接面。重视对现状的梳理与归纳，采用一种“传统”的顶界面元素整合梳理这类日常活动空间。

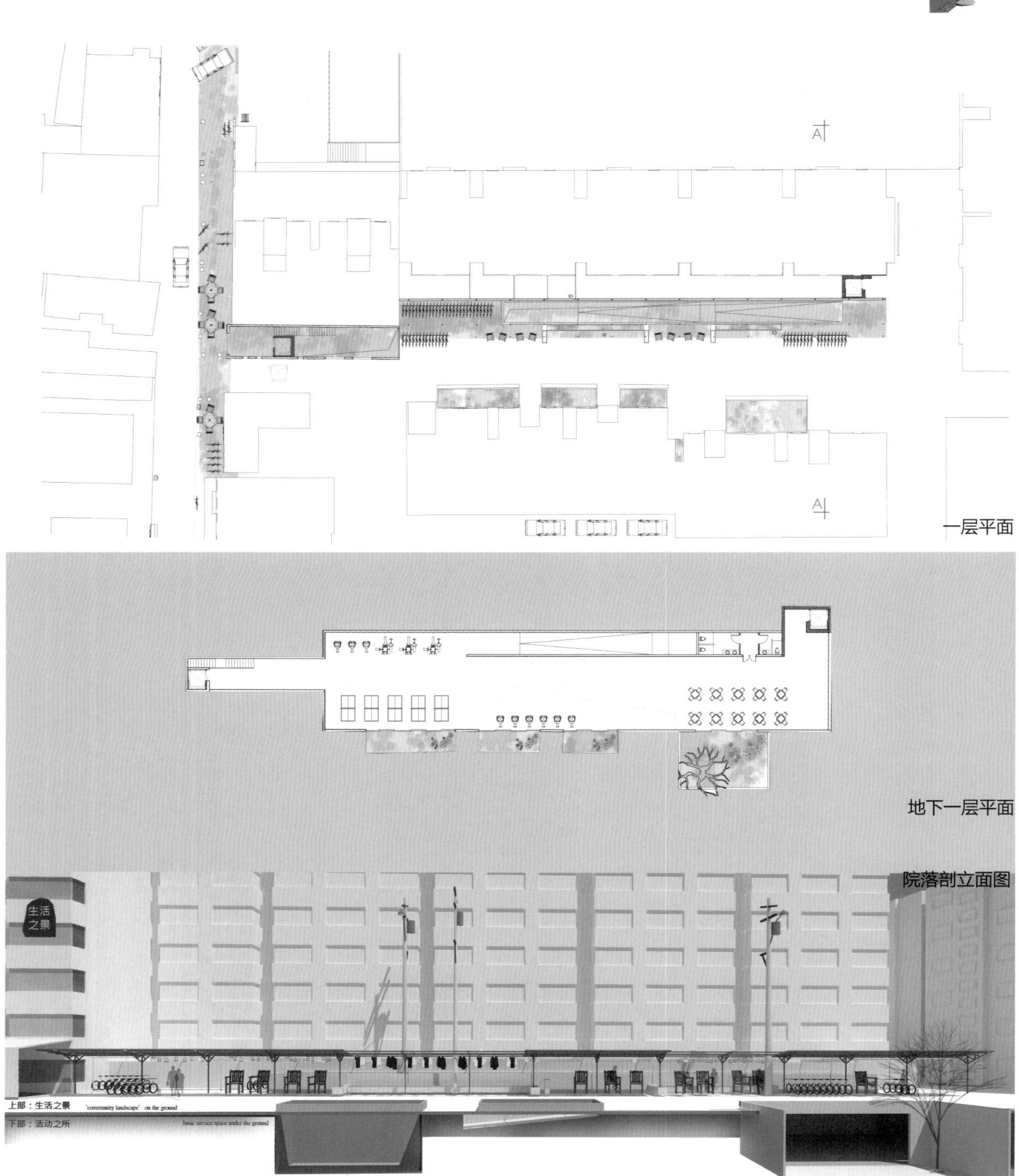

利用雨篷这一形式要素，作为老人社区生活原有记忆的载体，重新组织社区里的混乱空间，同时植入原有社区缺失的服务功能。

重新修正场地内自行车停车空间，利用地下空间分担地上停车的压力，腾出地面空间作为社区生活中遛鸟、休息、晾晒、聊天的场所。

与街道改造相结合，利用相邻街道的小尺度空间带来的亲民性，把各种生活性的活动空间置入街道周边。

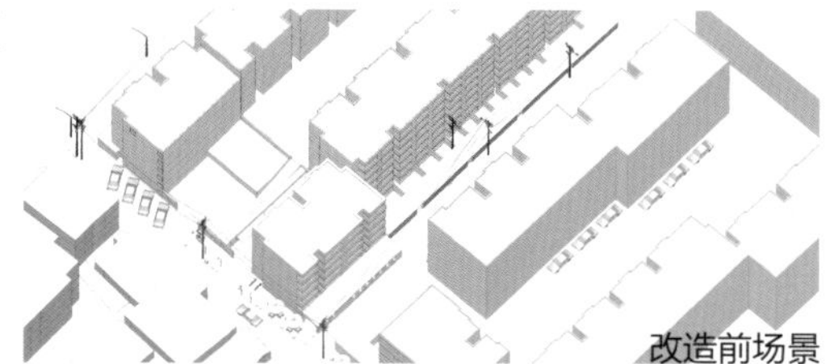

改造前场景

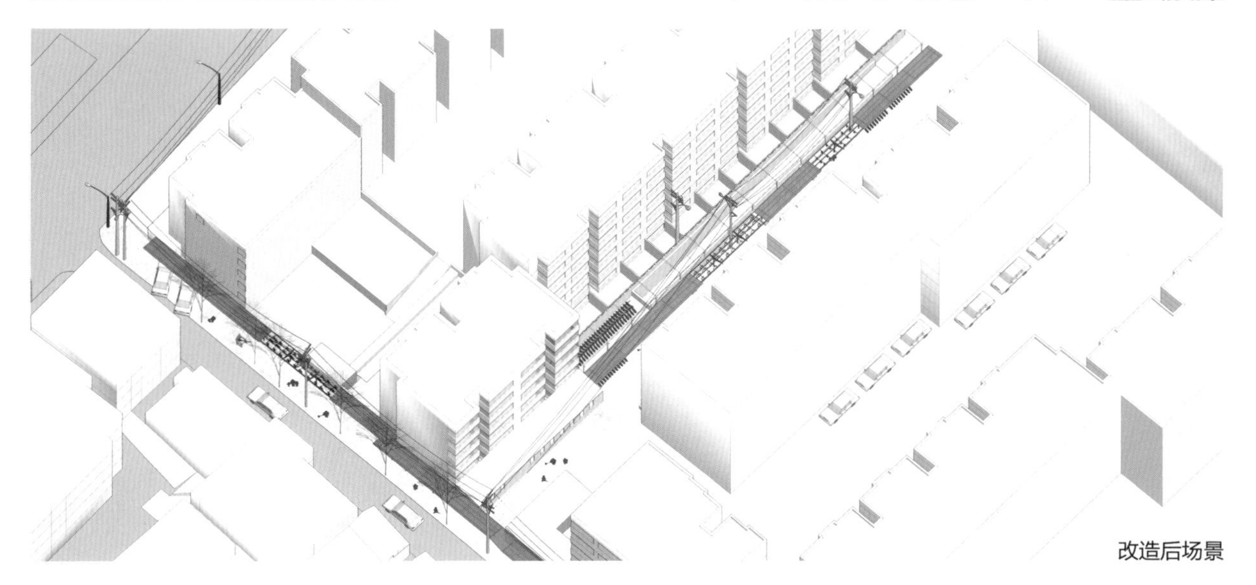

改造后场景

解决问题

大石桥地块

小区内部，学校旁边，与城市有直接交接面。更多考虑老年人与小孩的需要，提供学校放学时老年人与小孩的休息与活动场地。

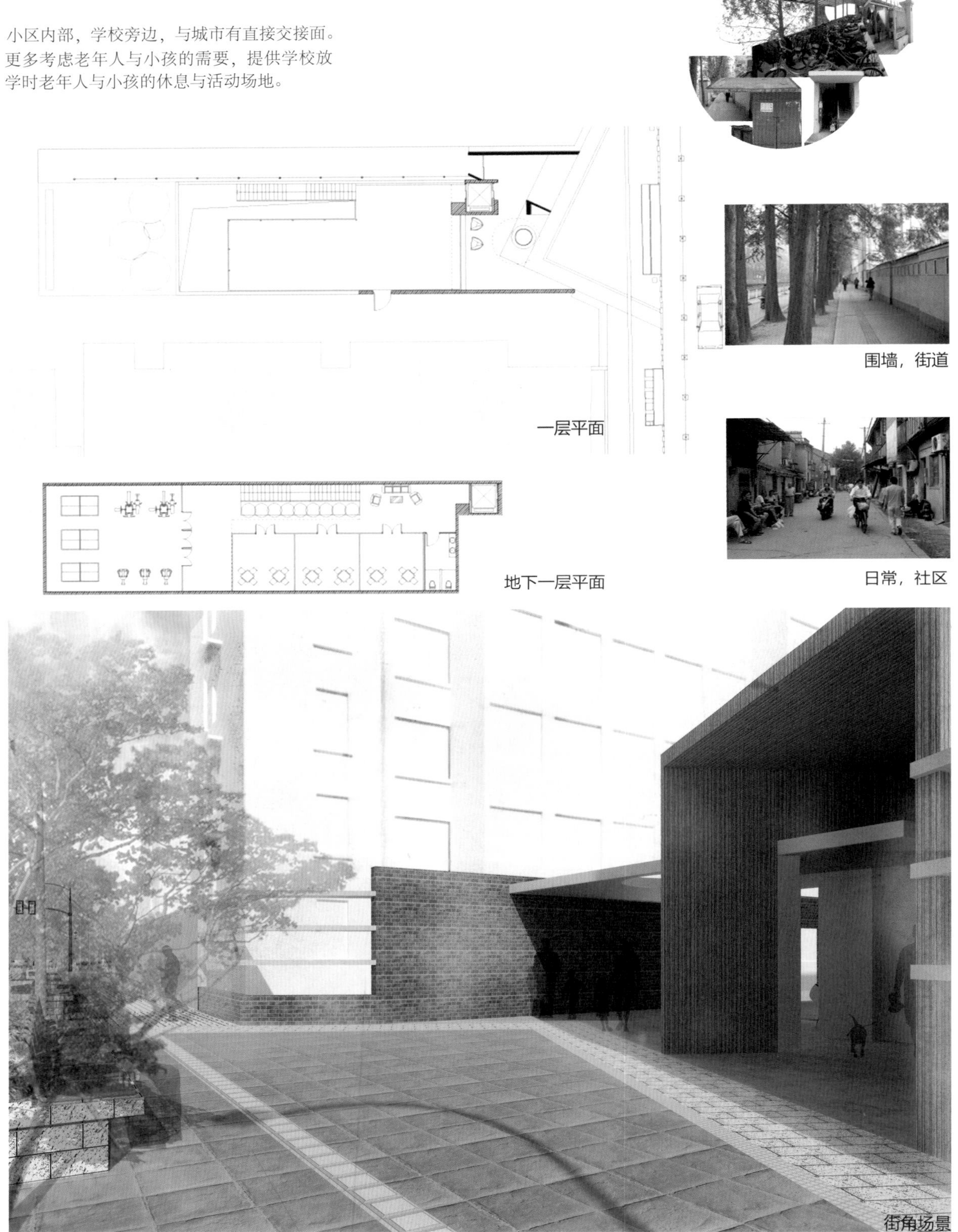

利用口袋型的布局，巧妙地解决了因场地与街道相接，过度的开放而影响小区私密性的问题。

围合出的积极室外空间，为周围学校的学生提供放学后与家长共同玩耍的空间。

利用铺地变化和对种植空间的合理利用，改造并调整出合适的街边休憩空间，为等待孩子放学的家长提供休息交谈的场所。

将缺失的社区活动空间与老年人自主多功能空间置入地下，与儿童活动场所关系密切却互不影响。

改造前场景

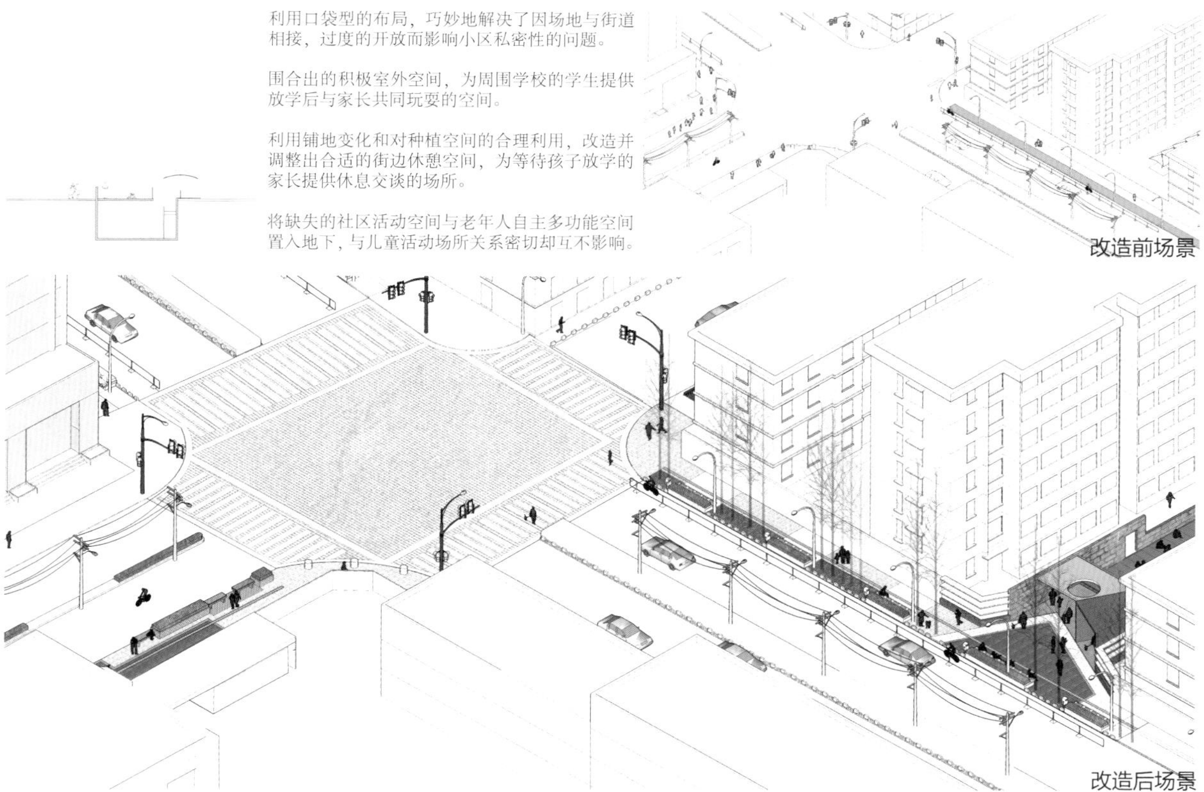

改造后场景

下篇

局部地块实验设计

鉴于我国的人口老龄化特点和经济发展水平，社区居家养老作为我国的主要养老模式已成为政府和学界的共识。而对既有社区进行适老性改造则是实现这一养老模式的主要途径。通过对老人居住状况及需求的实证调查和量化分析，在社区的各个层级进行相应的改造，为老人营造安全、便捷、舒适的居住环境。

在四条巷、长白街、蓁巷和香铺营等地块的实验设计中，充分借鉴地块原有街巷空间模式，保留场地内具有历史文化价值的建筑并进行合理利用，并将传统空间元素赋予现代手段及功能。此外，社区建设以开放的态度和可持续的发展方式，在传承的同时引入新的媒介和技术手段。

种植社区

韩雨晨　林　岩　修雨琛　张硕松

老龄化问题席卷全球，建筑师应如何承担起自己的社会责任？种植社区，作为一种在建筑领域回应全球老龄化趋势所做的尝试，代表着一种居民参与式的社区更新，针对中国式社区居家养老方式的策略性探索。该设计以南京香铺营为实验基地，力求以最小变量激发1980 年代老旧住区的活力。通过将“种植”这一行为引入现有社区，丰富了老人单调的生活，采用通用设计标准，为社区居家养老提供了高品质的社区环境，实现了社区空间、使用者与活动行为的互动。

背景

全球老龄化

自 21 世纪以来，老年人口的迅速增长成为一个全球性的问题。目前全世界 65 岁以上的老年人已经超过了 3.42 亿，而预测到 2020 年这个数字将会翻倍，达到 7.22 亿。特别是对发达国家来说，伴随着医疗条件和生活品质的提升，老年人口将越来越多。

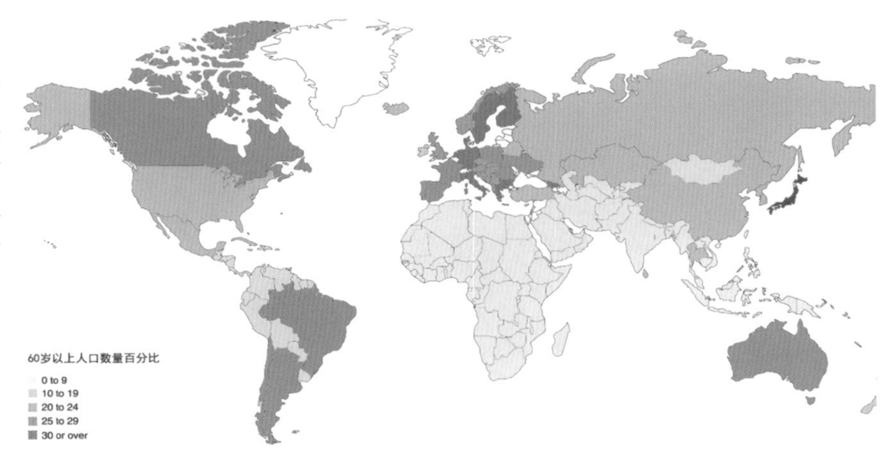

中国老龄化

中国是目前世界上老年人口最多的国家，数量大，增长快，未富先老是中国老龄化最显著的三个特点。针对我国特殊国情，政府提出“9073”养老模式，即 90% 社区居家养老，7% 社区日托养老，3% 机构养老。社区居家养老作为我国目前以及未来最主要的养老方式受到了社会极大的关注，而现有的社区居家养老还存在众多问题，需要在不同层面进行改善和革新。

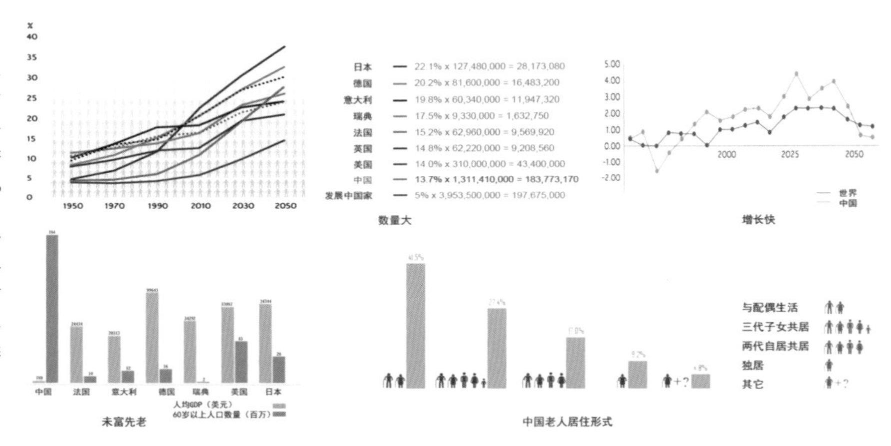

南京老龄化现状

据 2015 年 8 月 25 日江苏省民政厅发布的《2014 年江苏省老年人口信息和老龄事业发展状况报告》，截止到 2014 年底，南京市 60 岁及以上户籍老人有 129.49 万人，人口老龄化率高达 19.96%。作为六朝古都，南京的城市文化底蕴深厚，此外这里还集中了众多的高校、部队及科研单位等，大学生比例较大，数据上还会稀释常住人口老龄化比例，因此南京的实际老龄化程度更高。另外，除了老龄化基数大、增速快以外，老年人口素质也比较高，老年人对心理与精神关爱的要求普遍高于其他城市。

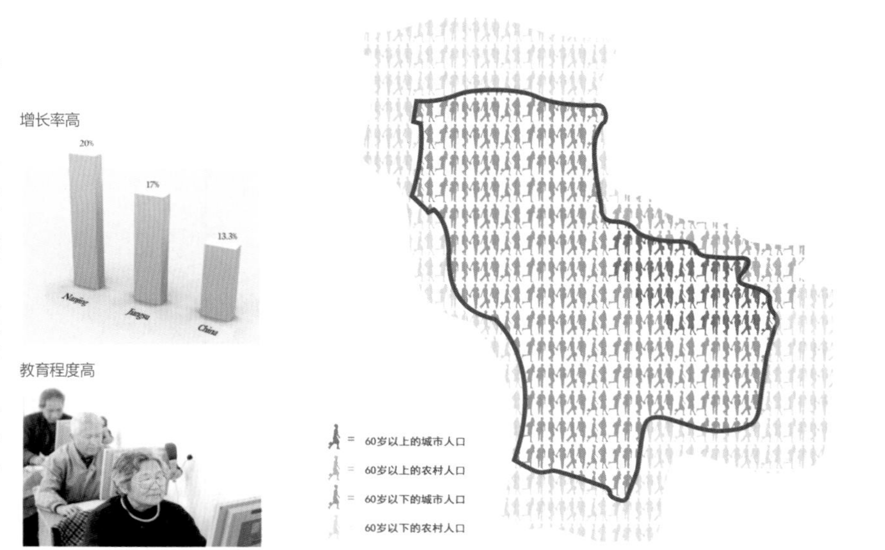

调研

场地区位

蓁巷位于南京市玄武区的中心地段，范围 60 hm^2，包括 36 个小区。大部分建筑建于 20 世纪八九十年代。

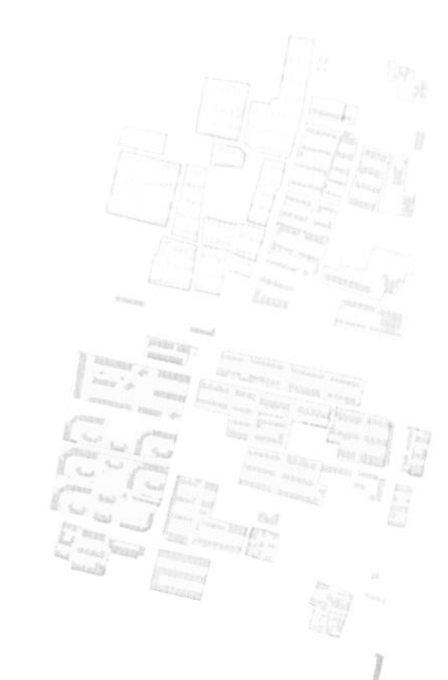

社区信息

社区印象

户外公共空间

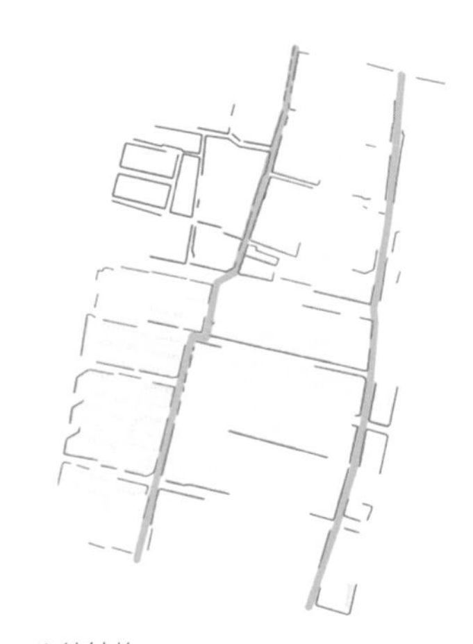

公共结构

交通结构

户外公共空间

服务设施

老年人活动分布

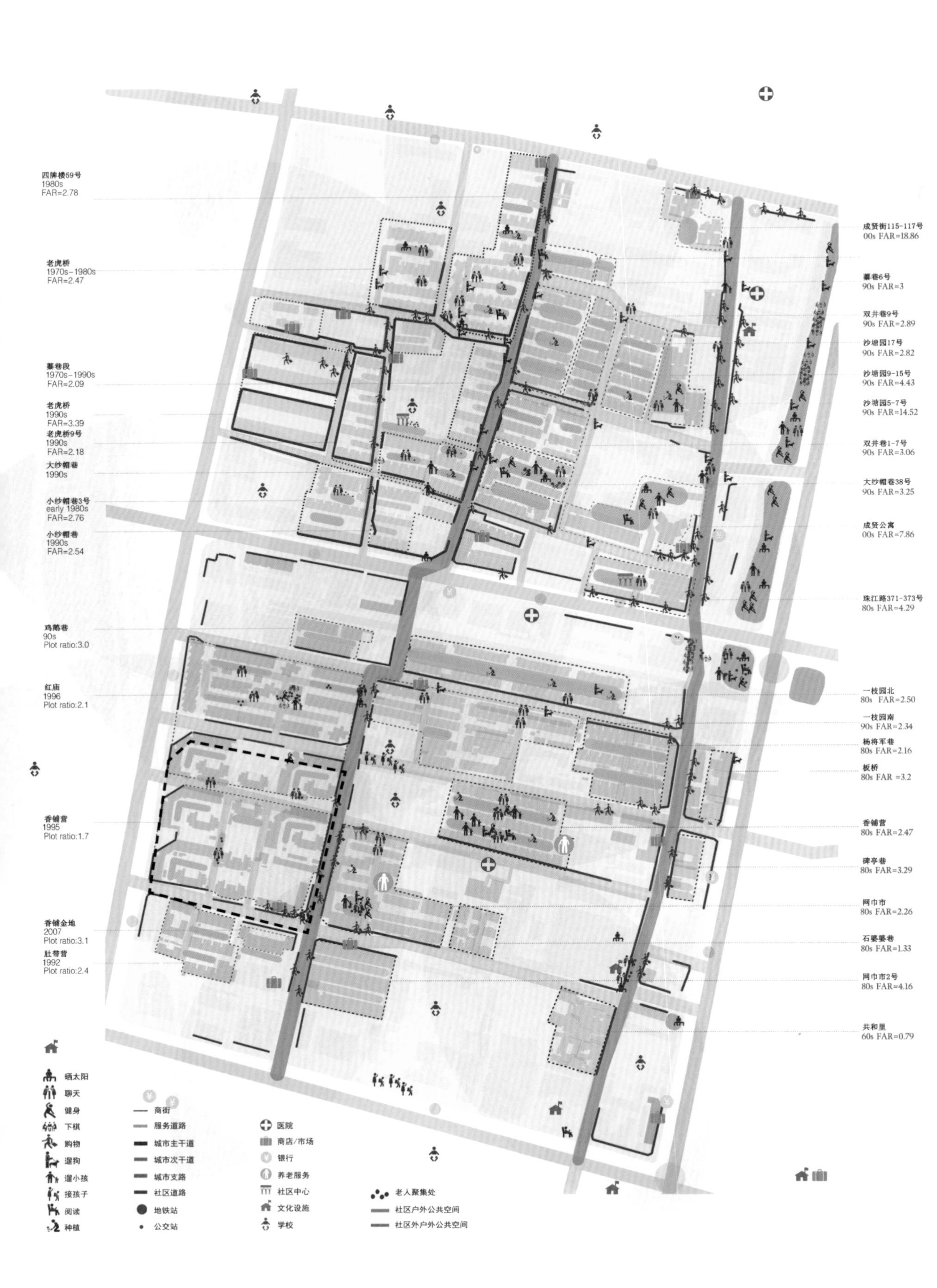

四牌楼59号
1980s
FAR=2.78
老虎桥
1970s-1980s
FAR=2.47
蓁巷段
1970s-1990s
FAR=2.09
老虎桥
1990s
FAR=3.39
老虎桥9号
1990s
FAR=2.18
大纱帽巷
1990s
小纱帽巷3号
early 1980s
FAR=2.76
小纱帽巷
1990s
FAR=2.54
鸡鹅巷
90s
Plot ratio:3.0
红庙
1996
Plot ratio:2.1
香铺营
1995
Plot ratio:1.7
香铺金地
2007
Plot ratio:3.1
肚带营
1992
Plot ratio:2.4
成贤街115-117号
00s FAR=18.86
蓁巷6号
90s FAR=3
双井巷9号
90s FAR=2.89
沙塘园17号
90s FAR=2.82
沙塘园9-15号
90s FAR=4.43
沙塘园5-7号
90s FAR=14.52
双井巷1-7号
90s FAR=3.06
大纱帽巷38号
90s FAR=3.25
成贤公寓
00s FAR=7.86
珠江路371-373号
80s FAR=4.29
一枝园北
80s FAR=2.50
一枝园南
90s FAR=2.34
杨将军巷
80s FAR=2.16
板桥
80s FAR =3.2
香铺营
80s FAR=2.47
碑亭巷
80s FAR=3.29
网巾市
80s FAR=2.26
石婆婆巷
80s FAR=1.33
网巾市2号
80s FAR=4.16
共和里
60s FAR=0.79
晒太阳
聊天
健身
下棋
购物
遛狗
遛小孩
接孩子
阅读
种植
商街
服务道路
城市主干道
城市次干道
城市支路
社区道路
地铁站
公交站
医院
商店/市场
银行
养老服务
社区中心
文化设施
学校
老人聚集处
社区户外公共空间
社区外户外公共空间

香铺营社区

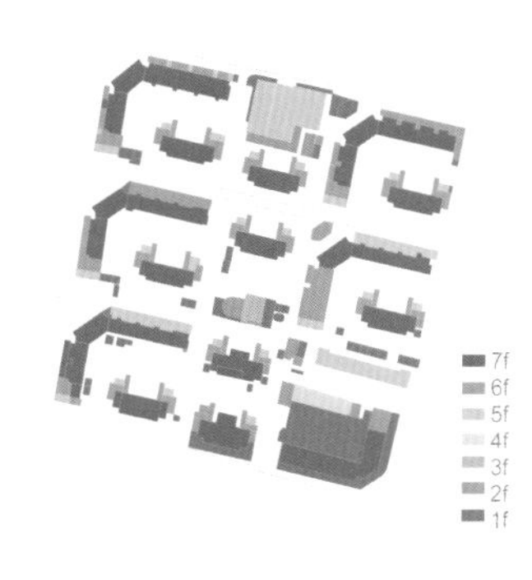

将摄像机固定在社区公共空间的特定地点，记录下同一地点在不同时刻的生活场景，并以此来分析社区公共空间的使用规律。首先将蓁巷片区内的公共空间按植物景观、活动设施以及空间形态的有无分为六类，针对每类的公共空间选取一个典型地点，分别在一天之中的 9：00 点、12：00 点、17：00 点、20：00 点四个时刻，于此六个地点以固定视角与视点拍摄长 10 分钟的视频，从中观察总结老年人使用这些公共空间的特点：

(1) 公共设施齐全、绿化环境优良的社区公共空间最受老年人欢迎。

(2) 老年人的户外活动时间多在上午 9：00-11：00 点和下午 15：00-17：00 点，与上班族和学生错峰使用社区公共空间与公共设施。

社区公共空间使用状况

点 A

类型：

人气：

9：00 12：00 17：00 20：00

点 B

类型：

人气：

9：00 12：00 17：00 20：00

点 C

类型：

人气：

9：00 12：00 17：00 20：00

点 D

类型：

人气：

9：00 12：00 17：00 19：00

点 E

类型：

人气：

9：00 12：00 17：00 20：00

点 F

类型：

人气：

9：00 12：00 17：00 20：00

轨迹追踪

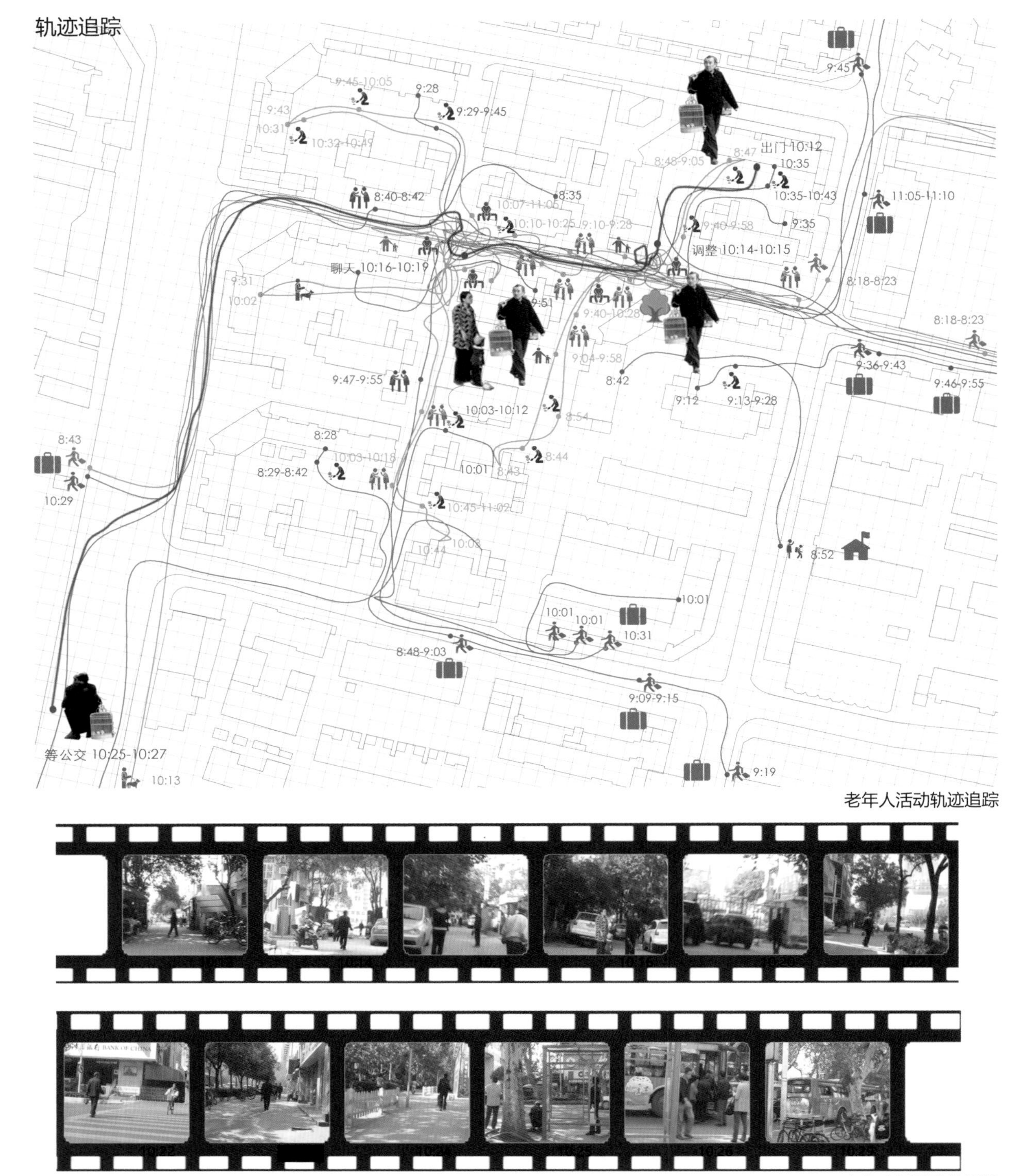

老年人活动轨迹追踪

老年人活动追踪影像

用摄像机从调研对象进入调研区域的时刻开始拍摄，在不引起其注意的前提下，在坐标纸上记录下对象的行动目标、运动轨迹、停留缘由、停留时间、所需设施等信息，最后将多段带有时间和活动信息的轨迹叠加，分析调研对象群体的行为特征。在老年人活动较活跃的早 8：00 点至 11：00 点间跟踪了不同性别、年龄和阶层的 20 位老人，将他们归为外出、闲逛和经过三类，叠加这 20 条轨迹，便得到了香铺营社区老年人生活轨迹信息地图，从中可以粗略地总结出老年人的行为特征：

（1）老年人的活动依赖于社区与城市中的户外公共活动场所，其中，安静、绿色、远离机动交通的户外场所更受欢迎。

（2）老年人的活动种类包括：聊天、棋牌、体育锻炼、晒太阳、遛狗、遛孩子、购物、种植、阅读、接送孩子等。其中，很多老人热衷于在房前屋后亲手种植花草蔬菜，同时引发的聊天、晒太阳等多项事件大大丰富了老年人的生活。

（3）老年人偏爱与同性别、同年龄段的老人交流。

元素与场景

每一个生活场景都是由多种元素构成，如，人物、事件、空间、设施、工具、运动等等。如右图所示香铺营社区生活场景即可以拆分成：

1. 空间要素：面状空间要素（地面、立面、顶面）、柱状空间要素、点状空间要素；
2. 事件要素：通过、停留、谈话、窥视等；
3. 人物要素：老人、中年人等；
4. 运动要素：直行、曲线形等；
5. 设施要素：桌子、椅子、遮阳棚等；
6. 工具要素：购物袋、自行车、汽车等。

将这些构成场景的要素进行重新组合，则会产生多种意想之外的新的生活场景。在场景调研之后，了解社区改造的需求，适当引入一些新的元素，无论是人物、事件、空间、工具、设施还是运动方式，将新旧场景元素重新组合后，就能得到更多的社区新生活场景，为社区改造提供多种可能性。

通过归纳总结已有的场景元素，作为未来可以充分利用的资源，以达到最大程度利用现有资源、节约建设的目的。为此，建立香铺营社区场景资源名录，分门别类地列出社区中现有的场景元素。

场景拆分

场景重组

空间
立面
地面
车棚
树篱
树顶
树干
凉亭
加建小房
花池
大门
灯柱
电线
人物
失能老年
自理老年
中年
青年
儿童
动物
工具
长椅
垃圾桶
汽车
自行车
花盆
条幅
桌子
健身器材
遮阳棚
布告栏
衣被
购物袋
运动
直行
曲折
迂回
且走且停
相遇
聚集
分散
事件
遛狗
接送孩子
晒太阳
锻炼
阅读
聊天
购物
打麻将
种植
遛孩子

潜在的安全隐患

人车混行

照明昏暗

缺少无障碍设计

缺乏高品质养老机构

数量少

品质低

城市公共空间不系统

社区周边缺少城市公共活动空间

缺乏精神关爱

孤独

无聊

畏惧死亡

破碎的社区户外公共空间

消极 点状

消极 条带

积极 点状

积极 条带

缺乏通用设计

通用设计的产品和环境不带有特定性和专用性，可以被尽可能多的人最好是所有的人使用，不需要额外的适应或特殊的设计。而通用住宅则是指符合通用设计的住宅，其目的是尽量少用或几乎不用额外的花费，提供适合每一个人居住生活的住宅与环境，并享受各种产品、公共设施资源、公共环境等的便利。

停车的侵扰

杂物的侵扰

商业的侵扰

建筑入口障碍

公共空间障碍

住栋内障碍

绿化匮乏

设施匮乏

一成不变的景观

缺少标志

活动种类单一

缺乏交流与参与性

多尽端

低辨识度

种植社区的优势

(1) 种植社区创造了居民参与社区建设的模式，实现了空间、事件与使用者之间的良性互动。当我们将“种植”这种行为引入社区，社区空间与景观将会随着这种新行为的介入而不断变换，而这种公共景观空间的可变性又将作用于他的主要使用者——老年人，对其生活方式与行为模式产生影响，同时促进了社区居民的交流与社区的团结。因此我们使行为、空间、使用者产生互动，实现了居民参与建设的民主社区。

(2) 种植社区在没有剧烈改变原有生活空间的前提下，为社区老年人带来了一种新的活动。老年人的怀旧决定他们不希望自己熟悉的生活空间被彻底颠覆和改变，同时他们也需要一些新鲜的社区元素来丰富他们的生活。

(3) 种植促进社区内居民间的交流，有助于社区和谐。种植为社区提供了一种新的交流方式，老年人可以交换各自种植的经验与进展，他们还会互相帮助灌溉、修剪、施肥等，而集体种植行为更为和谐社区的建设提供了良好的平台。

(4) 种植可以创造更绿色更怡人的社区环境。缺少绿化空间是中国 90 年代以前建设的社区的通病，这种老社区中只在住栋间有少量绿化。种植社区充分利用原有社区剩余空间，在地面、立面、屋顶上发掘立体种植空间的最大潜能。

(5) 居民种植行为在一定程度上减少了社区景观维护与管理的成本。将居民的种植产品作为社区景观，实际上使居民参与到社区景观的设计创造与日常维护中，大大节省了社区运营经费，真正意义上实现了节约型绿色社区。

(6) 种植可以成为老年人的一种怀旧行为。老年人都有怀旧倾向，作为一个传统农业国，千百年来中国人民与土地都有难解的情缘，尤其是这一代中国老年人，他们都曾直接或间接地参与各种种植活动，种植社区为他们提供一个怀念旧时生活岁月的机会与场景。

(7) 通过种植而创造生命，使老年人理解生命真谛，实现心理治愈。老年人通过亲手创造生命，呵护生命，参与生命轮回会使他们慢慢理解死亡只是生命的一个过程，他们将在心理上不再畏惧死亡，不再伤感衰老。

(8) 种植社区在某种程度上是对中国食品安全问题的戏谑回应。自己种自己吃，可以减少杀虫剂与食品添加剂对健康的伤害。

(9) 种植社区提供了废物循环利用的可能性。任何堆积在社区公共空间中的杂物都可以用来作为种植的容器。既节约了社区空间，又节省了种植成本。

(10) 种植社区创造了社区景观的可变性。不同种类的蔬菜瓜果可以营造不同形态的景观，而随着种植过程的轮回，播种、发芽、开花、结果也会在一年四季之中产生不同的景观效应。

• 居民参与社区建设

• 更多绿色空间

• 增强社区凝聚力

• 拥抱生命，心理治愈

• 缓解食品安全问题

• 减少社区景观维护费用

• 废物循环利用

立体种植社区的公共体系

根据香辅营社区公共空间系统现状问题，梳理香铺营社区公共生活结构，在地面、平台、阳台、屋顶这四个标高分别设有停车空间、商业服务空间、活动空间与“农场”等主要公共设施，这些功能空间不仅在水平层面相连，并由通达的垂直交通串联成立体公共生活网络，构建起公共空间、公共流线与种植农场严密整合的三维立体社区结构。

“种植”，作为整合香铺营社区公共结构中的一部分，也呈现出立体化的特征。在住栋一层半高、与楼梯平台等高的位置设计一个公共种植活动平台，用以增加种植空间、拓展室外活动空间、为老年人提供一个免于机动车干扰的安全活动平台，同时为地面层创造出了更多停车空间，实现了机动车与老年人活动的垂直分层。在二至六层的标高段加设私人种植阳台、半公共种植走廊及公共屋顶农场等大小私密性不同的种植空间，并利用原有住栋楼梯间以及新增楼梯、电梯串联，满足老年人不同程度、不同方式的种植需求。比如青壮老年人更多在顶层和平台层进行公共种植活动，行动不便的老人即便足不出户，在他们居住的楼层同样享受户外种植的乐趣。

不同位置的农场有着不同的属性，将农场分为公共农场、半公共农场和私人农场三类：公共农场指由社区统一管理的农场，主要分布在屋顶层、地面层与靠近地面的平台层；半公共农场是由部分老人共同管理、悬浮于中高层的小型平台；私人农场是个人所有，通过阳台、窗户等局部改造形成的微型种植池。这些私人、半公共农场作为地面层与屋顶层公共农场的补充，大大增加了种植面积、实现了立体农场的设想，满足不同老人的各种种植需求。

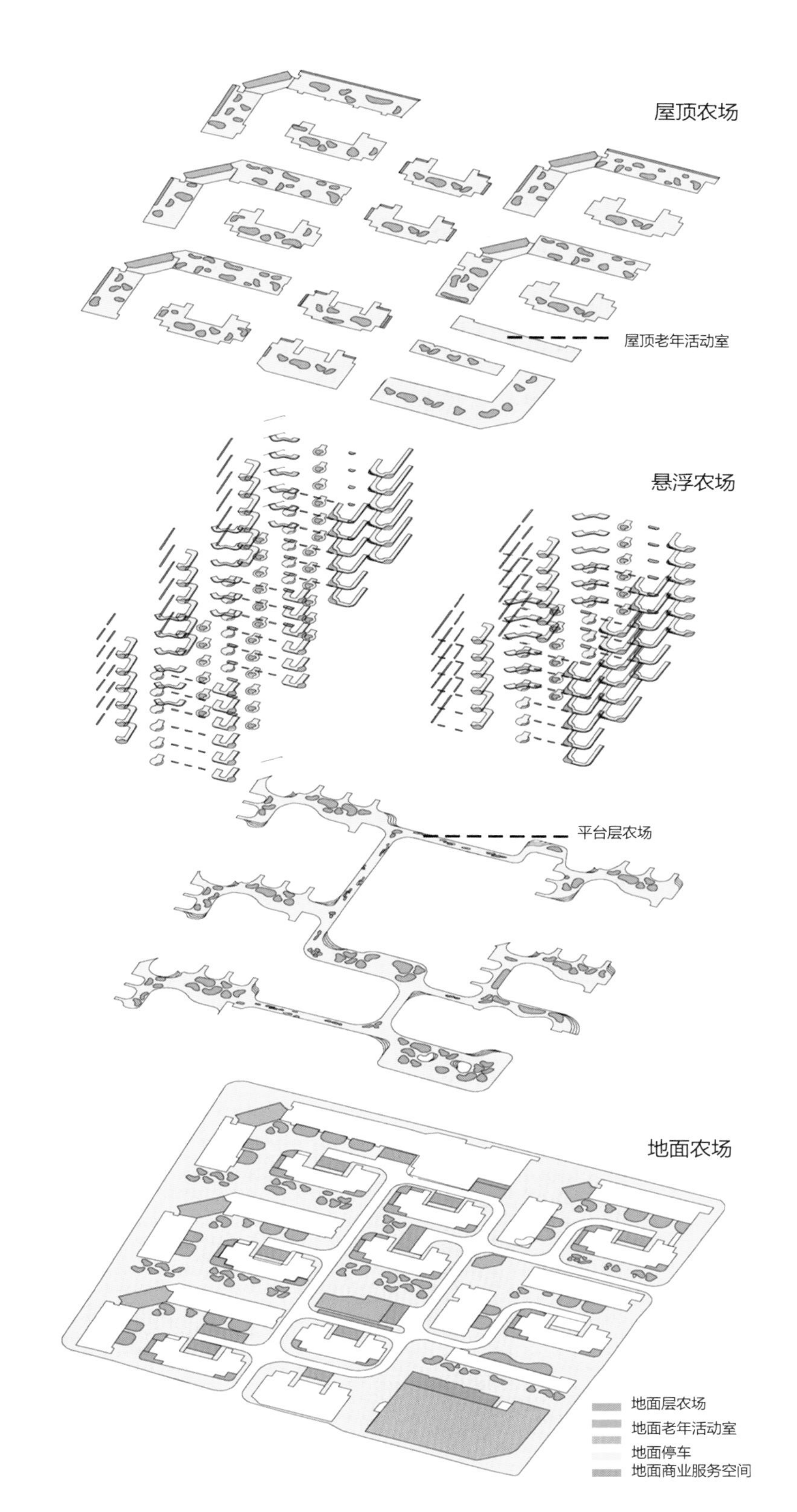

社区层级的更新提议

平台下的立体停车

种植园

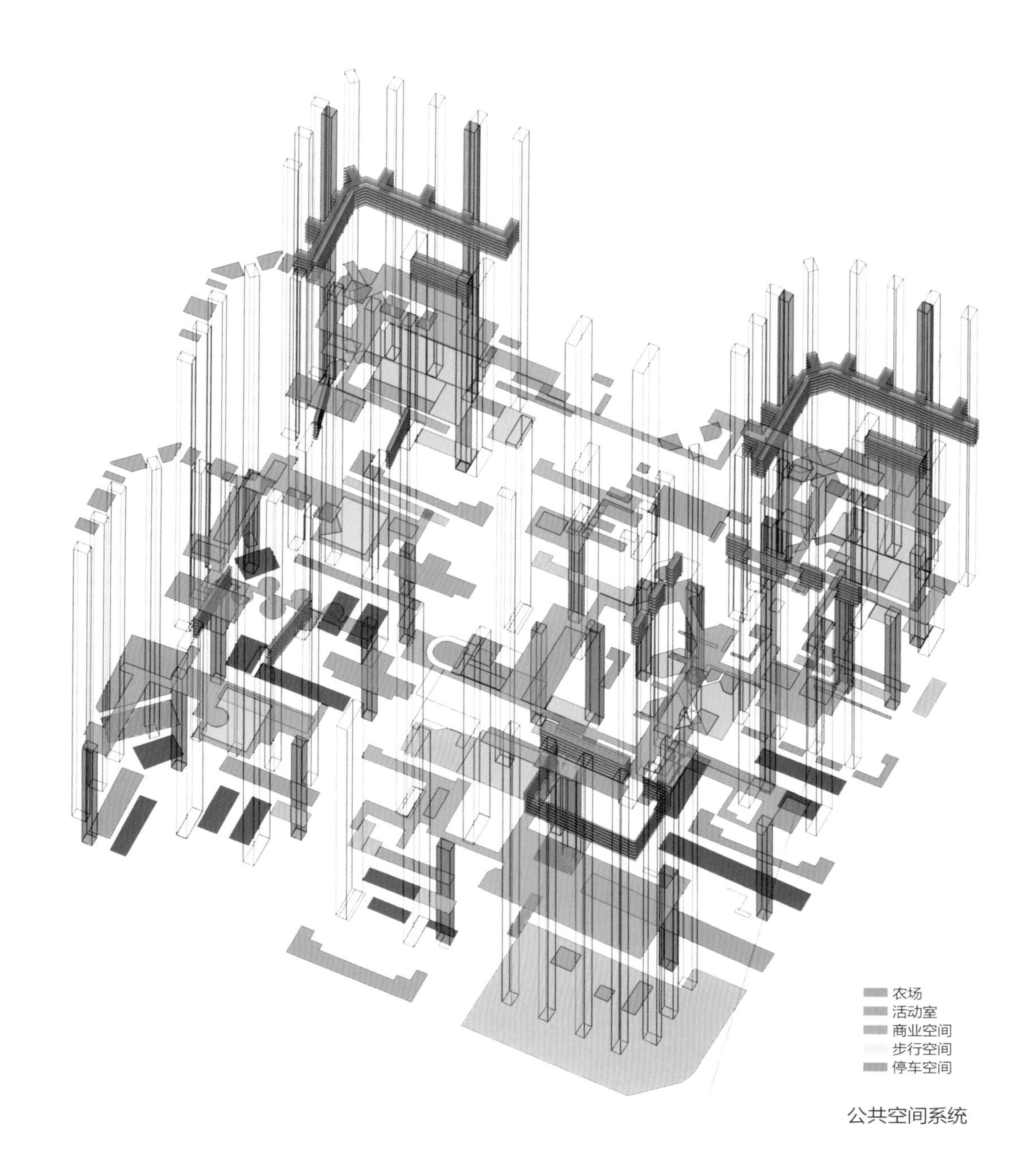

公共空间系统

种植立面

种植平台

种植阳台

屋顶种植园

住栋层级的更新

住户置换策略

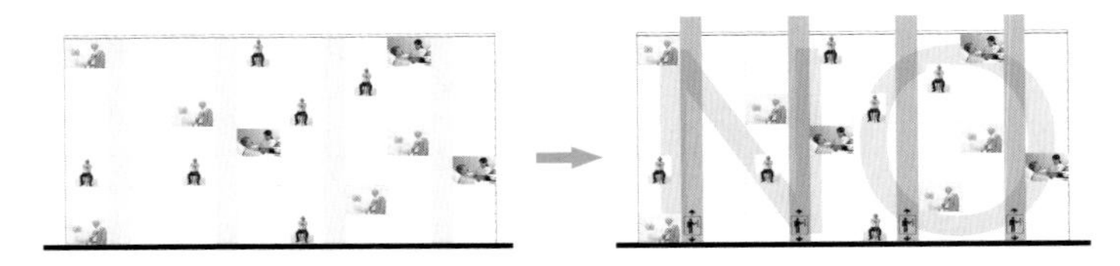

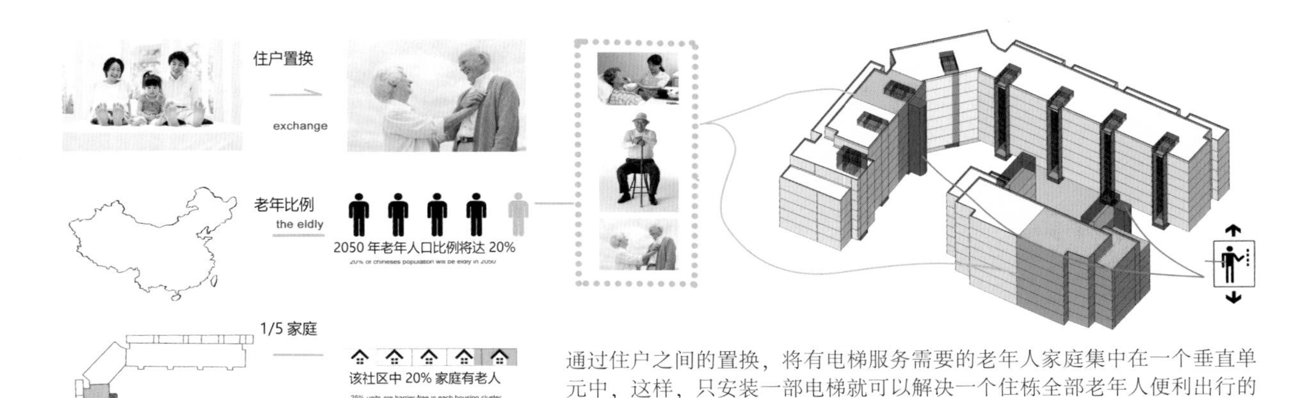

通过住户之间的置换，将有电梯服务需要的老年人家庭集中在一个垂直单元中，这样，只安装一部电梯就可以解决一个住栋全部老年人便利出行的问题，不失为一种相对经济的解决方案。

功能置换策略

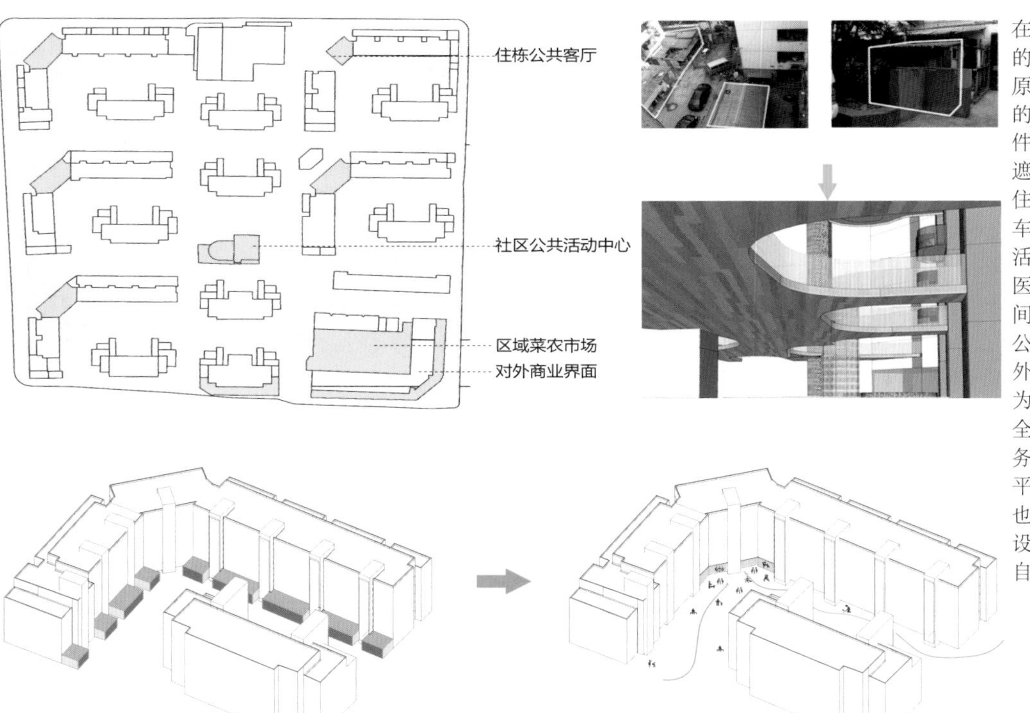

在一层半标高添加的种植平台会影响原地面层居住空间的通风、采光等条件，因此，可将被遮挡的原地面层居住空间置换为停车、餐厅、老年人活动室、日托中心、医务室等服务空间，在地面层形成公共客厅，配合室外种植活动空间，为社区老年人提供全面的居家养老服务。同时，地面与平台上的公共农场也会因与周边配套设施的混合而提升自身公共活力。

屋顶改造策略

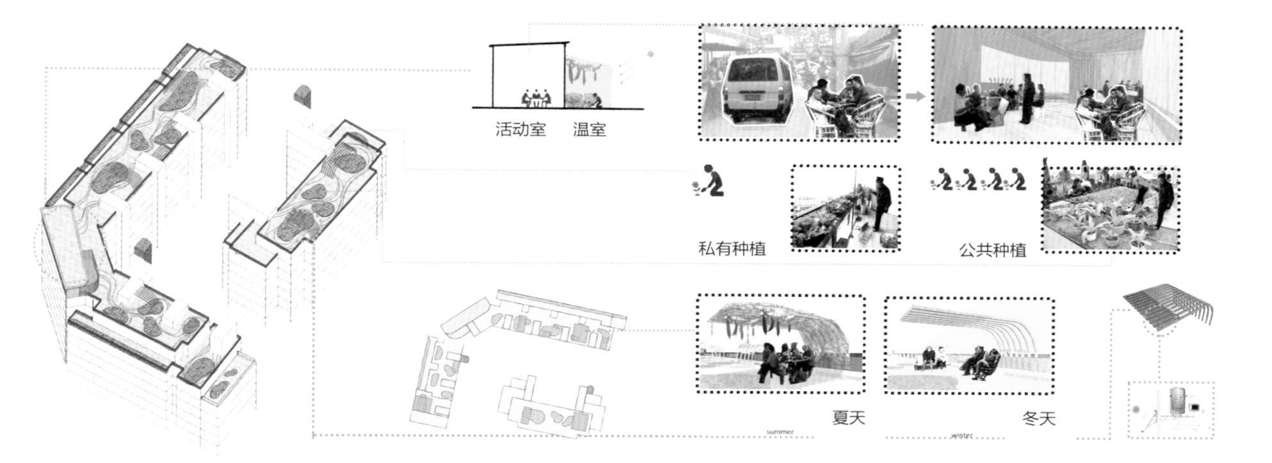

立面置换策略

住在一、二层的老年人由于居住楼层较低，很方便到达地面层及平台层进行种植等户外公共活动；住在顶层的老年人，屋顶平台同样触手可及。但对于住在中间楼层的老年人来说，似乎向上向下都不是很方便，为此，通过在 3 ~ 6 层增设一些仅供几户家庭共享的半公共种植平台，同时，通过阳台的种植化改造，为每家每户打造独享的私人农场。这些私人、半公共农场作为地面层与屋顶层公共农场的补充，增加了种植面积、实现了立体农场的设想，使身体不便的老人足不出户便可享受种植的乐趣。

种植平台

种植走廊

种植阳台

楼梯种植平台

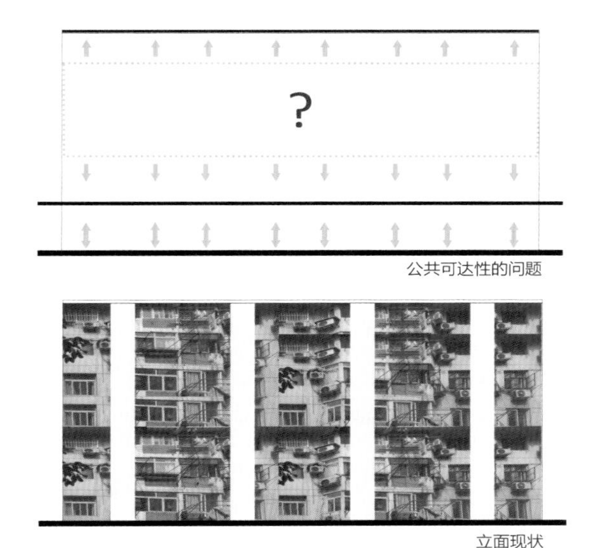

公共可达性的问题

立面现状

解决策略

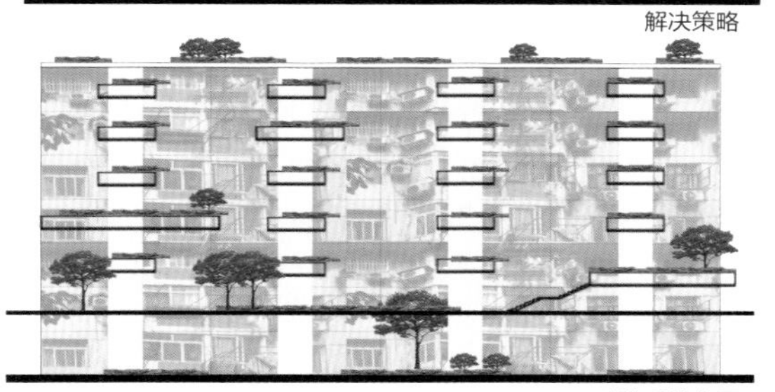
改造后的立面

细部层级的更新

缓速移动系统

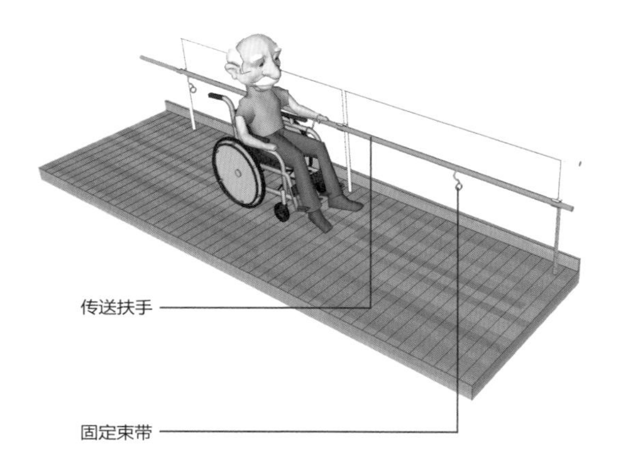

公共活动区域的缓速移动系统由传送扶手和固定束带组成，轮椅连接其上就可以让老人轻松出行。

标志系统

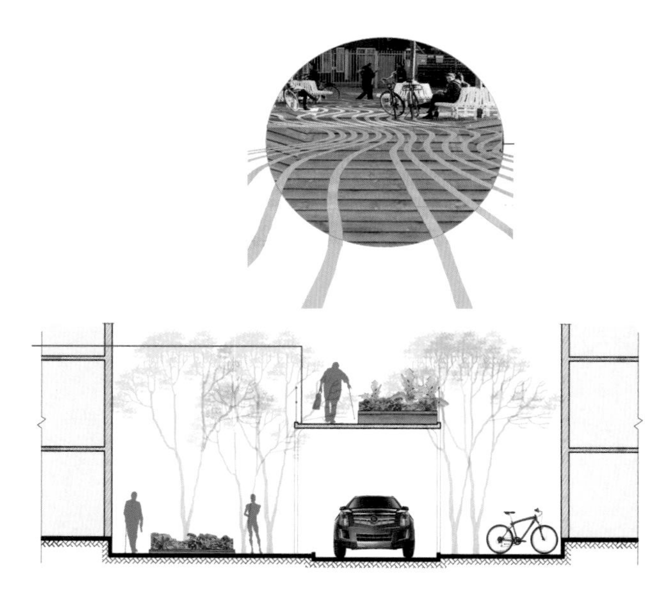

移动农场

创造新的社区交流话题

遛菜

遛菜工具

晴天可以推出去晒太阳

天气不好以及夜晚则推回家

“废物”种植池

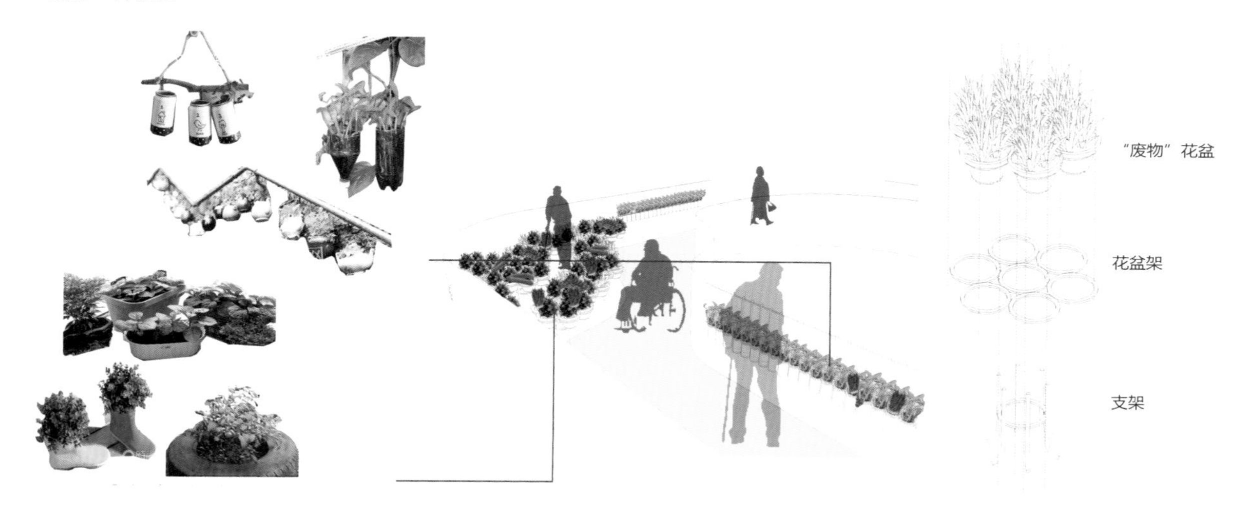

种植导则

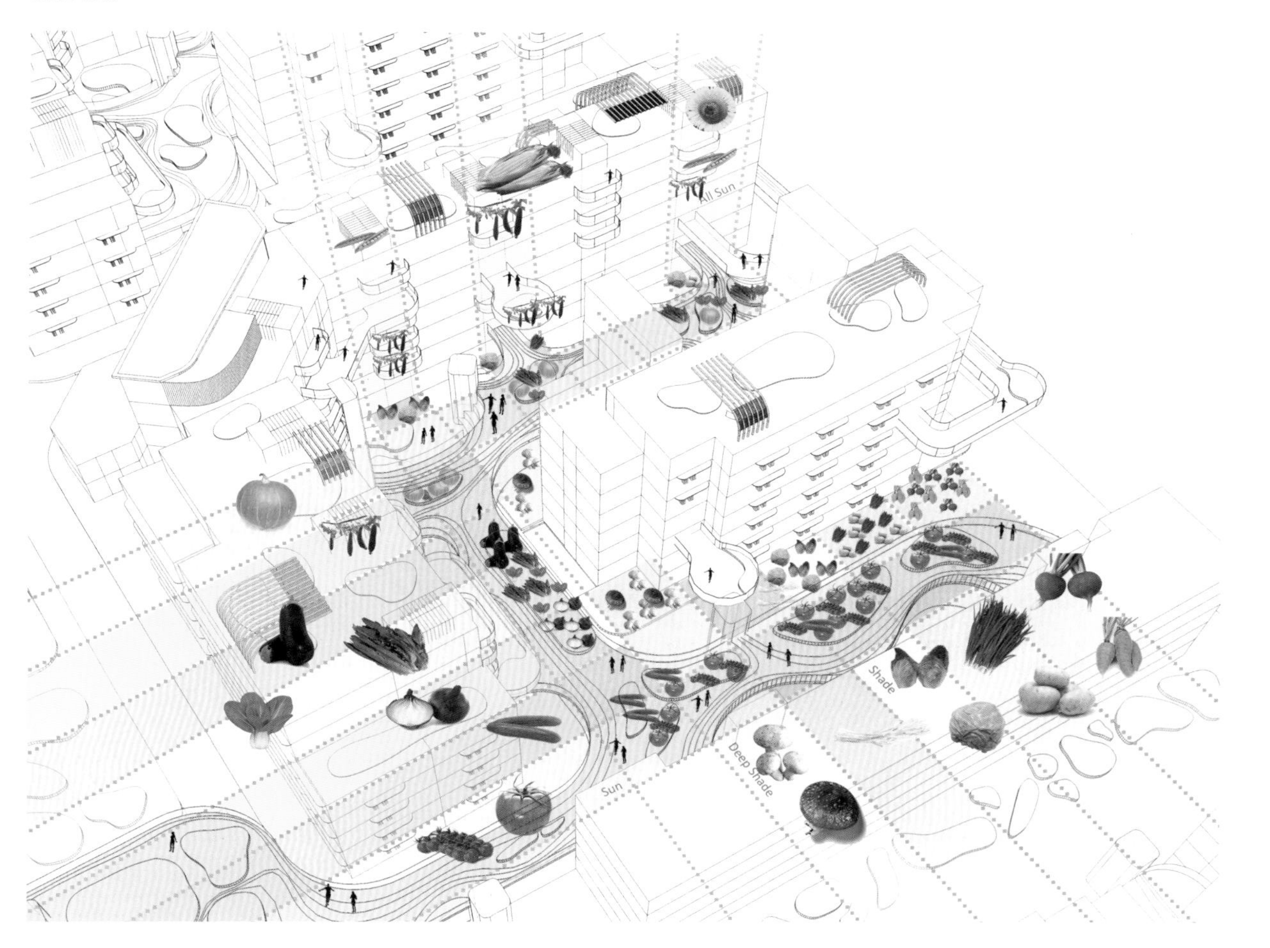

种植活动与公共空间的整合

由于公共空间的品质低下且缺乏可变性，无法适应和激发老年人的户外活动需求，原香铺营社区的老年人活动在种类和数量上都严重匮乏。将“种植”作为社区主题，并非要强迫所有老人都参与到种植劳作中。根据老人不同的兴趣或身体状况，将其他活动复合在种植活动周边，并为其设置相应的设施，保证社区老年人公共活动的多样性。例如，全程无障碍的平台坡道系统，为遛狗、遛孩子、遛菜的老人提供安全无干扰的户外活动平台；屋顶的藤架不仅供丝瓜等攀援植物依附，还可为在屋顶打牌的老人遮阳、

在屋顶农场晒太阳

在悬浮农场阅读

在平台闲聊

在平台遛狗

在平台种植

在平台遛孩子

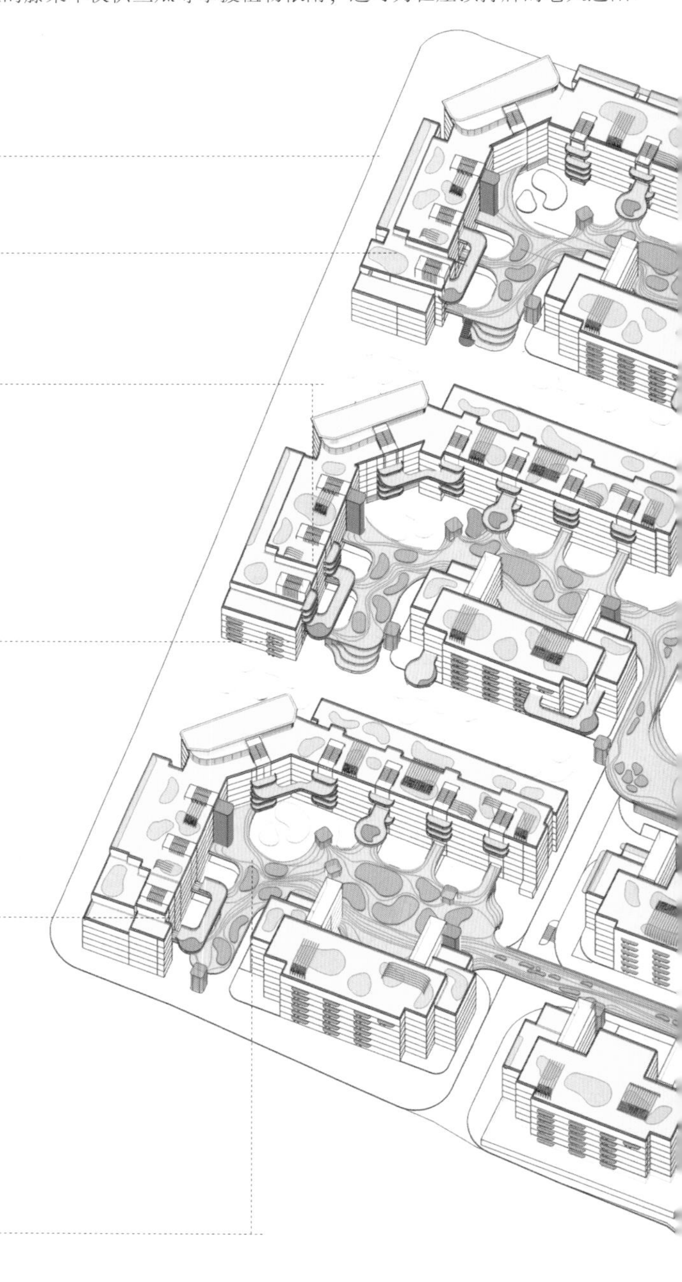

为遛鸟的“菜农”提供支架；公共农场旁的集中开敞空间可以举办周末菜农集市，供居民在此交换种植成果……

通过将种植这一全新活动引入原有社区，香铺营社区的公共生活在种类和数量上都被重塑与充实，实现了空间、活动和使用者之间参与式的良性互动。老年人，作为社区公共空间的主要使用者与社区公共活动的主要参与者，在这项种植社区的改造尝试中成为了最大的受益者。

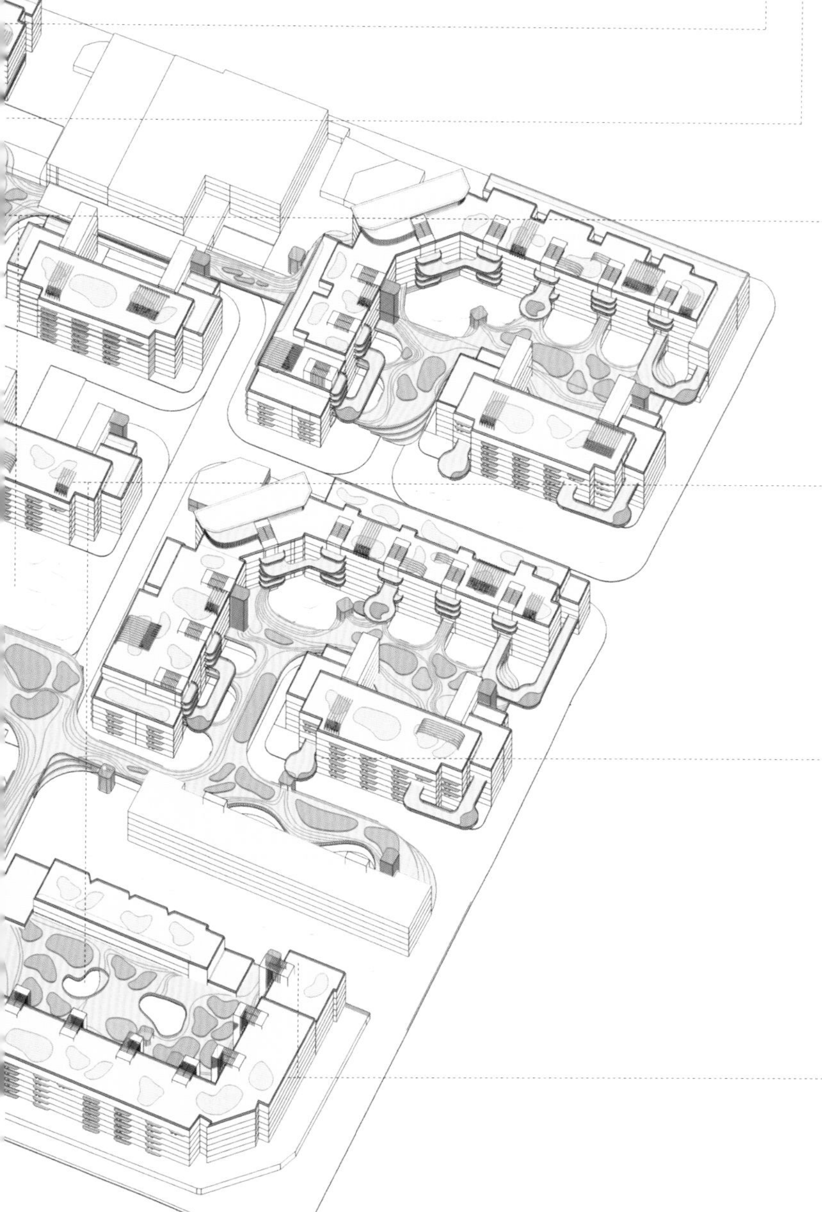

菜

屋顶棋牌

地面集体农场

地面健身农场

周末平台上的菜农集市

屋顶农场遛鸟

地面遛

整·合

孙铭泽　宫汝勃　刘小音　张思雨

四条巷与长白街街坊以多层居住建筑为主，因其建造时代的特点，沿街多采用底层商业与居住结合的模式。这里地处城市中心，居民老龄化，存在停车空间不足、缺乏户外活动空间及养老设施等诸多问题。但不可否认，宜人的空间尺度及周围生活氛围浓郁的街道使得这样的生活区域充满活力。

本案所在社区沿街建筑的一层是菜市场，吵闹杂乱，为了规避这种干扰以及上部住宅入口的人员分流，小区在建设时就设置了屋顶平台供二层及以上住户使用。本案充分利用平台空间，将楼栋间分散、互不连接的平台加以整合。通过联通、节点空间放大以及内外空间交接等方式激活原先多数弃之不用的平台空间，而在沿街面通过功能调整为老年人提供休闲活动空间，　再造社区活力界面。

场地调研

场地区位

大行宫地区位于南京市老城区中心，商业繁华，交通便利，人口稠密。基地北起中山东路，南至常府街，西邻太平南路，东接头条巷。周边有南京图书馆、总统府、郑和公园等重要场所。

基地区位

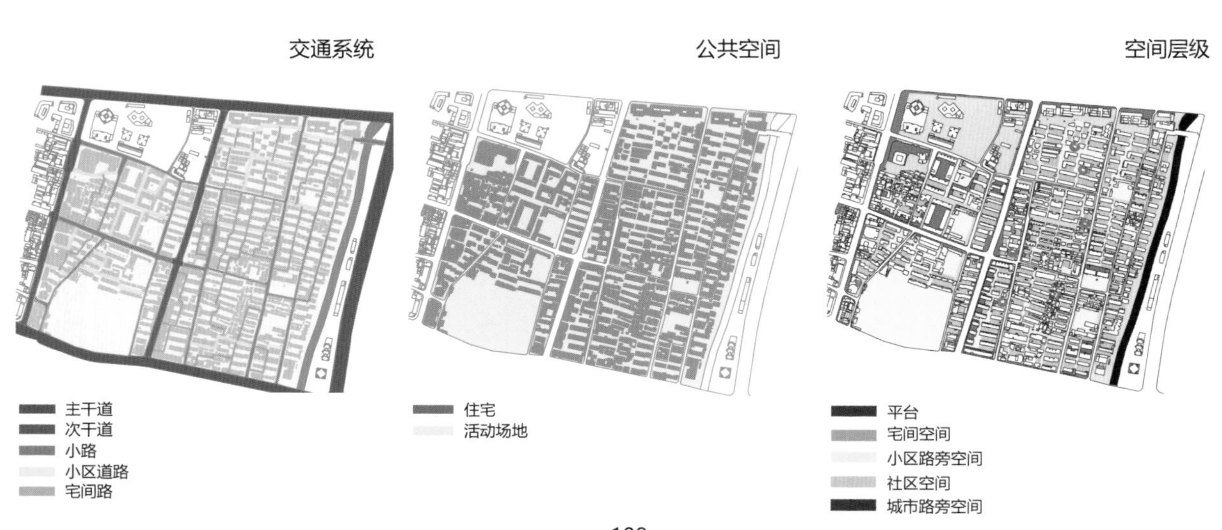

长白街人行道现状

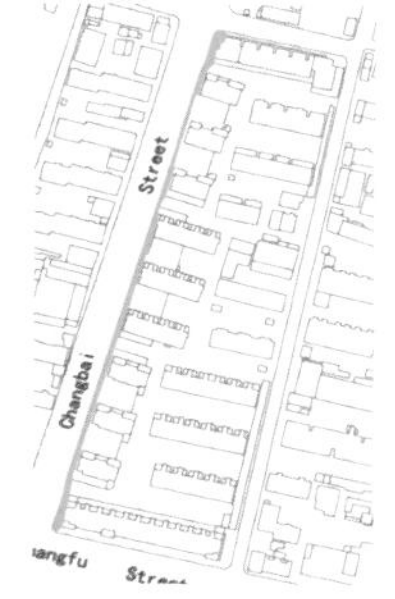

四条巷人行道现状

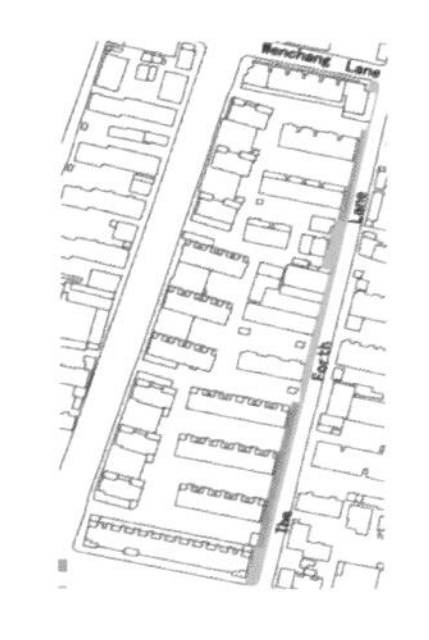

停车状况

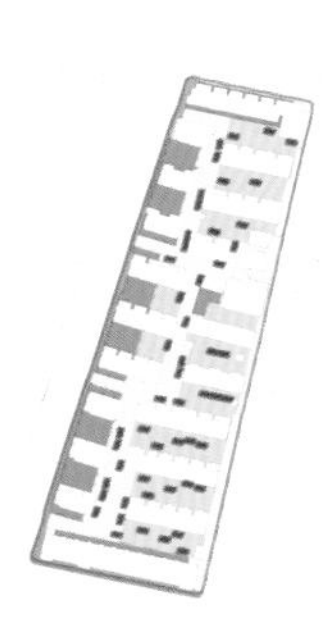

社区服务中心现状

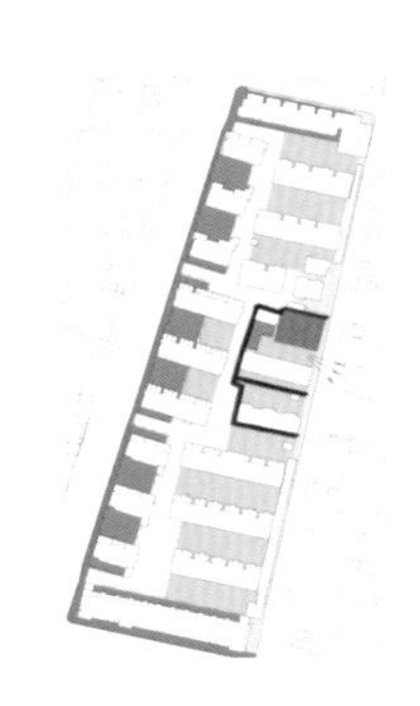

住宅平台利用现状

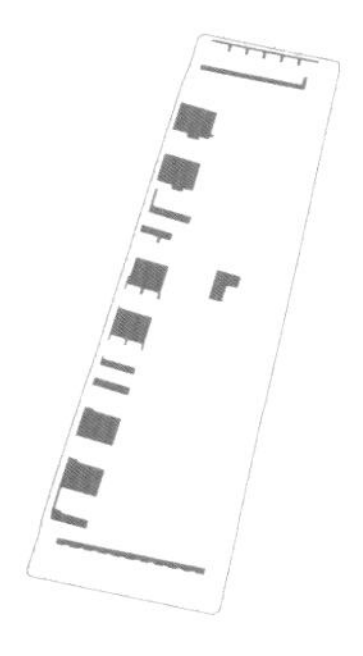

环境整治

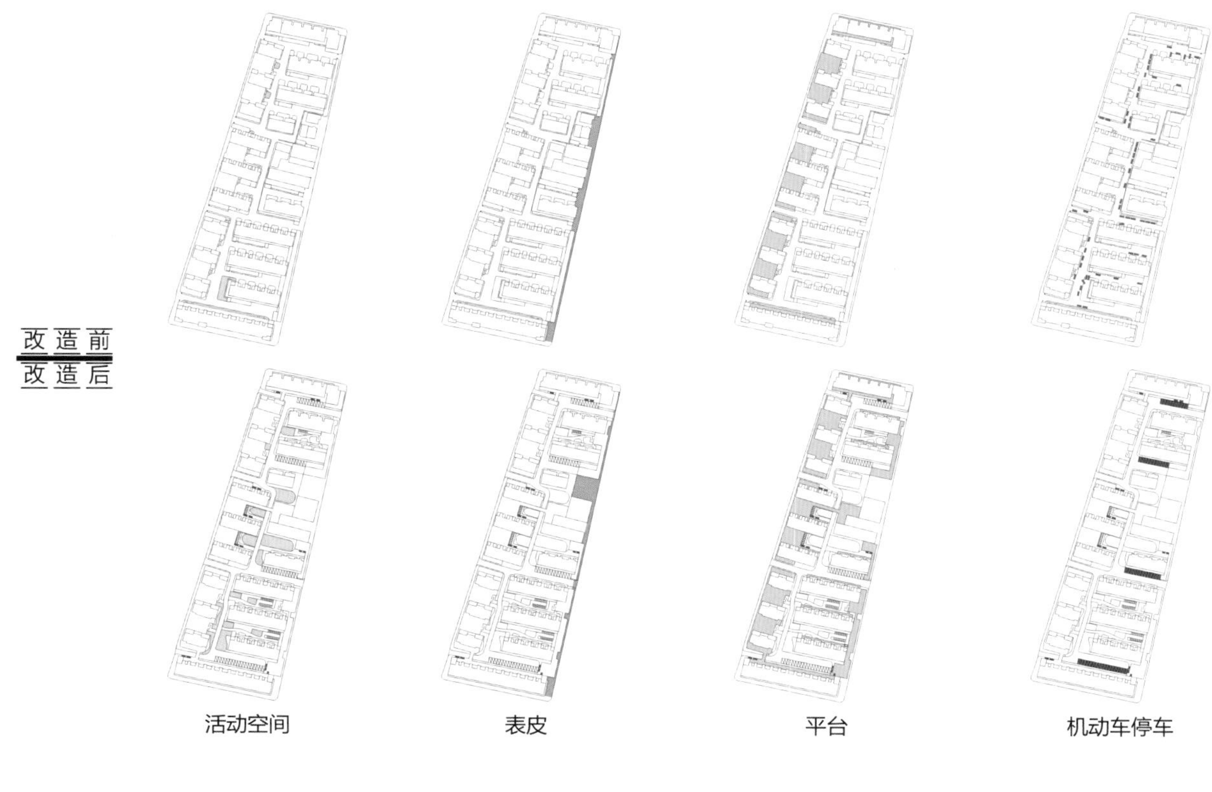

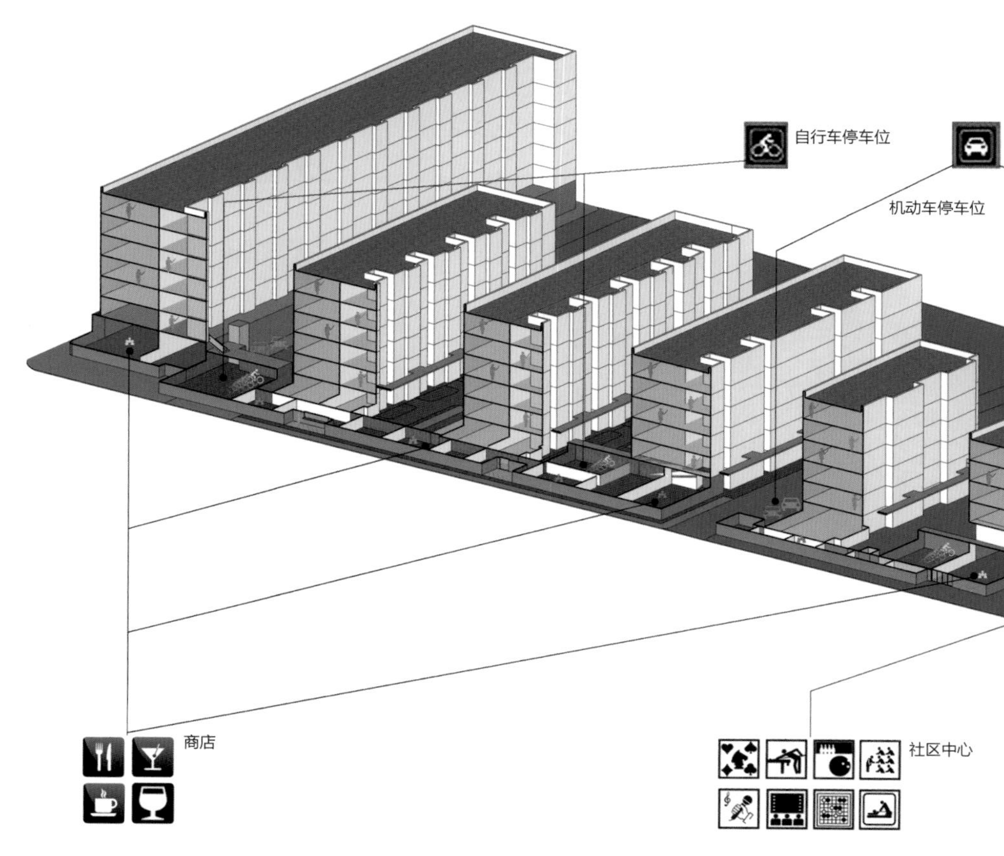

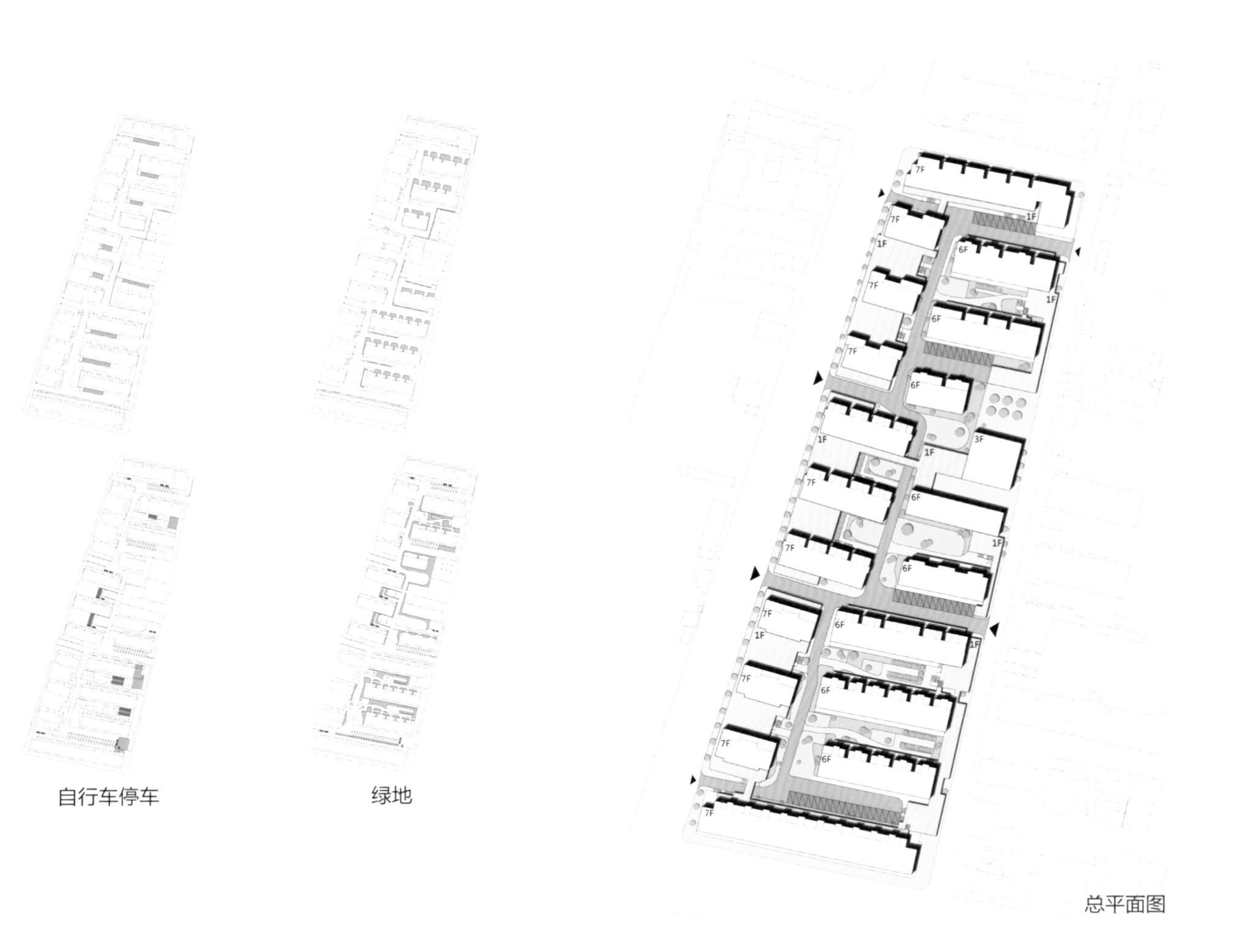

自行车停车

绿地

总平面图

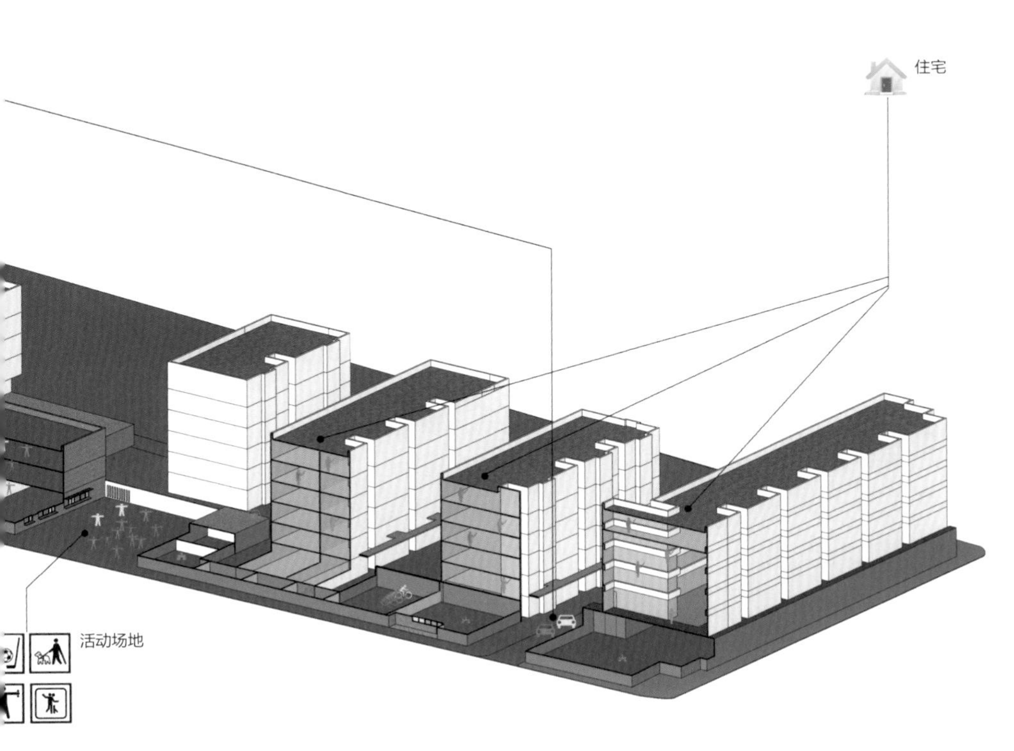

沿街界面上的活动

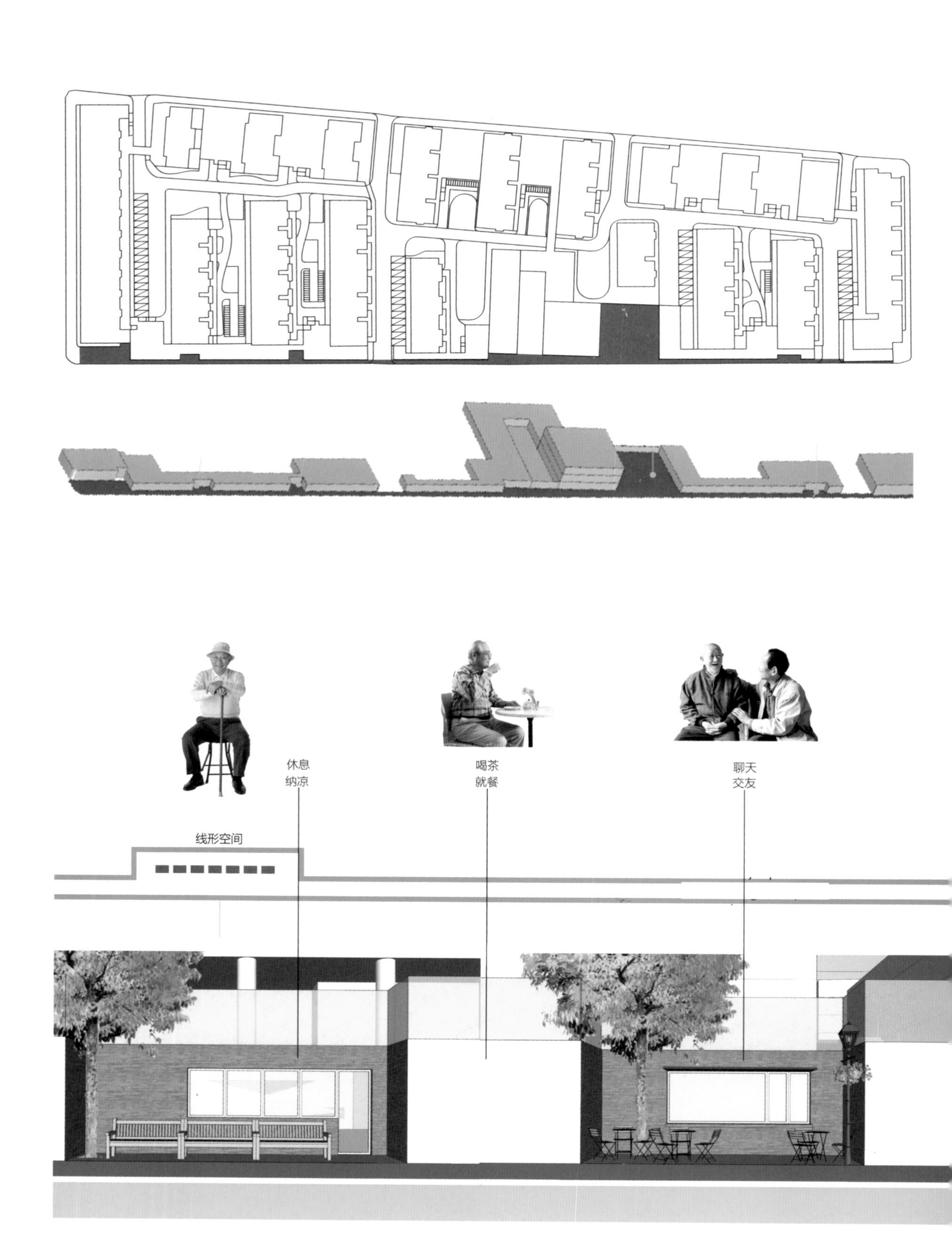

室外空间

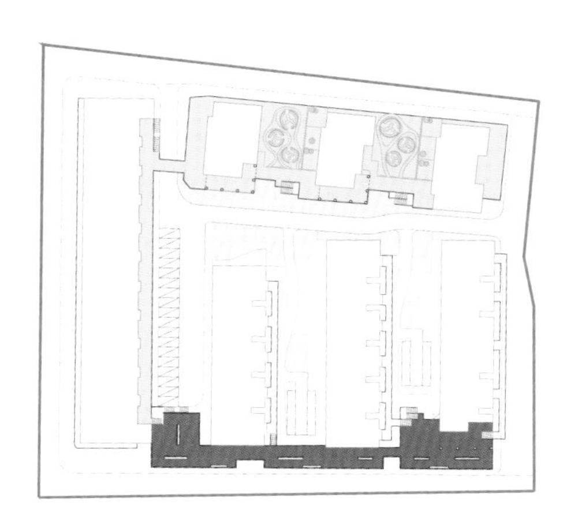

沿着四条巷设置室外活动空间。主要包括三种类型：
线性空间——休憩、餐饮；
院落空间——棋牌；
街心公园——体育锻炼。

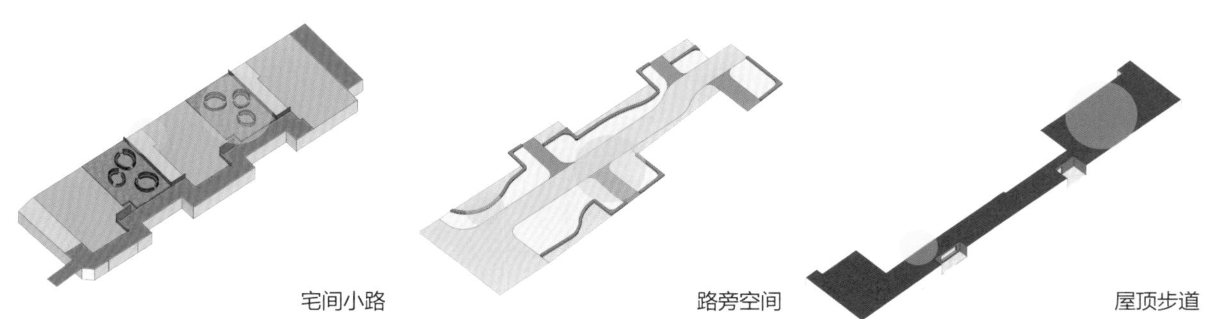

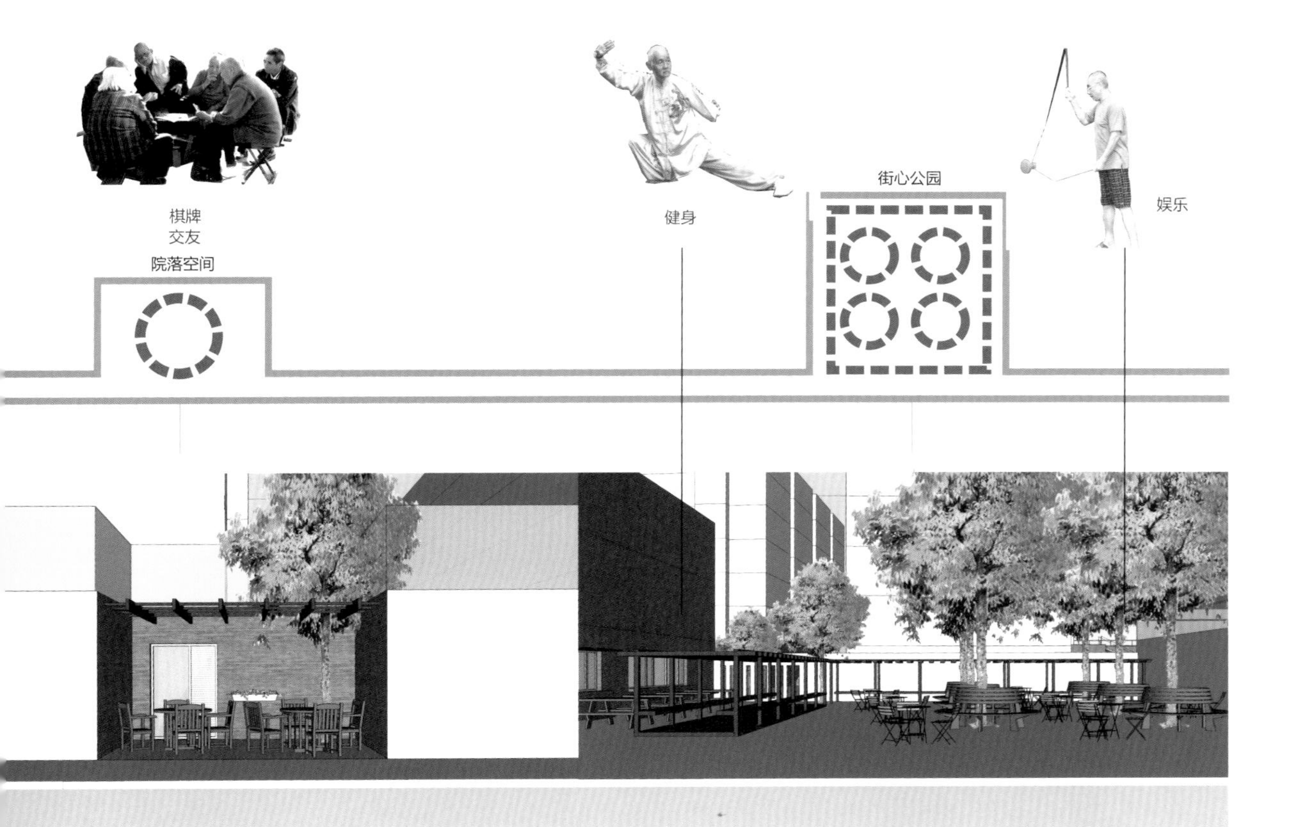

三种室外空间类型

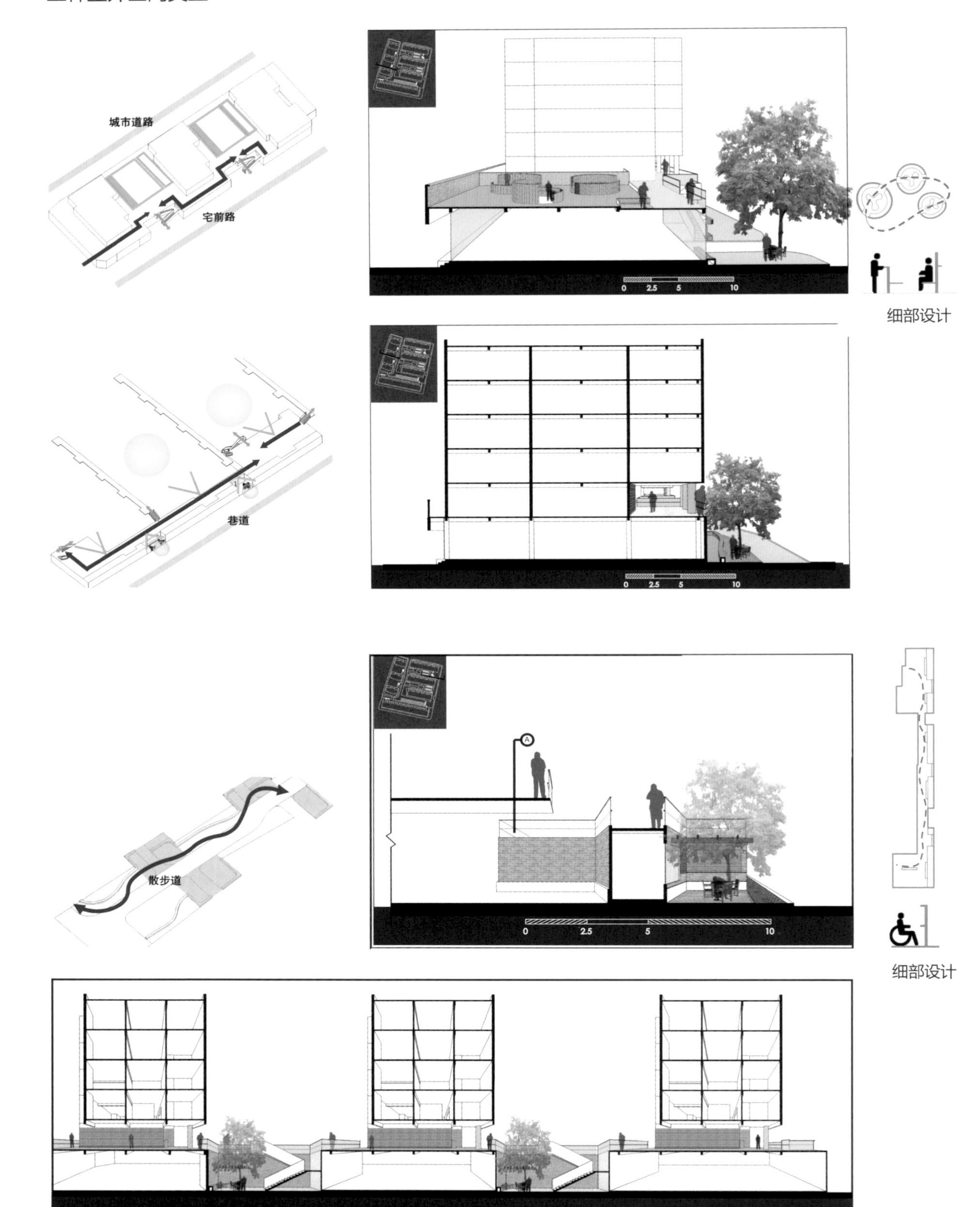

庭院透视

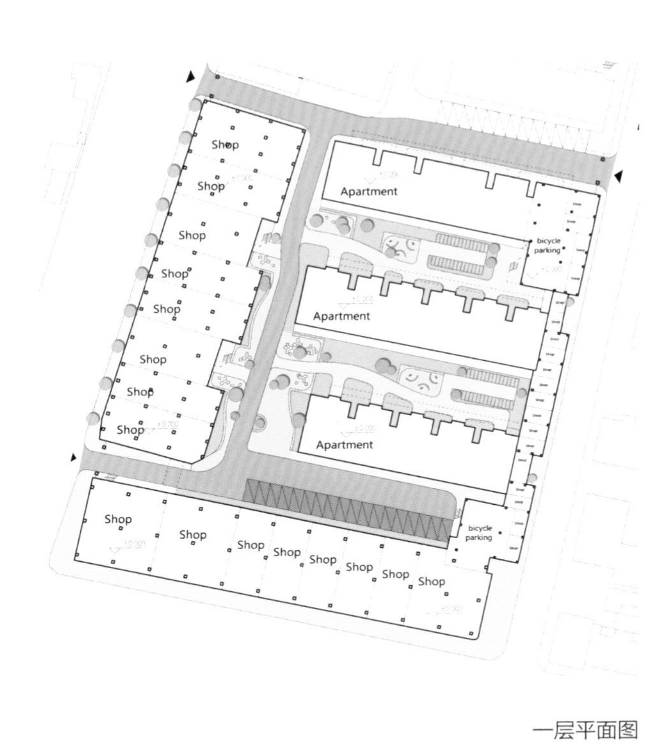

走廊透视

一层平面图

屋顶花园透视

人行道透视

二层平面图

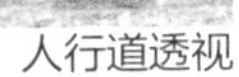

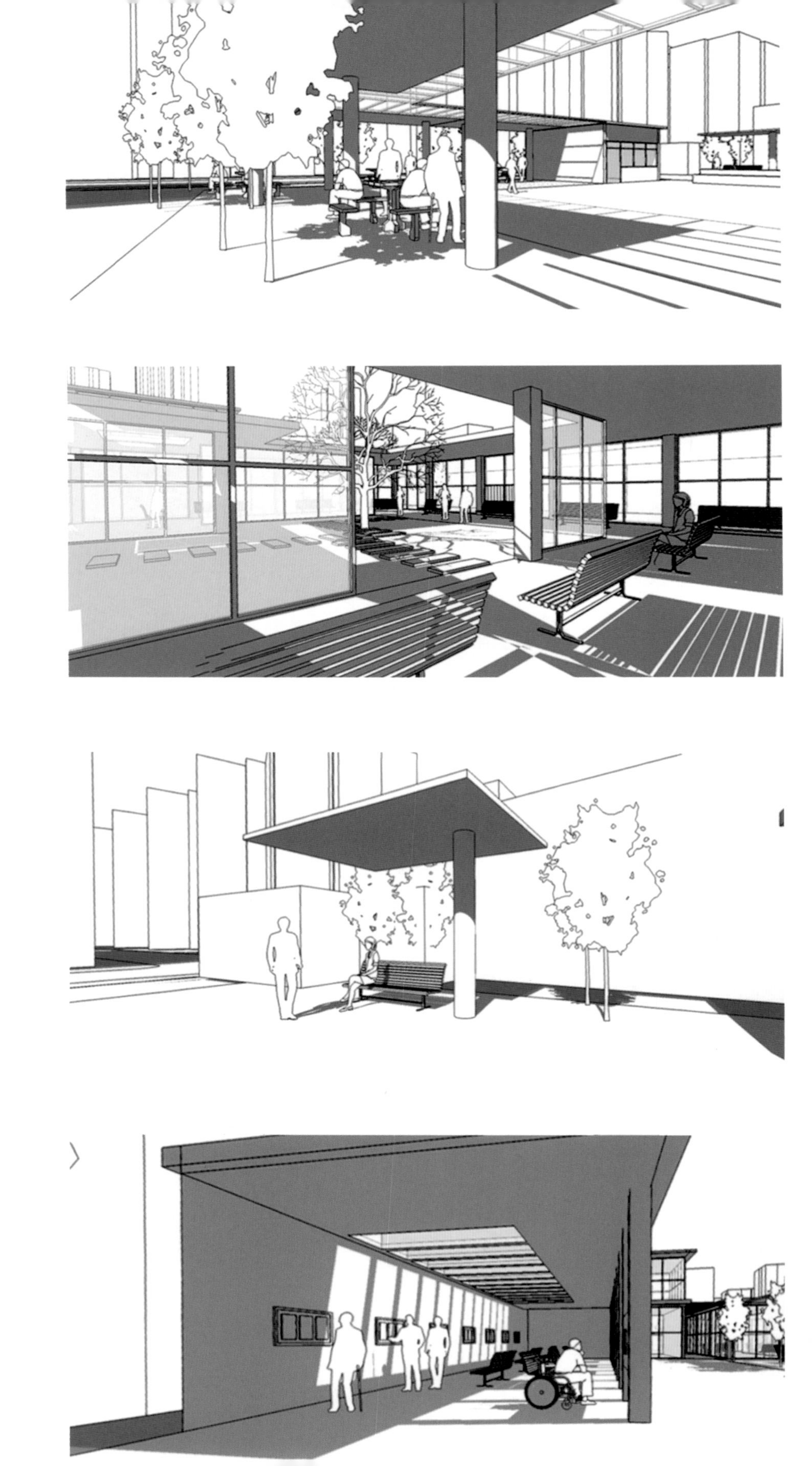

双体系休闲社区

关 颖 张 远 朱昇凡

建于 20 世纪八九十年代的居住社区中，老年人生活空间有限，户外活动空间缺乏。在由这类居住社区组成的居住片区中，老年人户外休闲空间更是匮乏，可谓在夹缝中生存。

本设计基于居住片区、居住社区单元两个层次研究如何解决城市高龄者社区安养问题。切入不同层次老人的日常活动，采用不同空间操作手法，解决老人生活与日常空间使用的矛盾，帮助老年人在基础设施落后的既有社区中和谐生活。

场地调研

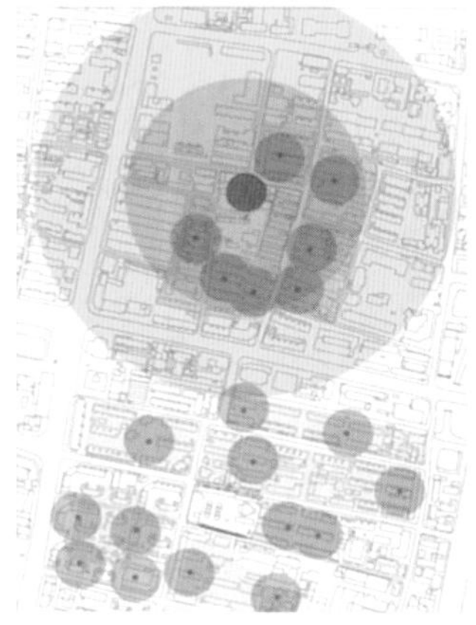

场地区位

秦巷共有 36 个小区，是典型的城市居住区。其中大部分住宅建于 20 世纪 80 到 90 年代之间。

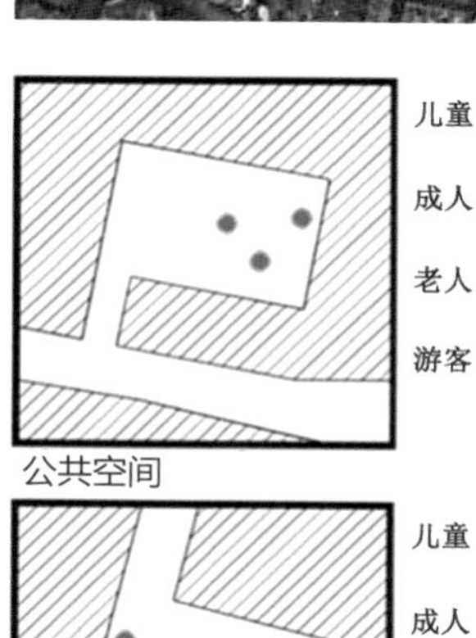

儿童

成人

老人

游客

公共空间

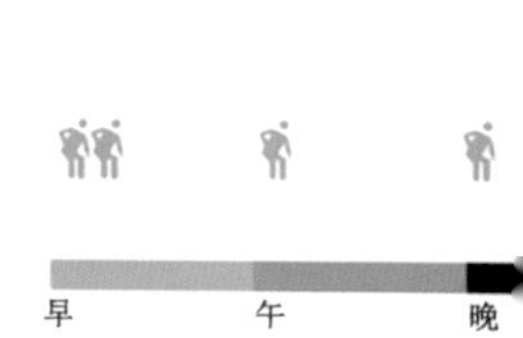

儿童

成人

老人

游客

交错

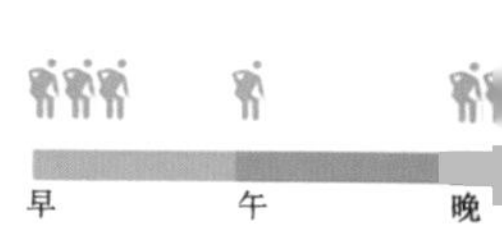

通过对老年人活动地点、活动特征和活动时间的分类整理，总结出老年人户外活动的基本规律，即老年人承担了接送小孩、买菜等日常工作，有在河边、树下、路旁、院子等相对安静区域打牌、晒太阳的生活习惯，且这些活动大多出现在早上。

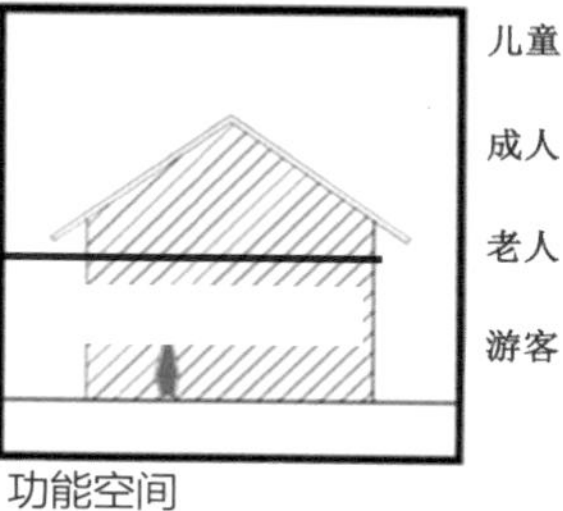

儿童

成人

老人

游客

功能空间

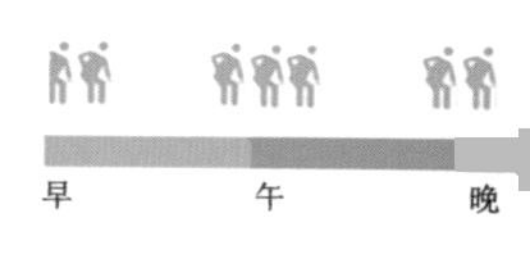

老年人活动场所分类

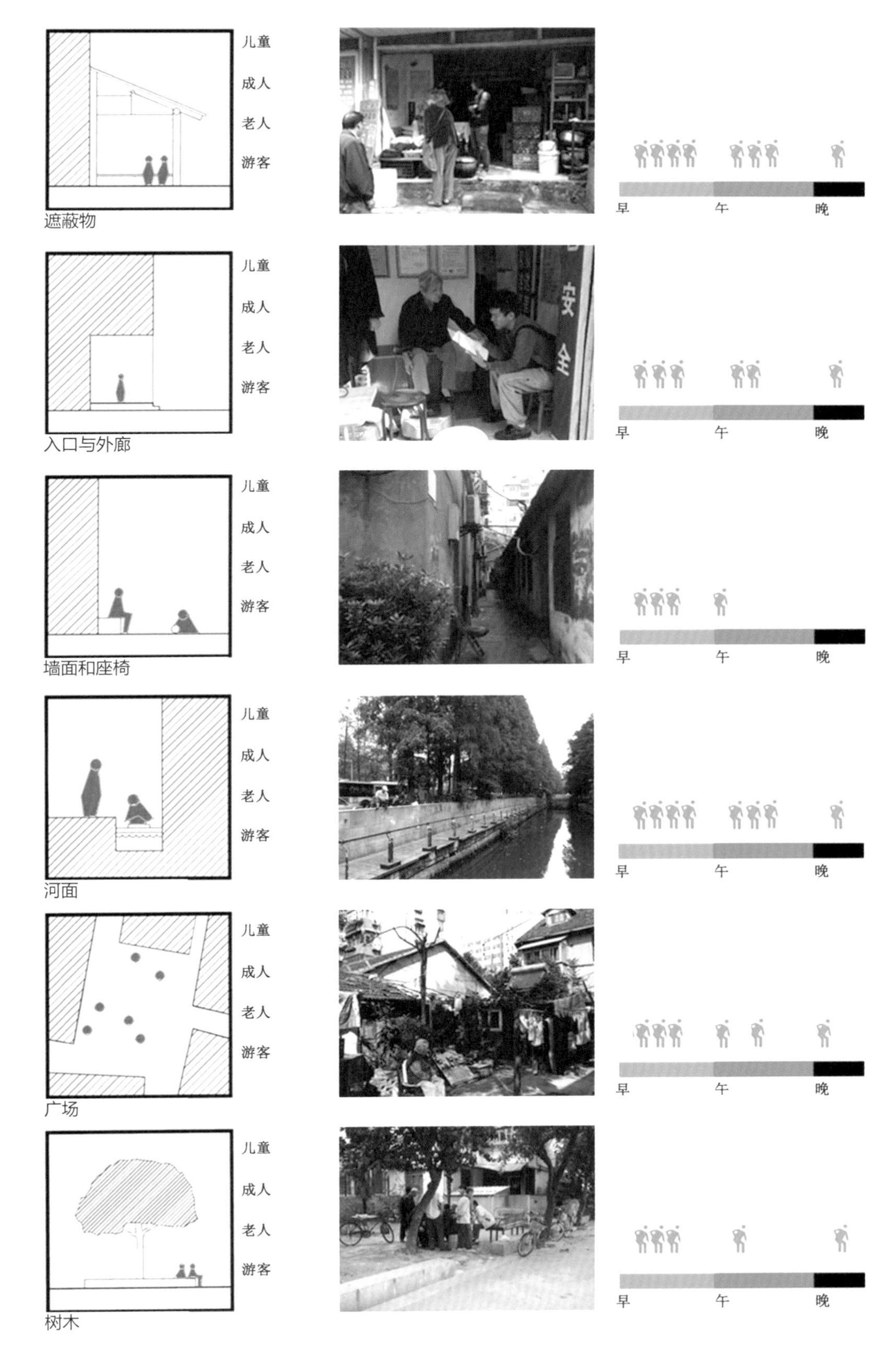
儿童
成人
老人
游客
遮蔽物
早
午
晚
儿童
成人
老人
游客
入口与外廊
安
全
早
午
晚
儿童
成人
老人
游客
墙面和座椅
早
午
晚
儿童
成人
老人
游客
河面
早
午
晚
儿童
成人
老人
游客
广场
早
午
晚
儿童
成人
老人
游客
树木
早
午
晚

老年人生活需求与矛盾

通过对地块现状和老年人生活需求的分析，寻找环境与老年人需求的矛盾所在，以此为切入点，通过设计为老年人提供舒适的生活环境。

生活需求矛盾解析

将社区中老年人的需求分为三个层级：基本需求（吃、穿、住、行）、中级需求（交流、娱乐）和高级需求（社会关心、自我提升）。通过调研总结老年人对于社会提供的需求服务满意现状，并绘制表格。可见，伴随着需求等级的提高，老年人对社会提供的服务满意度呈总体下降趋势。社区中主要的矛盾点在于老年人交流和娱乐的空间匮乏，居住条件较差。

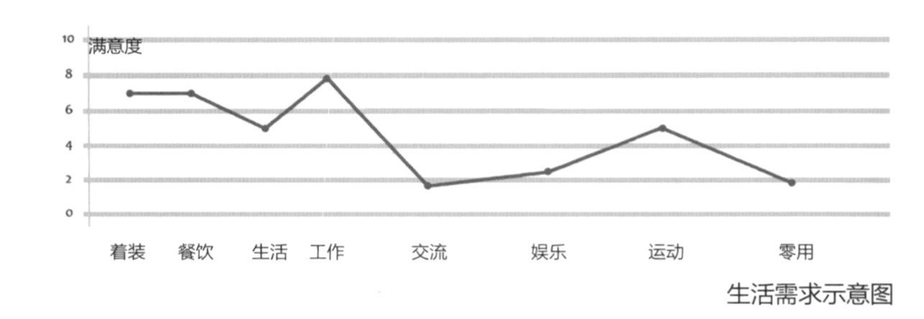

生活需求示意图

在第一层级——居住片区体系中，以两个街区为基本单元，并以绿地、医疗、户外活动场地、老年人购物区、学校、服务设施等作为考量因素，相互叠加后，选择合适地点作为辐射两个街区的老年人休闲公园，成为既有社区中适合老年人休闲生活的“社区缓冲空间”。

分析基地现状

设置穿越路径

提供停留场地

划分活动空间

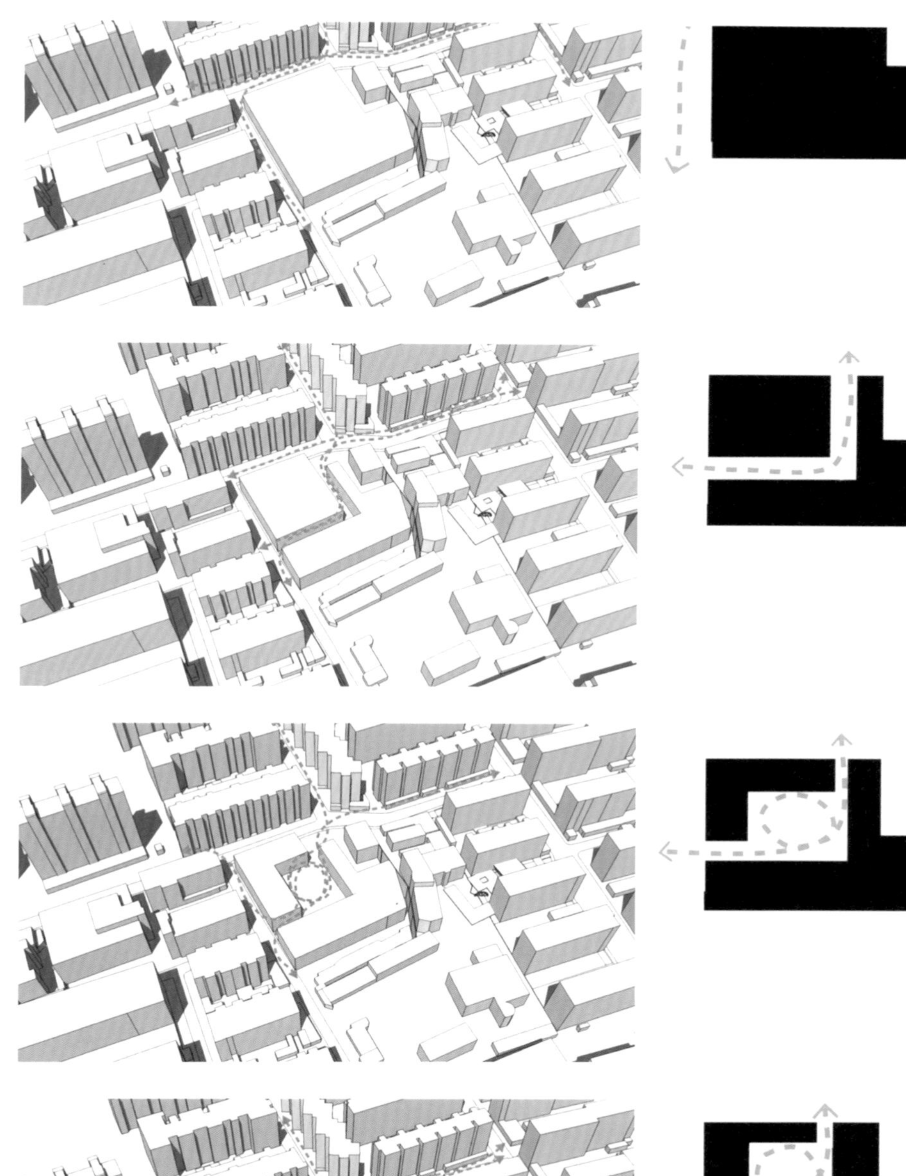

问题分析

针对调研中发现的老年人需求矛盾，将公园划分出四个主要功能区：

1. 条形开放空间，解决老年人无处可去、路边打牌的问题；
2. 半公共空间：临近幼儿园，考虑到该区域的老年人在下午有较长等待儿童放学的时间，特设立座椅供等待时休息；
3. 安静区域：满足老年人交流、晒太阳的日常活动，避免喧嚣；
4. 展示空间：为高等级需求的满足提供更多可能性。

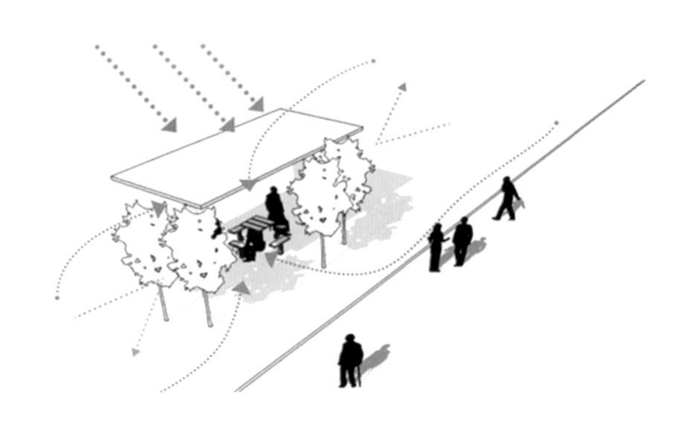

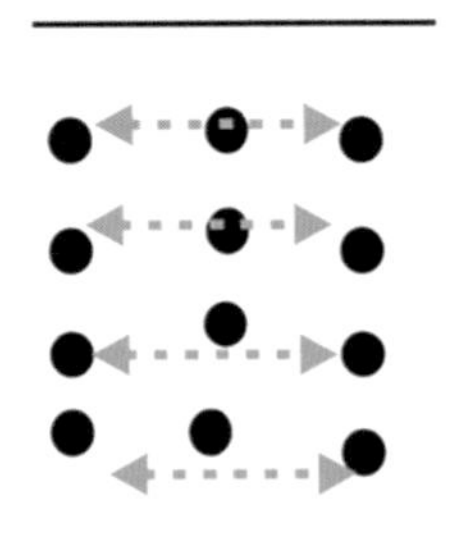

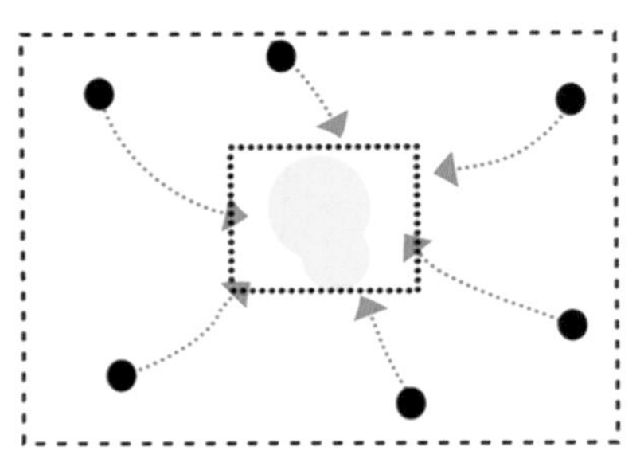

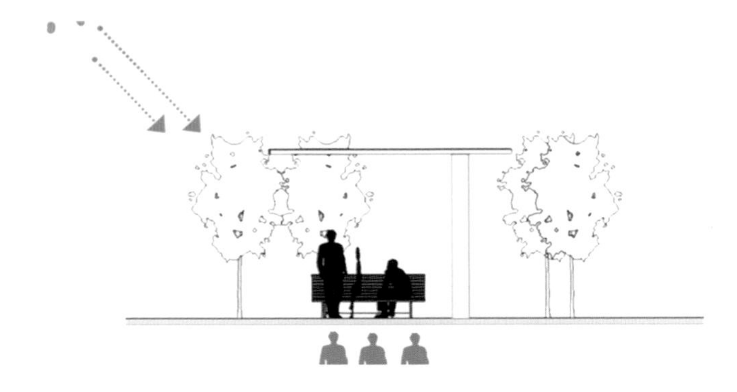

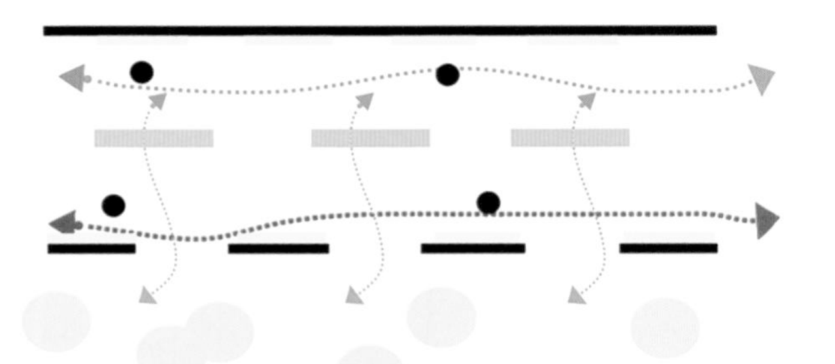

针对老年人群体的独特需求，将开放性的社区功能细分为开放活动空间（动区）、半开放空间（相对安静）和私密静空间（安静）。简洁明了的空间划分方式，可满足老年人的日常需求，譬如檐下躲雨、树下遮阳等。

障碍设计

尽量避免高差，并在必要处设置坡道，满足残疾人士通行需要。
运动、休息、棋牌、交流等空间设计，考虑残疾人使用，如通道宽度、转弯半径等。
展览空间高度适宜，旁设座椅，既能满足残疾人观览需求，又为老年人坐着观览提供可能。
绿化设计无高差，满足残疾人亲近自然的需求。

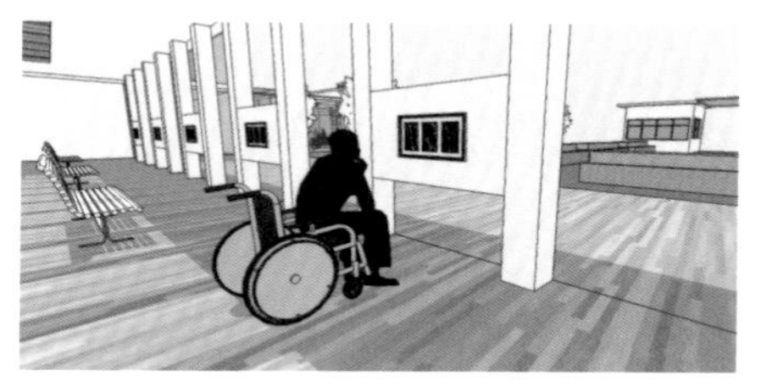

放活动空间

开放空间

静空间

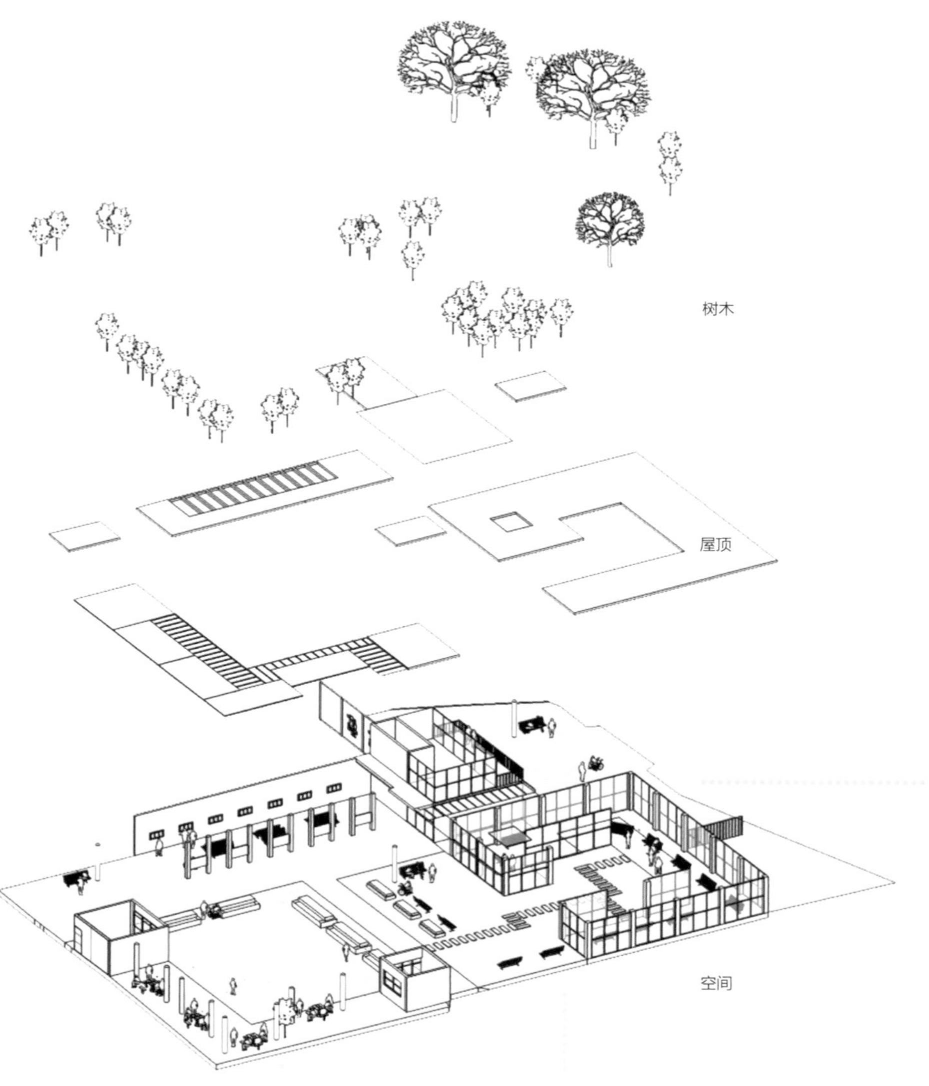

第二层级——居住组团

第二层级，居住组团体系中，设计基于老年住户实际需求——喜爱阳光、渴望与同龄人交流、服务设施方便等，鉴于1980年代的社区存在乱停车、低绿化、缺乏服务等问题，在保证空间高效利用的前提下，进行合理空间设计，满足城市高龄者在既有社区中的生活需求。

轨迹追踪

消极因素：居住组团中很多系统缺乏合理安置，机动车、自行车乱停现象严重，公共空间被占据，缺乏休闲、交流空间。
积极因素：居民大都有自建习惯以主动改善居住状况，如：自搭庭院、凉棚、绿化种植、座椅设置等，使得小区虽陈旧，却处处充满生活气息。

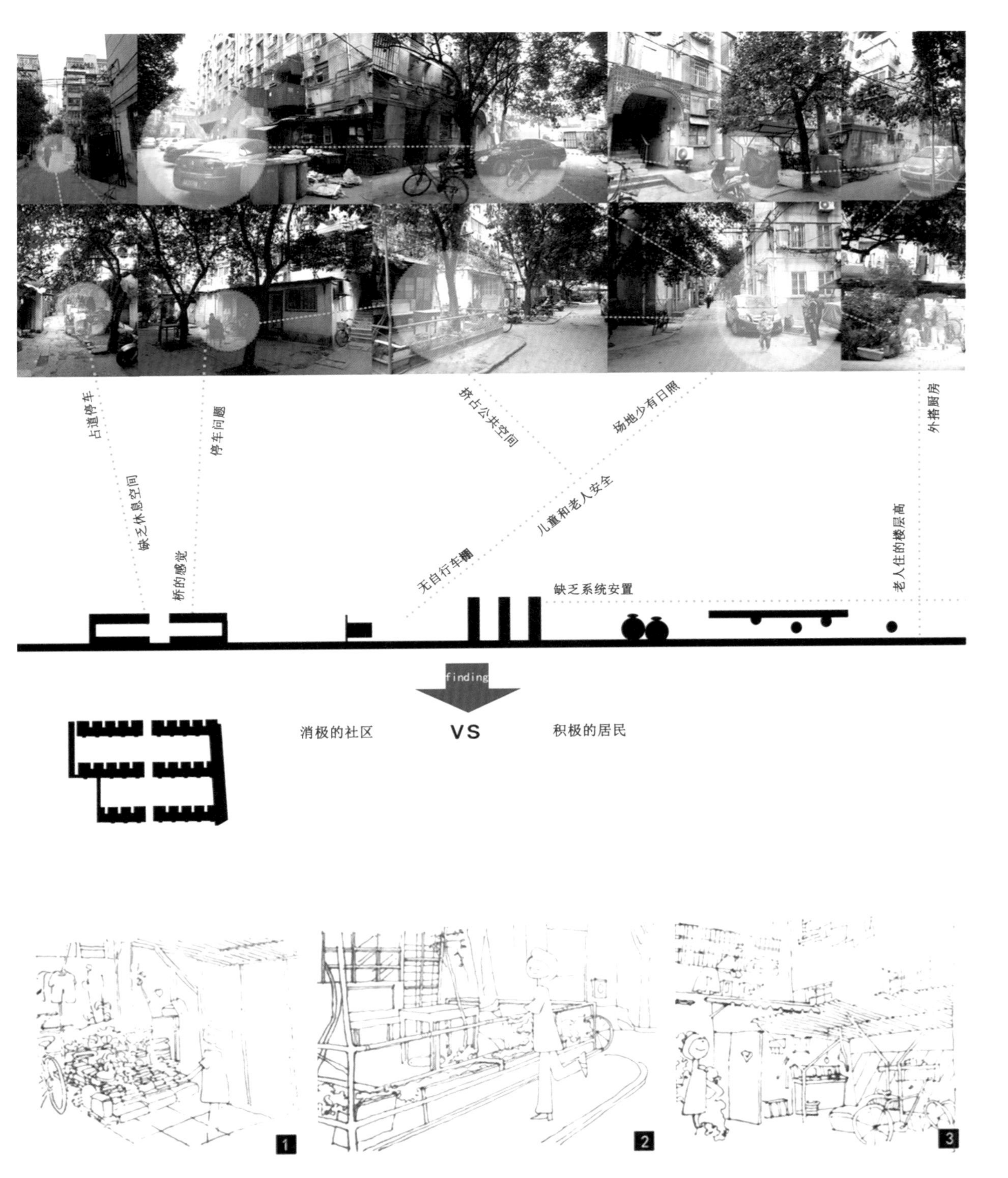

空间设想

公共空间的弹性利用

在空间高效利用的基础上，合理安排老年人的日常生活，公共空间采用弹性利用模式，将居住、停车、绿化、休闲等功能依小尺度、多样化、有机组合的原则分配，因地制宜，保障老年人生活的便利性和舒适性。

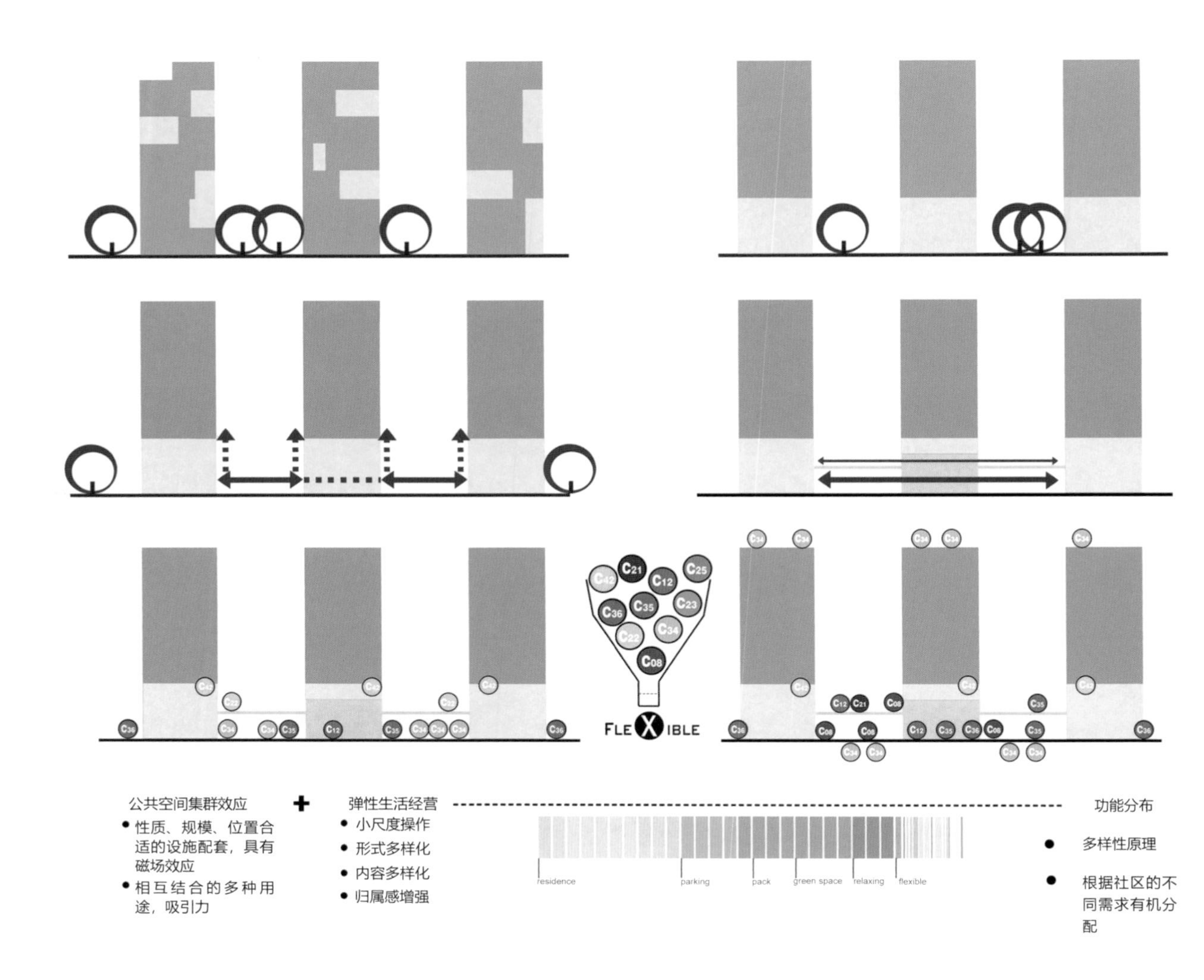

私密空间

公共空间

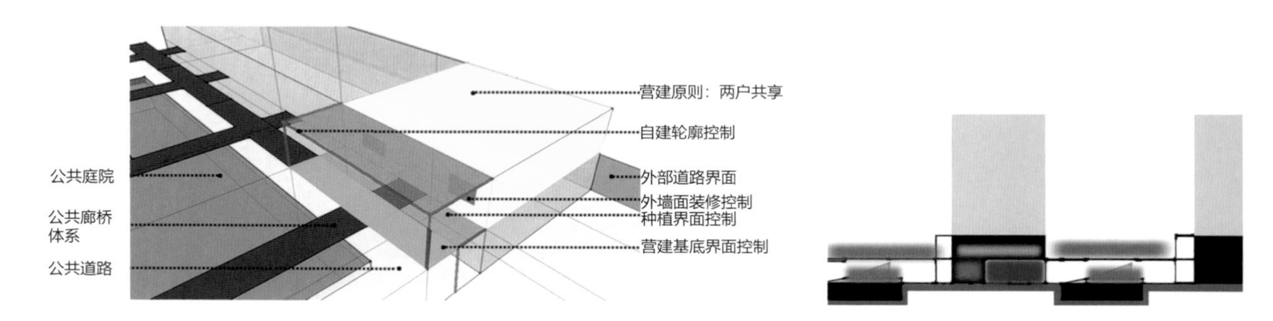

住宅空间形式和内容的适时更新

通过住户置换策略，将老年人安排在较低楼层，设置连廊加强户外交流的可能性，鼓励自发营建、公众参与，加强社区归属感。
自建运作可在公共领域和私密领域进行。

停车系统改建方式

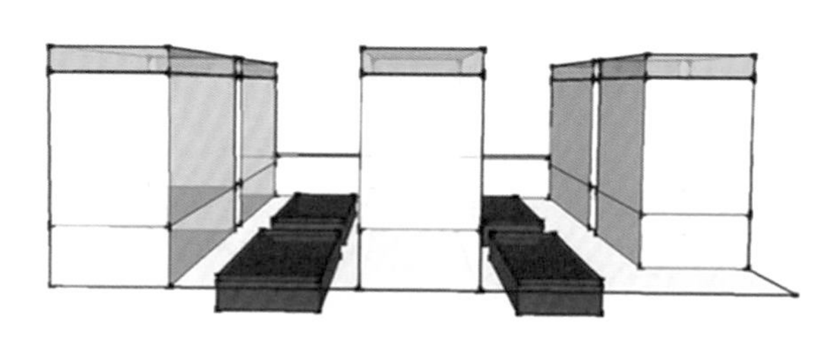

起居室的布置：
一层布置公共空间
二层设置老年住宅

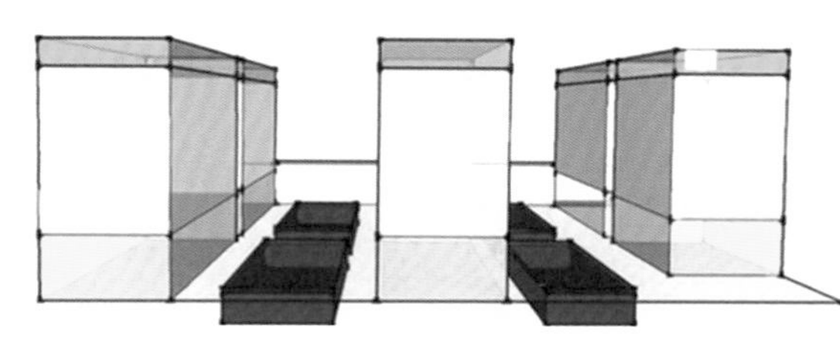

步行系统：
增强老年人日常交流联系

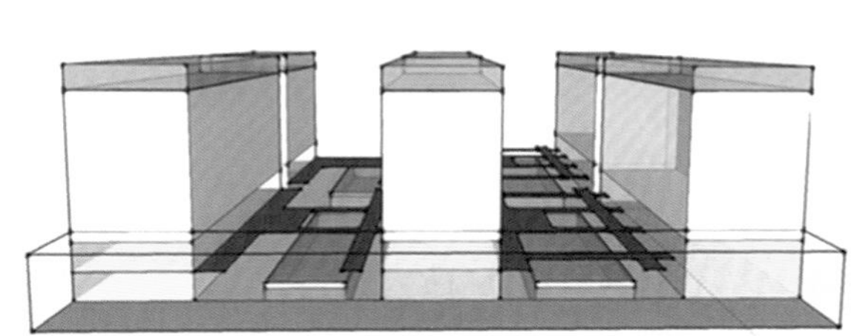

步骤	1. 准备	2. 单元设计	3. 建造	4. 自建	5. 完成	6. 运营	7. 振兴
社区	基础整治	规划	建造	监管			维护
建筑师			草图	深化	修改		应用
媒体		推介	展示	宣传	宣传	宣传	宣传
老人		选址	问询	建造	使用	居住	居住
居民			听取建议	听取建议	试用	文化体验	
成果	项目准备	方案设计	建成	建成	基地价值提升	提升价值	物业增值

社交娱乐　基础设施　商业　医疗　药店　晾晒　展览　餐饮

低层空间展示

通过功能重新配置后的一二层空间展示图，可见二层通过连廊加强了前后楼之间的联系，住宅一楼局部打通，并嵌入活动、商业、娱乐等生活服务设施，方便老年人生活。自行车停放采用空间叠加方式，自行车库屋顶设置绿化且与底层地坪等高，方便老年人的使用。

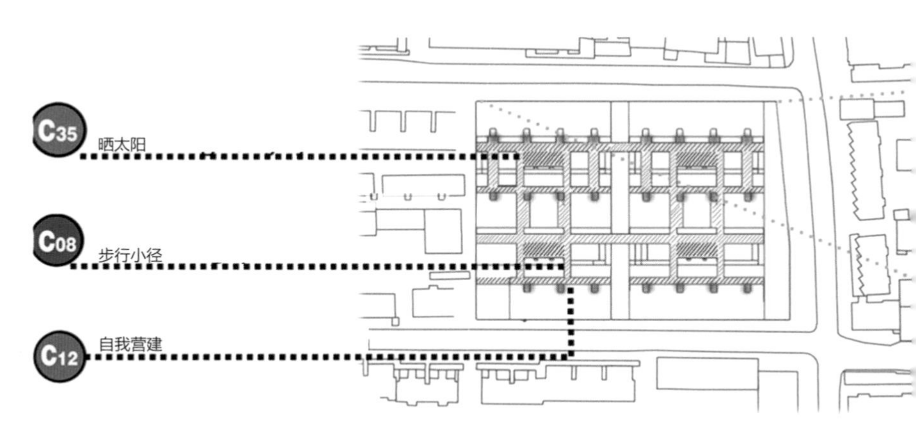

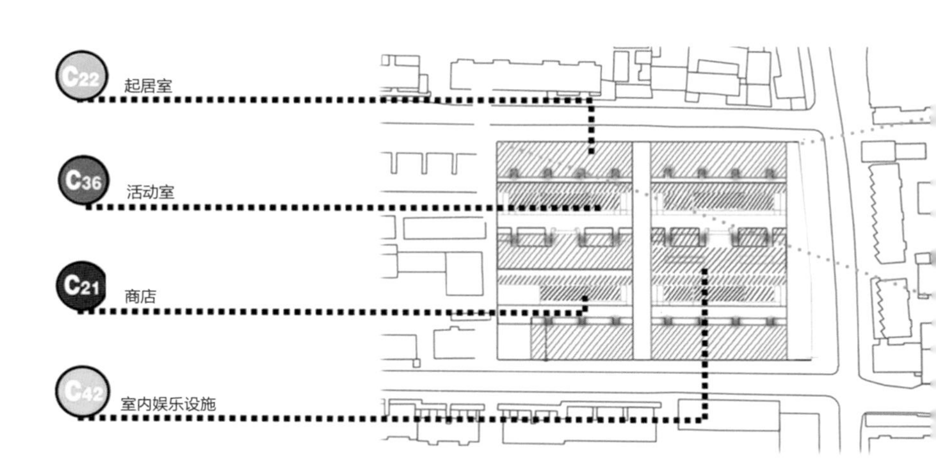

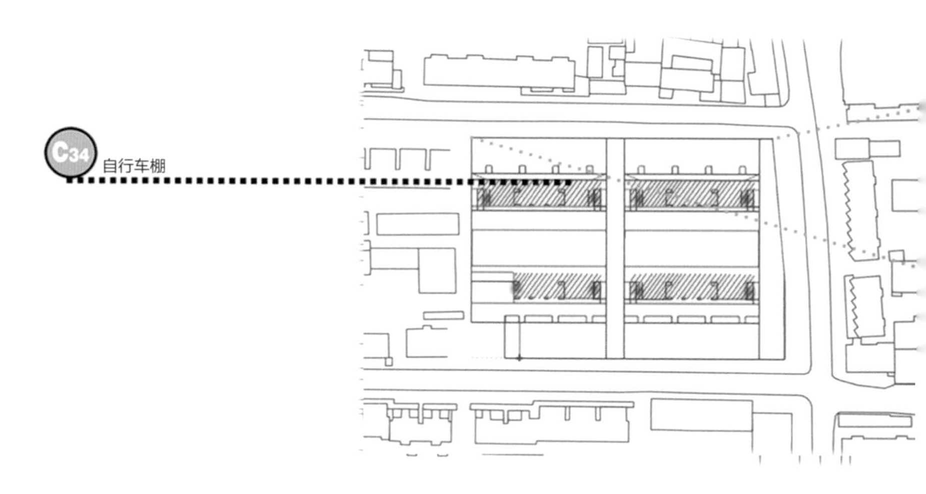

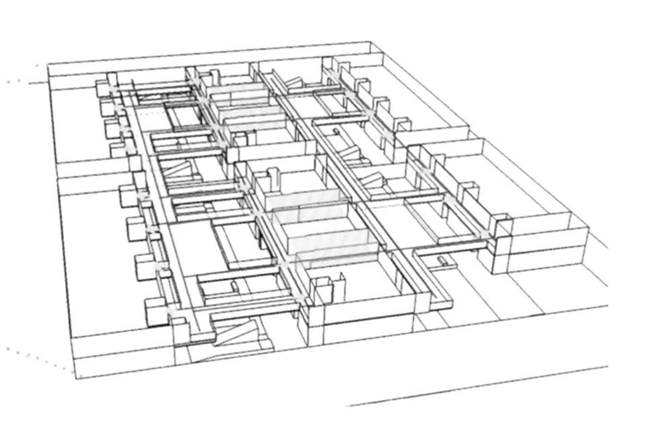
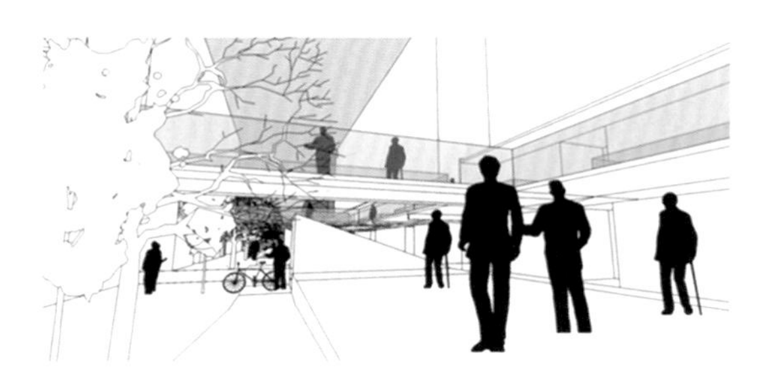

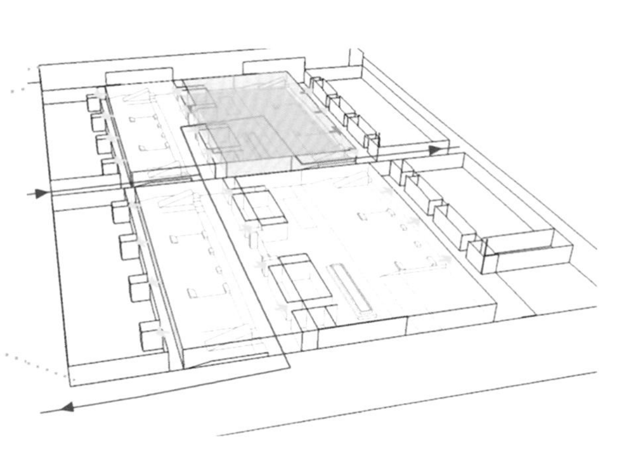
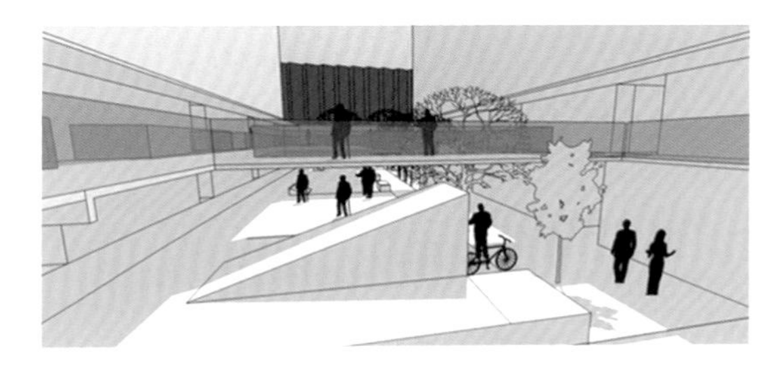
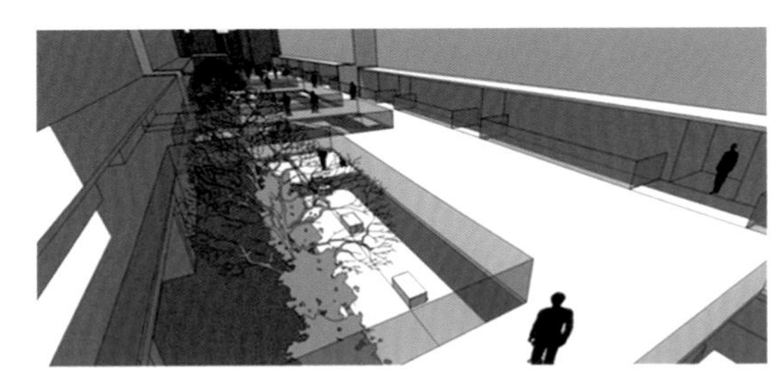
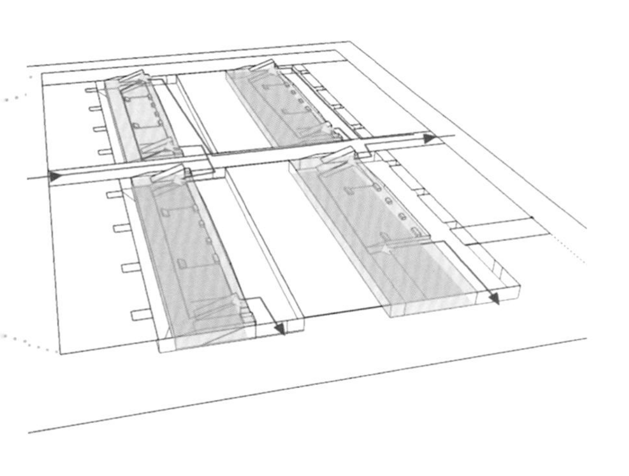
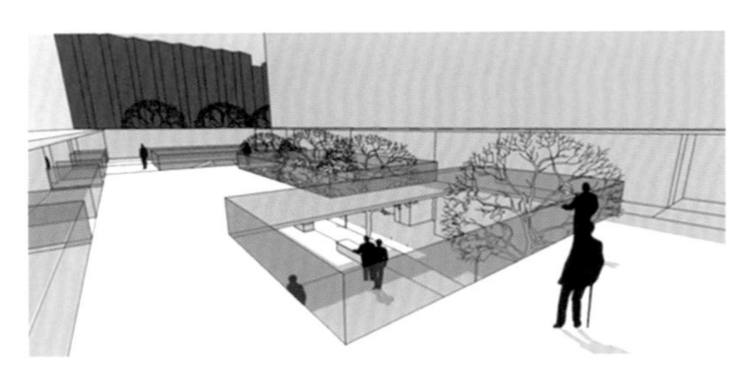
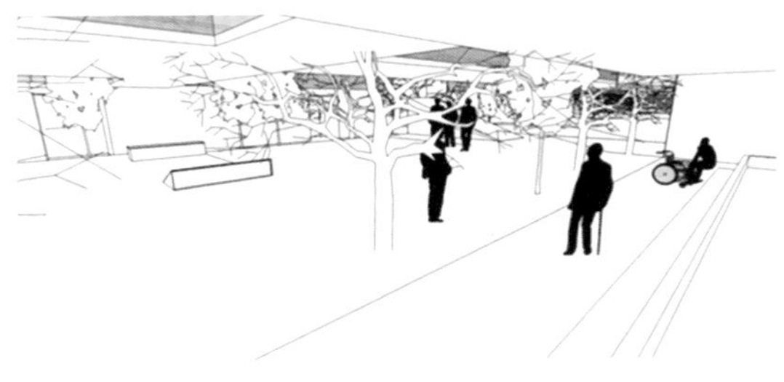

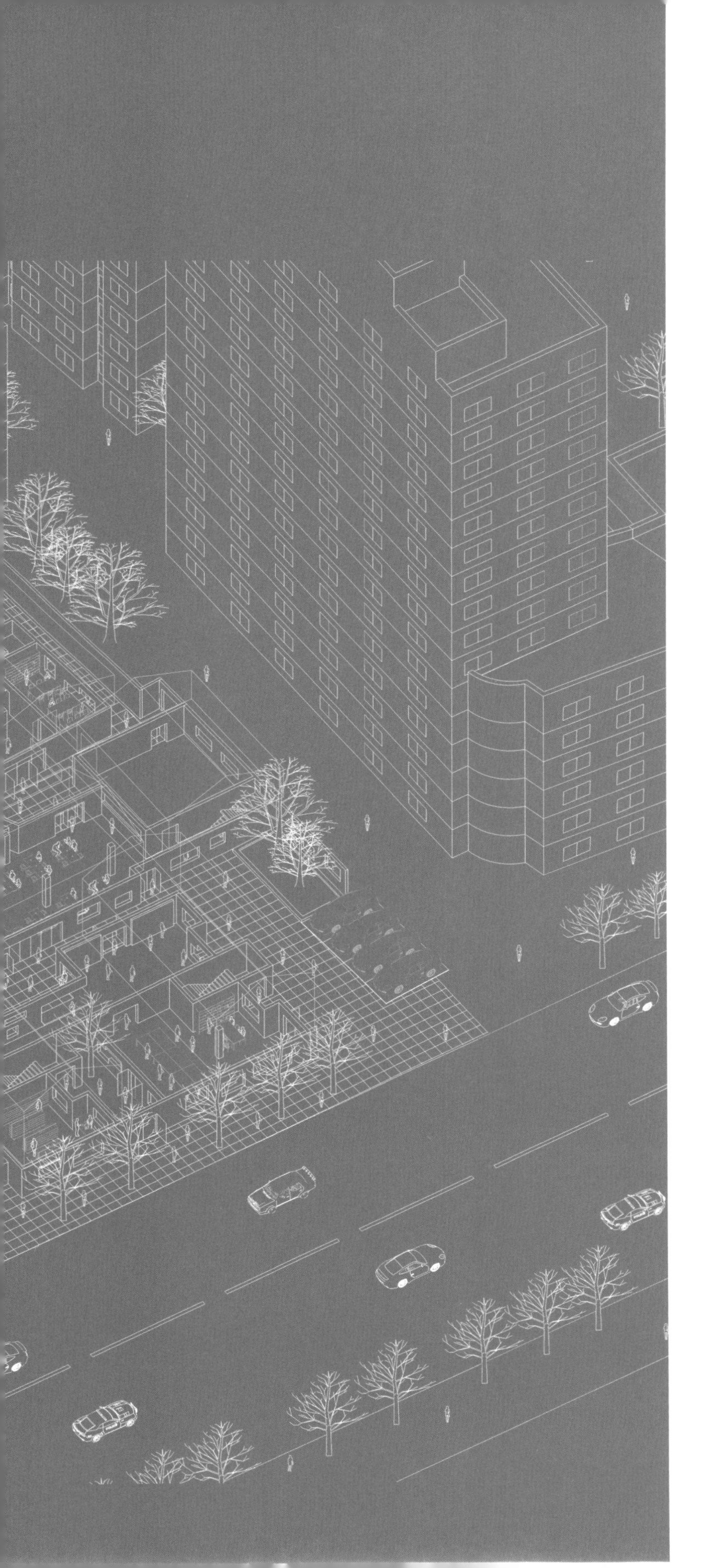

巷弄之间

姚舟 周扬

随着城市的快速发展，城市空间变得越来越拥挤，人们的活动空间一步步被挤占。在丹凤街片区，老年人口逐年增长，但活动场所却不断减少。除此之外，为老服务设施如老年关怀、老年教育、医疗保健等远远无法满足社区居民的需要。这里虽高楼环抱，建筑破旧，却承载着老一辈人的记忆。

场地中存留着蜿蜒曲折的巷弄，灰砖砌筑的墙壁上覆满了青藤，青石板铺成的路面延伸到幽静的庭院中。在喧嚣的城市中，岁月在古老街巷中留下的痕迹显得安静而质朴，给予老年人心理上的慰藉。设计以街巷为核心，提炼原有街巷空间模式，将之扩展运用到整个场地。在既有建筑改造中，从原有环境中提取设计元素，在保持建筑特色的同时进行功能改造，利用街巷和院落空间，引导老年人之间及老年人与年轻人的交流。

场地分析

背景调研：调研针对老年人的需求以及社区内现状是否能够满足这些需求。焦点主要集中在三个方面：活动、交流、关怀。社区内活动场所数目少，规模小；缺少中青年的活动场所，不利于老年人与青年人的交流；并且缺少养老设施。
项目定位：为社区提供一个兼顾老年关怀、方便老年人与青年人交流的活动中心。

占地面积：1.45 hm^2
容积率：1.33
场地范围：由长白街、四条巷、仁寿里、文昌巷四条街道界定。

场地建筑拥挤、采光条件差，需要改造

低层建筑为主，尺度合宜，适合改造

建筑形式、材质承载着老年人的记忆，具有生活气息，值得保留

功能分析：在调研基础上，结合社区活动中心规范，将功能设置为老年人服务的活动空间，如棋牌和舞蹈；为儿童服务的阅览和托管照料空间。

选址分析：在社区内，选择适宜场地置入社区活动中心。影响场地选择主要因素是其区位交通是否便于为整个社区服务，场地内建筑是否利于改造。

活动调研

养老设施需求度调研

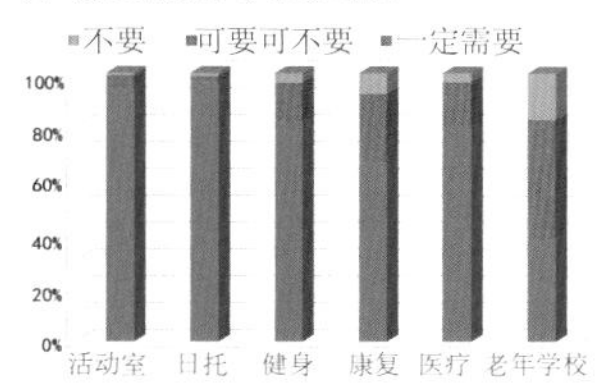

活动频次调研

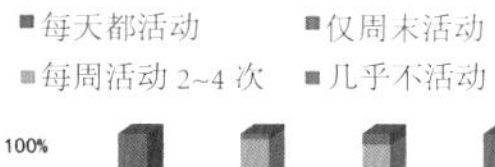

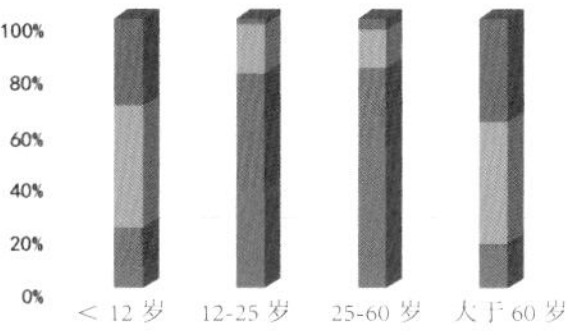

活动类型调研

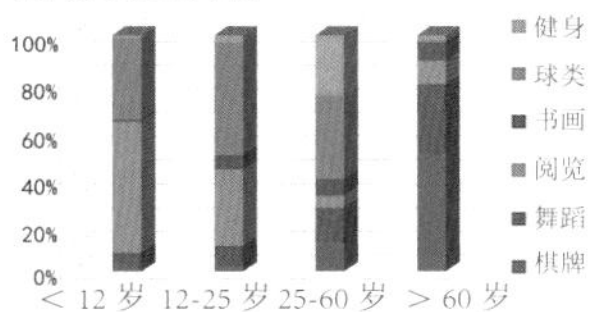

老年人最重要的活动是棋牌和舞蹈
儿童最重要的活动是阅览和托管照料

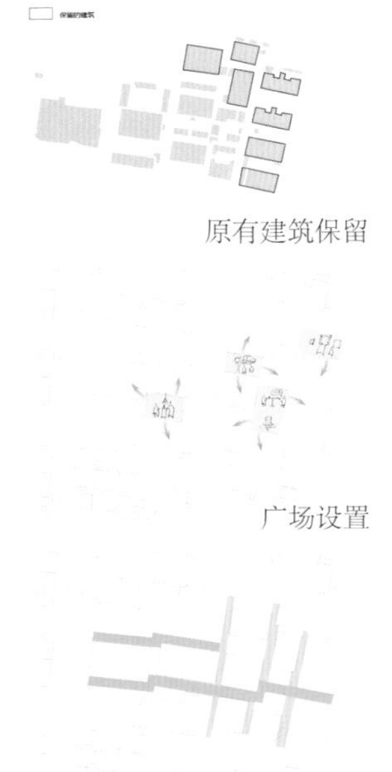

原有建筑保留

广场设置

道路交通

选址分析

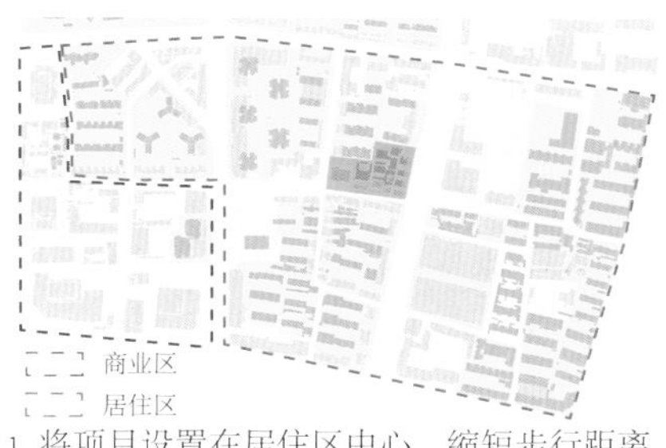

1. 将项目设置在居住区中心，缩短步行距离

2. 场地原有建筑层数低，适合改造

3. 南部社区更加缺少活动场地，急需增加

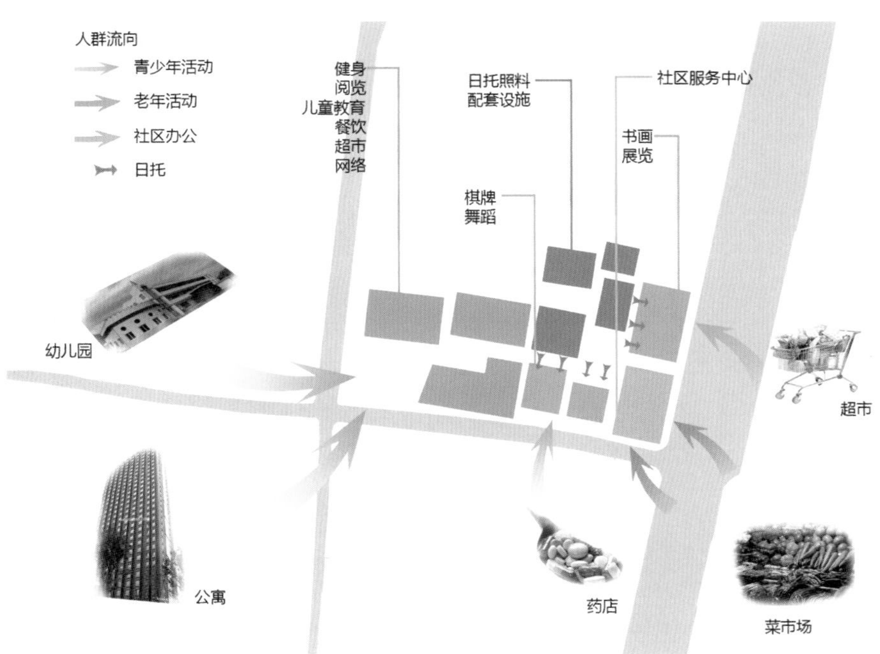

建筑现状

场地中建筑建造的年代各不相同，建筑风格也比较多样化。位于巷弄内部的是几栋建造于 1930 年代的传统建筑，高度较低；位于其南侧的是几栋形式相仿的老建筑，建造于 1940 年代，破损严重，可以适度拆除。

建筑年代：1930
结构类型：木结构 梁柱结构
楼层高度：2 层 + 阁楼
材质：砖，混凝土
建筑概况：建筑多保留原貌，承载着老年人的记忆

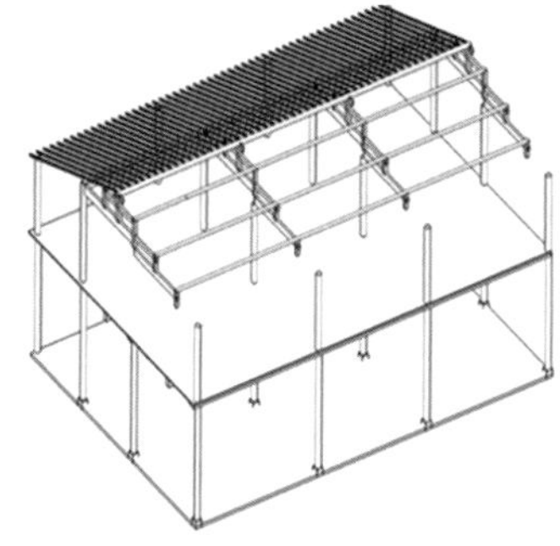

建筑年代：1940
结构类型：剪力墙结构
楼层高度：1 层至 2 层
材质：砖，混凝土
建筑概况：私搭私建层多，房屋本身比较破旧

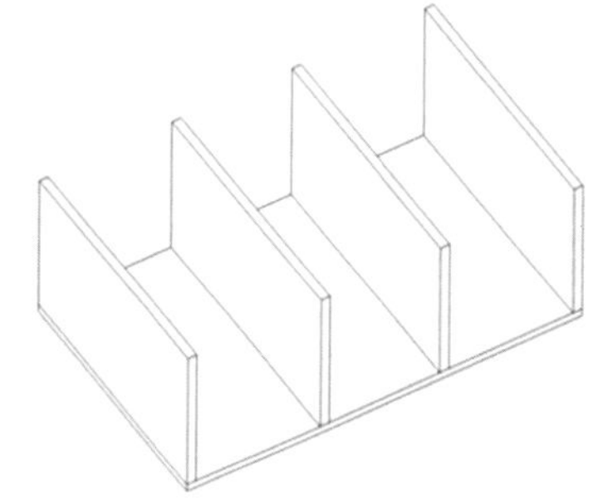

建筑年代：1970
结构类型：砌体结构
楼层高度：3 层至 4 层砖混
材质：灰色和白色粉刷
建筑概况：建筑楼层较高，一层采光条件差，不宜拆迁，可进行功能置换

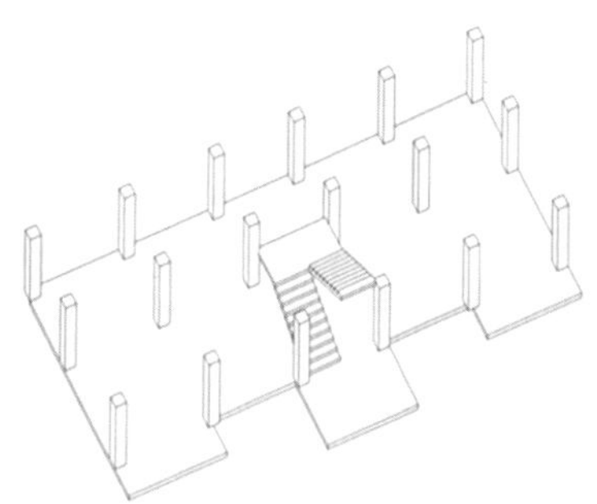

建筑年代：1990
结构类型：砌体结构
楼层高度：5 层至 6 层
材质：混凝土
建筑概况：建筑对外出租，租金较高、房屋破旧，利用率低，多数空置

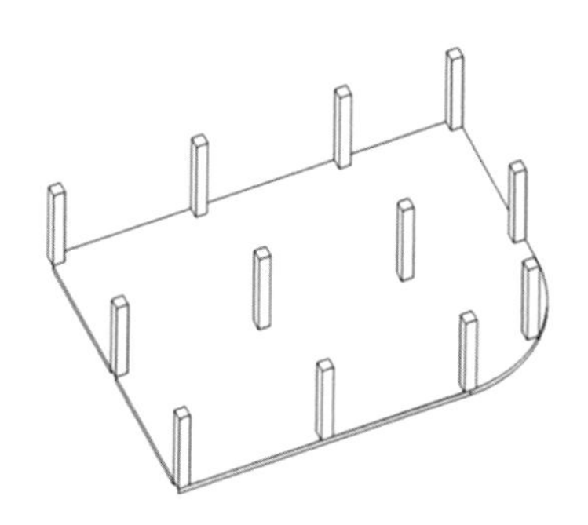

场地中适合老年人活动交流的空间是巷道。从中提取三种典型的空间模式：其一是直巷，巷弄界面有多处开口，连接到庭院及室内的空间，开放界面加强了室内外人的交流；其二是巷 + 院的模式，巷弄和庭院连接在一起，将庭院中人的活动引入巷弄之中；其三是曲巷，巷弄在转角处形成停留空间，吸引人在巷弄中活动。

空间模式：

直巷

多处开口，链接到巷弄、庭院、室内等空间

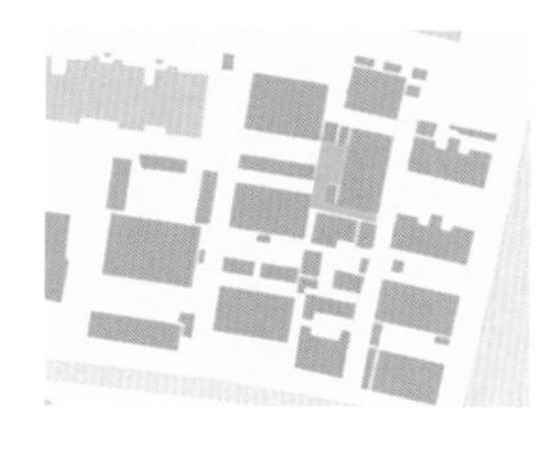

巷 + 院

开放的界面将人流引入巷弄之中

曲巷

巷和院组合在一起，院成为细长空间的放大节点

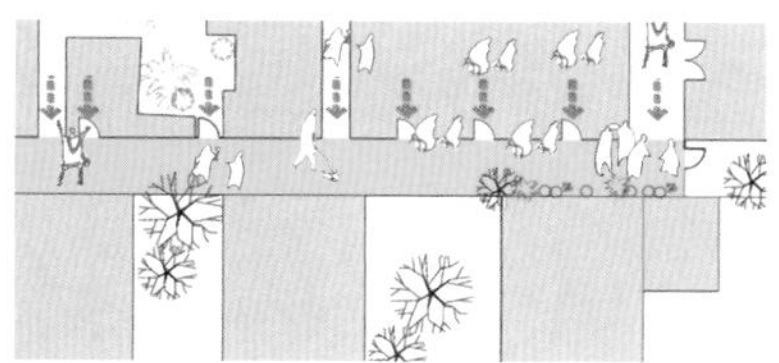

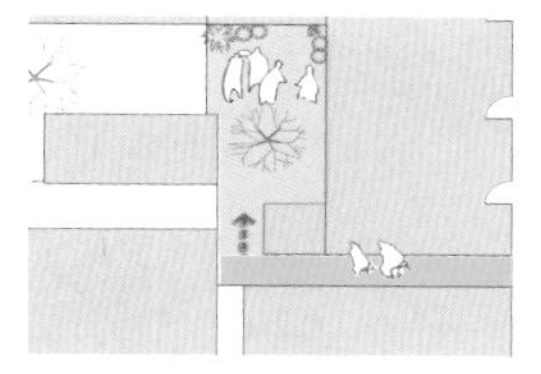

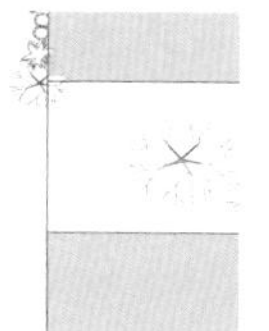

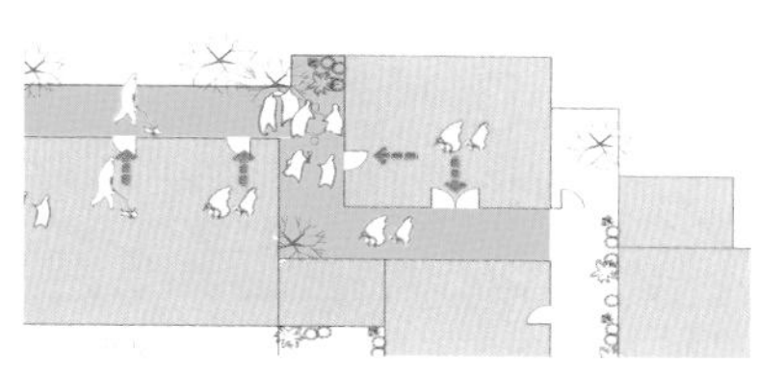

通过对建筑概况的分析，结合周边环境进行功能划分；在交通组织上，一条东西向的主要街道串联起两个广场，街道本身综合运用了上述的三种巷道空间模式，模糊了室内外的边界，为老年人创造可供停留、具有丰富活动的室内外空间。

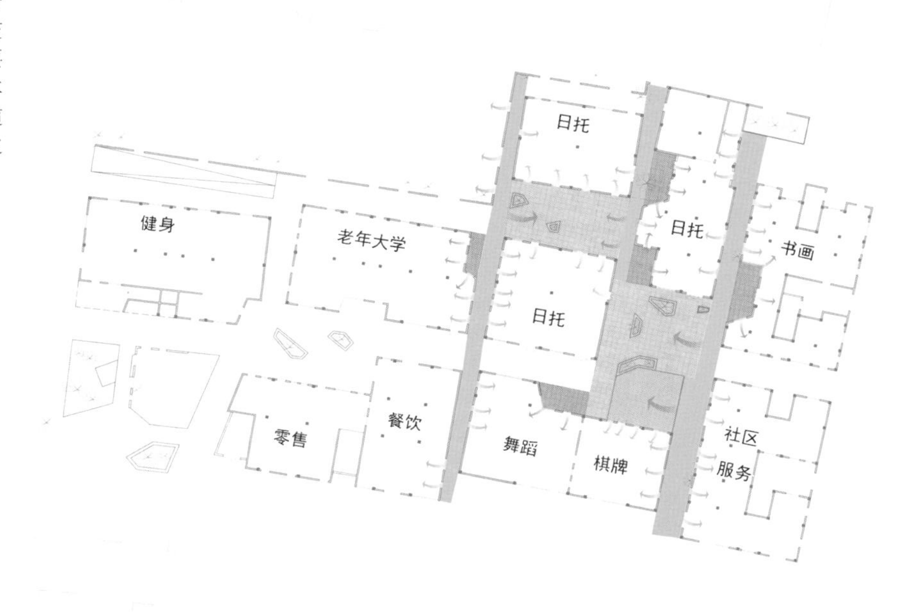

功能分区

改造设计

场地东侧现状建筑为民国老建筑，保存较好，并由具有浓厚生活气息的老巷子串联，方案选择保留这些老建筑，只做局部的改造以延续这片社区的历史记忆和生活气息，营造出适合老年人休憩的安静环境。

场地西侧建筑建于 2000 年左右，但建筑的使用状况和建筑价值不佳，故方案选择将其重建。用全新的建筑和广场打造出适合老年人活动的氛围。

方案整体由一系列活动广场和巷道将新旧建筑串联交织在一起，安静的历史生活气息和开放的青春活力在此汇聚。

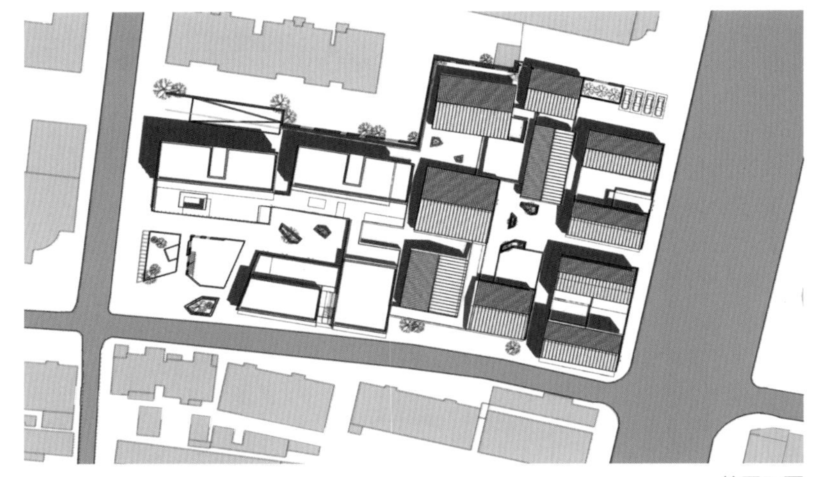

总平面图

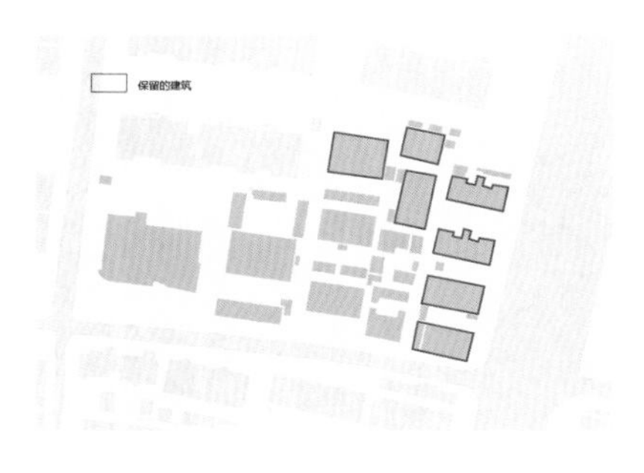

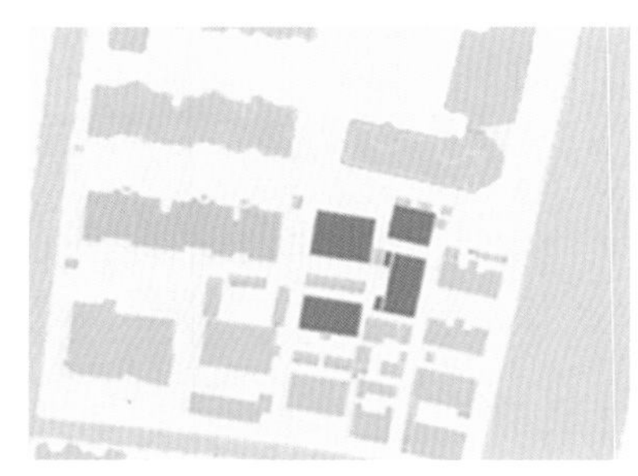

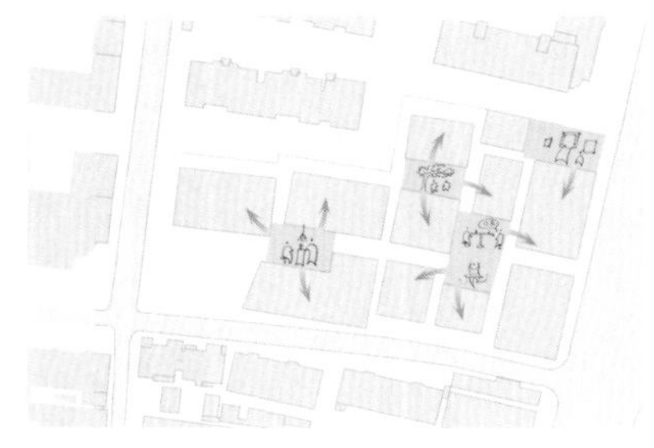

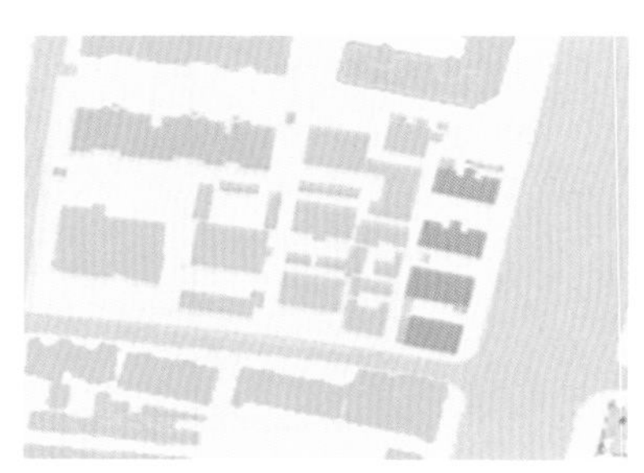

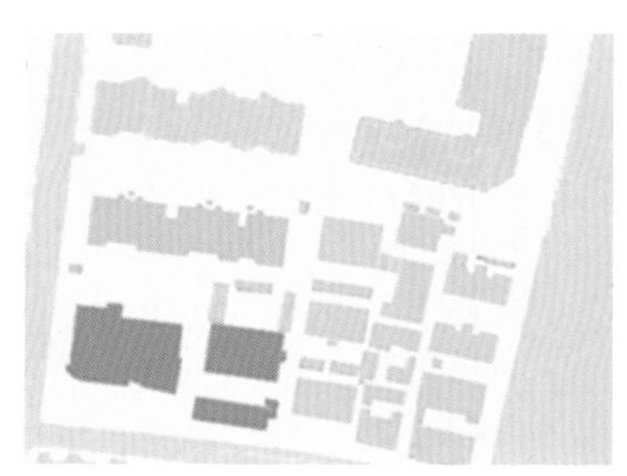

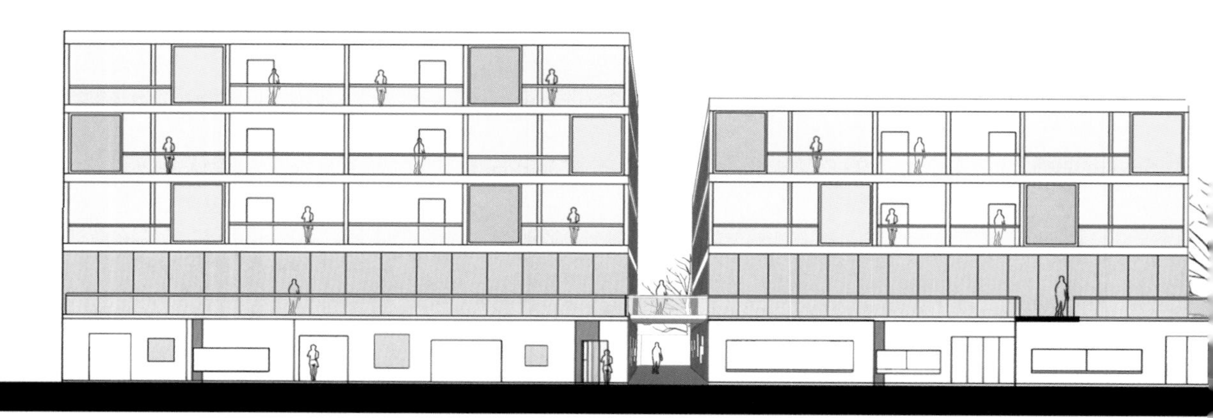

一层平面图

三层平面图

二层平面图

外街道立面图透视图

曲巷

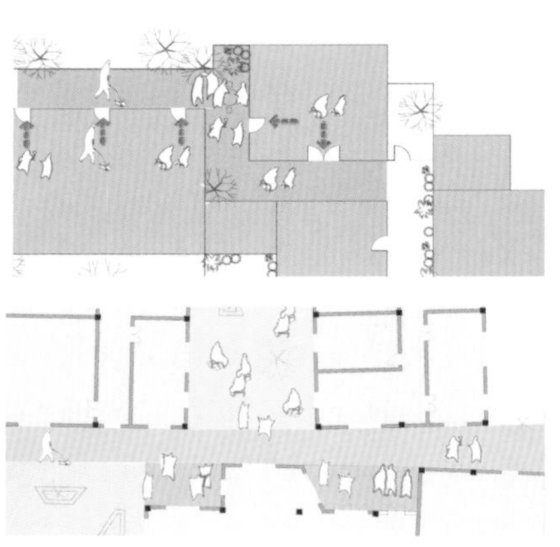

长巷

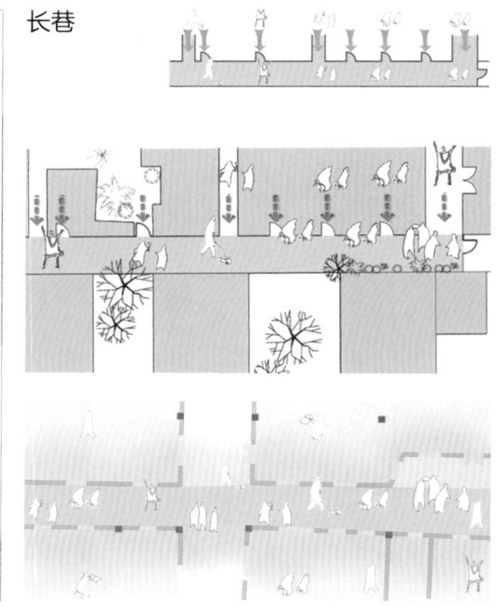

巷 + 院

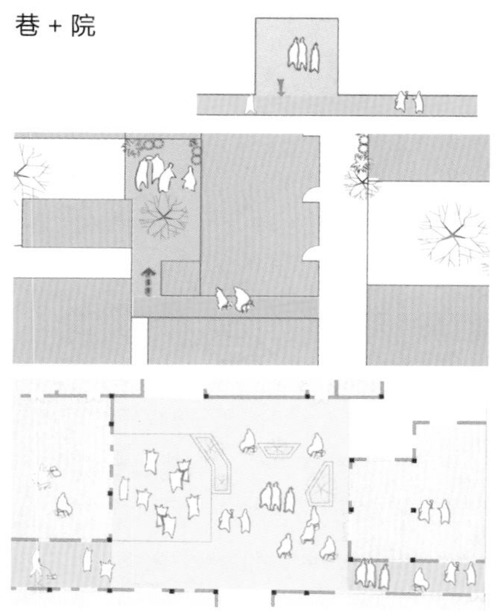

对于老年人来说，活动与交流是非常重要的。场地中的巷道空间具有停留性，适合老年人使用。从场地中提取元素，通过设计转化创造适合老年人活动交流的街巷空间，为社区提供一个兼顾老年关怀、方便老年人与青年人交流的交流中心。

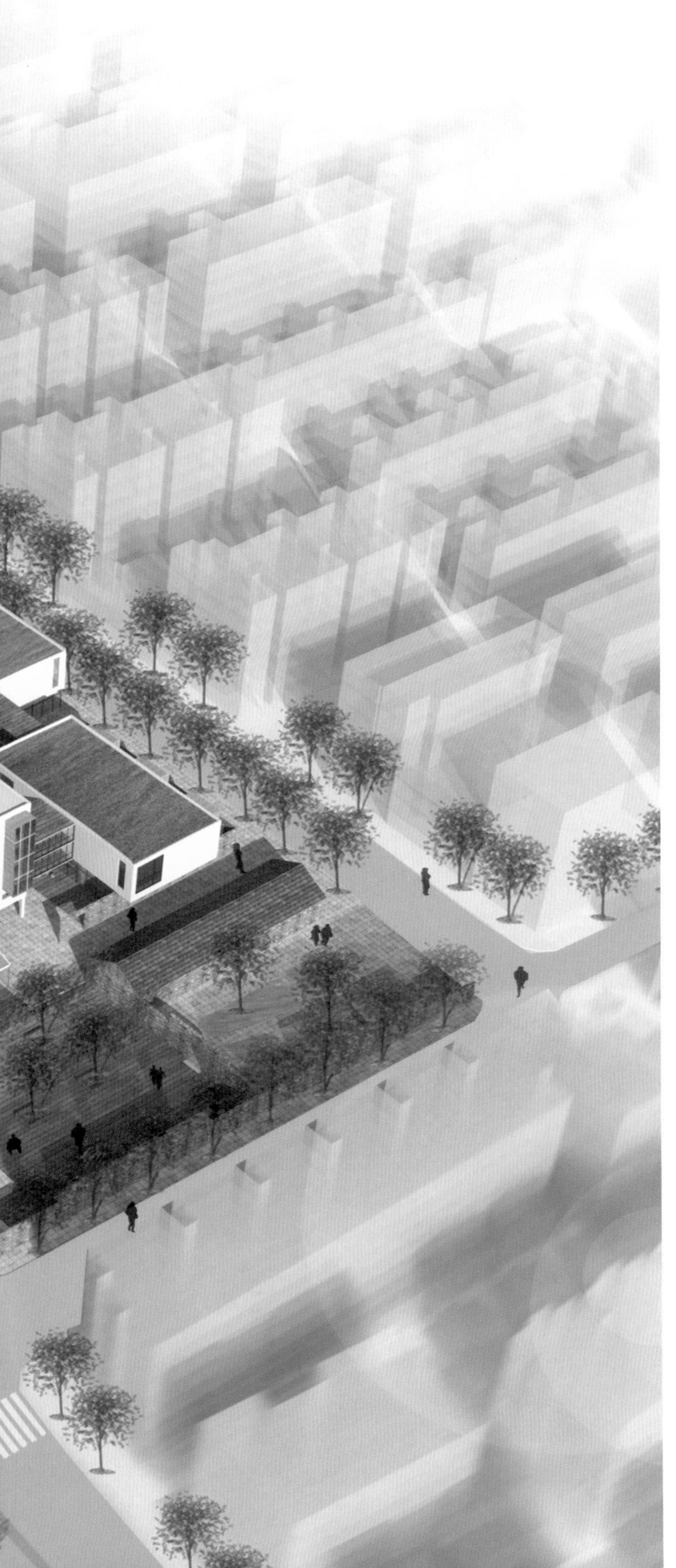

织·补城市

施晓梅　张 挺

发现

仁寿里街区具有便利的居住条件和丰富的历史遗存，但因建设年代条件所限面临许多现实困境，尤其是对日渐老龄化的社区居民，无论从日常生活、医疗保健等物质需求或者文化交流等精神需求都无法满足他们的需要。而场地中现存的历史建筑也没有发挥其价值作用。

更新

以“织 · 补城市”作为设计策略。“织”——通过拆、改、建场地建筑的方式编织城市物质形态;“补”——通过调研发现场地的不足，补充完善城市功能。

织 · 补城市的目标侧重于满足场地内的老人在物质和精神等多方面的需求，与此同时兼顾场地内其他居民的生活需要。经过对场地的系统性调研，增加相应的老年公寓、服务中心、养老机构、室内外活动场所、商业等功能，并且参照规范予以量化。

设计时充分利用场地条件，通过围墙、广场、历史建筑与新建筑的有机结合，使之成为一个充满文化活力的居住生活空间。场地设计中设置规模功能不同的活动广场，以景观步道联系周边院落使之成为一个整体，以开放的空间形态成为街区的中心。

场地区位

社区位于南京老城区，是南京最早的住宅改造区之一，北至中山东路，南至常府街，东至龙蟠中路，西至太平南路，面积77 hm^2。社区住户数12 927户，总人口数37 606人，老年人数为7 800人，老龄化为20.7%，远高于南京市老龄化比率9.2%和江苏省10.89%的数据，老龄化形势严峻。

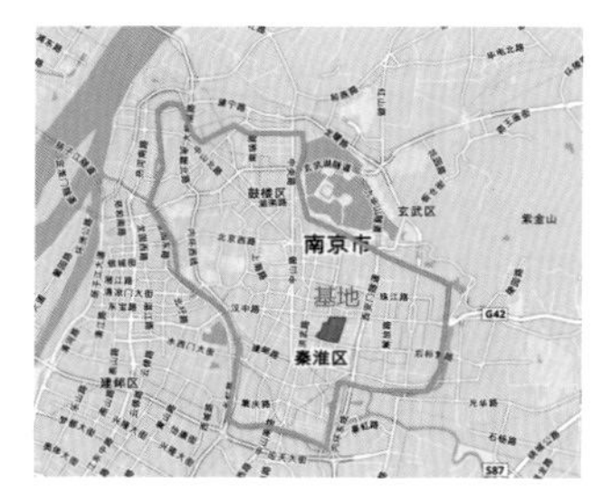

场地拆迁的契机：
住宅楼、商铺……

留

调研中发现，在场地的中心有一地块正面临拆迁新建，由长白街、四条巷、仁寿里、文昌巷四条街道界定，面积为1.45 hm^2，容积率为1.33。场地中有保留古建筑（李鸿章家族祠堂），赋予地块历史的记忆和文化的底蕴。

地块保留古建：
李鸿章家族祠堂

调研、策划

居住便利

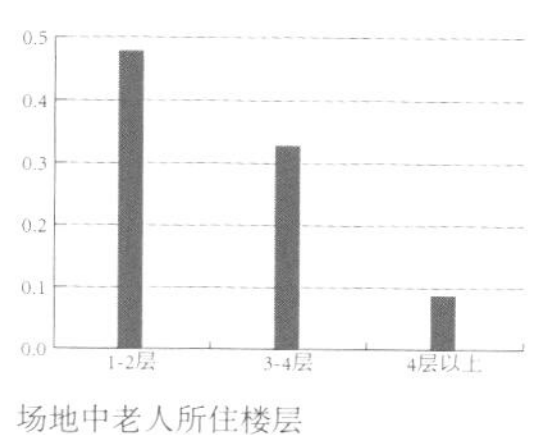

场地中老人所住楼层

场地中老人家庭常住人口

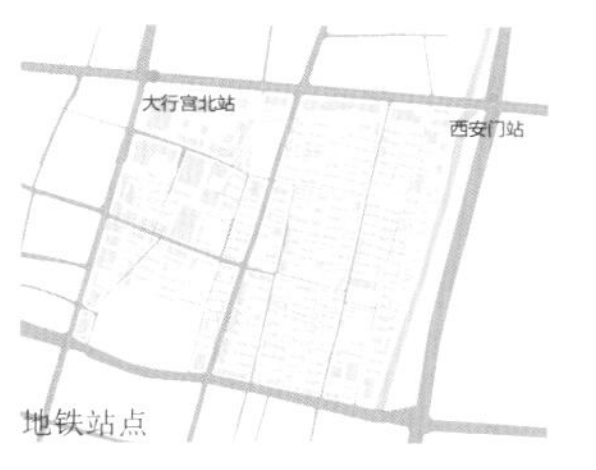

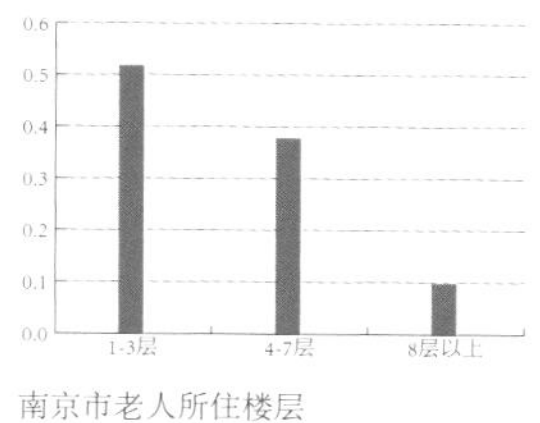

南京市老人所住楼层

南京市老人家庭常住人口

策划

现状问题一：独居老人多。
现状问题二：老人下楼难。

目标人群：
1. 四层以上的住户
2. 独居、孤寡老人
3. 有意愿入住的老人

老年公寓需求量：
12 927（场地总户数）×20.74%（场地老龄化比率）
×38%（独居老人比率）
×38%(四层以上无电梯住户比率)
×20%（服务比）
=77 户

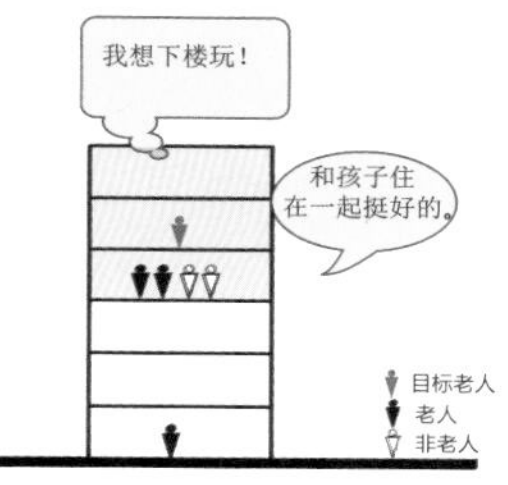

生活服务

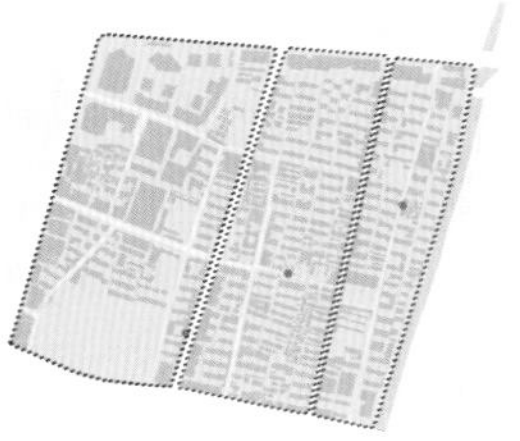

社区居委会分布

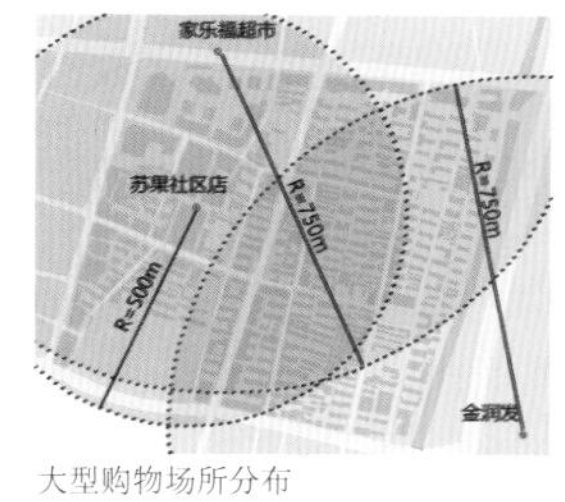

大型购物场所分布

小型商业设施分布

社区居委会	老年人数	80岁以上老年人数	负责老龄工作人数
衬德里	1 800	257	1
三条巷	3 500	700	1
五老村	2 500	500	1

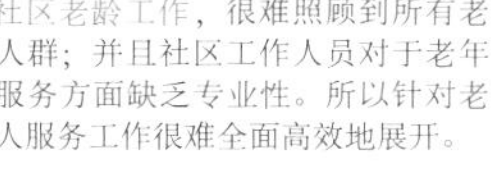

各社区委员会只有一名社区协调员负责社区老龄工作，很难照顾到所有老年人群；并且社区工作人员对于老年人服务方面缺乏专业性。所以针对老年人服务工作很难全面高效地展开。

集中型的购物场所是老年人日常活动的重要场所之一。场地中有苏果社区店，周边有大型超市金润发、家乐福。考虑到超市的规模，苏果社区店服务半径由普通人步行 6～7 min 而定（约 500 m），金润发与家乐福大型超市服务半径由普通人步行 10 min 而定（约 750 m）。

集中型的购物场所如家乐福、金润发、苏果服务范围基本能够覆盖社区，满足社区人群的日常生活需求。

小型日常商业设施如便利店、澡堂和小型菜市街是老年人日常活动的重要场所之一。场地中便利店分布较密集，长白街、三条巷等街、巷两侧均为小型商业，分布广，服务全。

小型日常设施在场地中分布较密集，种类繁多，基本能满足社区人群的日常生活要求。

策划

目标人群：需要帮助的在家养老的老人
服务项目：就餐、洗澡、清洁、陪伴、看病就医、家政服务等各种生活方面的服务。
措施：
1. 通过问卷和访谈的方式对场地中的老人的需求进行调查，将资料输入需求库，建立资料库并进行分类管理。
2. 招募志愿者并进行培训。（志愿者可以是社区居民、非社区居民，也可以是刚退休老人。）

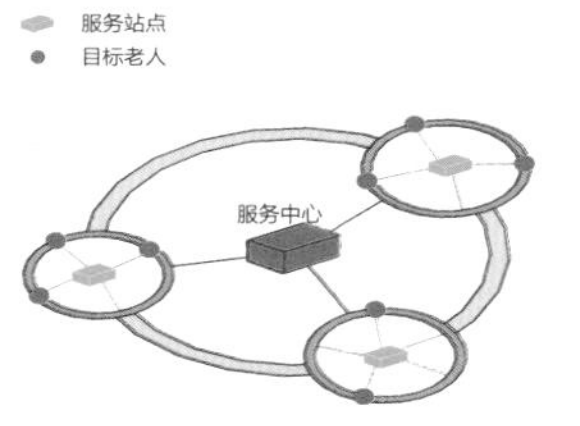

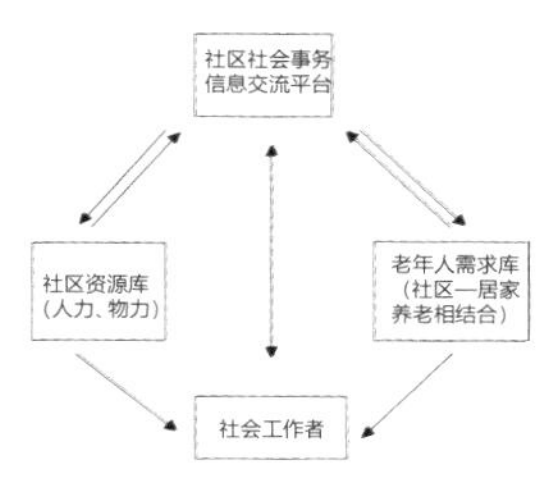

养老机构

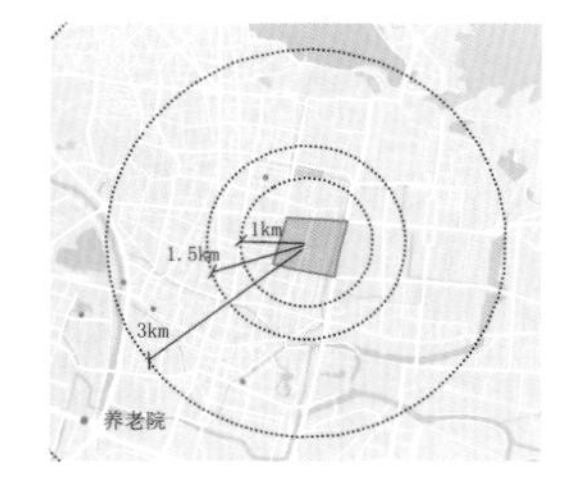

养老院是除在家由子女照顾的之外的首选。

场地中缺少养老设施，场地方圆1.5 km 内仅有一家香铺营社区养老院。

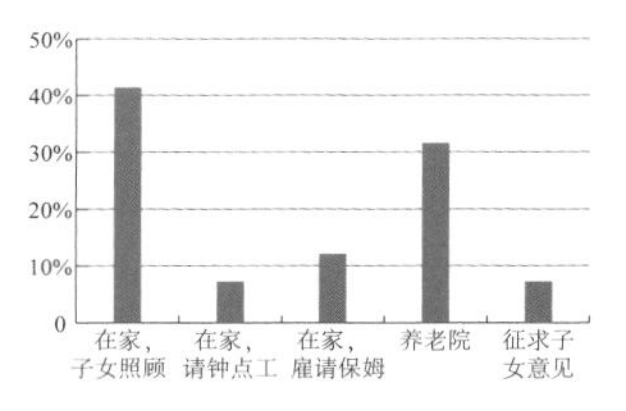

老人选择的养老生活方式

策划

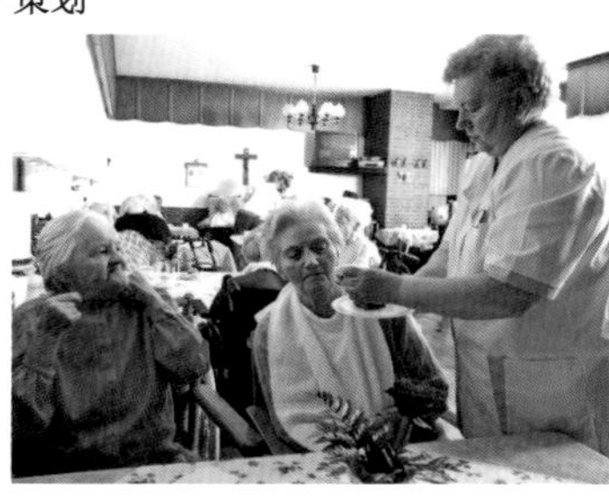

目标人群：
1、中低收入老人
2、失能老人

场地内中、低收入老人数：
7 800（场地老人数）×60%（城市中低收入者和低收入者所占比例）=4 680 人
场地内养老机构需提供床位数量：
4 680×6.9%（城市老年人口的失能率）×45%（提供服务比）=145 床

养老机构	功能用房	目标人群	目标面积（m²）	备注
	接待服务厅	所有人	25	
入住服务面积	入住登记室		12	
	健康评估室	入住老人	18	
	总值班室	办公人员	18	
生活用房	居室	入住老人	1600	
	沐浴间	入住老人	190	
	配餐间	工作人员	70	
	养护区餐厅	入住老人、日托老人	100	可与社区食堂结合
	会见聊天室	入住老人	100	
	护理员值班室	护理员	145	
康复用房	物理治疗	入住老人	75	
	心里治疗	老人	65	
娱乐用房	各类活动室	入住老人	250	可与社区活动室结合
办公	办公室、会议室、接待室、财务室	办公人员	180	
附属用房	洗衣房、库房、公共卫生间	值班人员、老人	360	

医疗保健

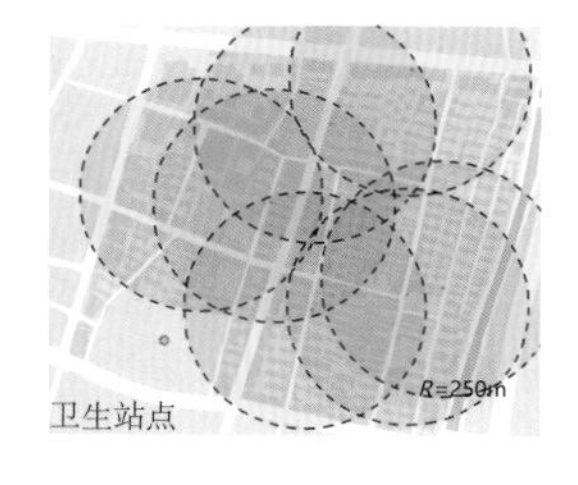

卫生站点

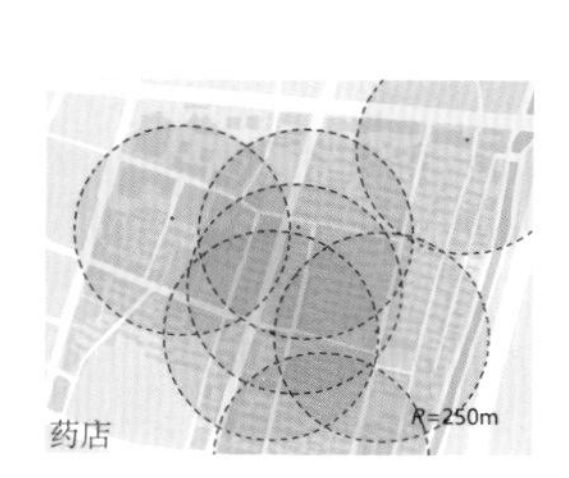

药店

名　称	等级	服务半径（m）	功能
八一医院	三级甲等医院		看病就医
东白中西诊所	卫生站点	250	
五老村门诊	卫生站点	250	为老人提供拿药、量血压、测血糖、打点滴等医疗服务
长白街卫生社区服务站	卫生站点	250	
延龄医院	卫生站点	250	
康瑞中心诊所	卫生站点	250	
三条巷诊所	卫生站点	250	
三条巷卫生站	卫生站点	250	
王健洗牙镶牙	专科诊所		牙科
洁安口腔诊所	专科诊所		

卫生站点和药店的服务范围基本涵盖整个场地。

场地缺少康复训练的物理治疗室和作业治疗室，也缺少针对老年人的心理治疗室。

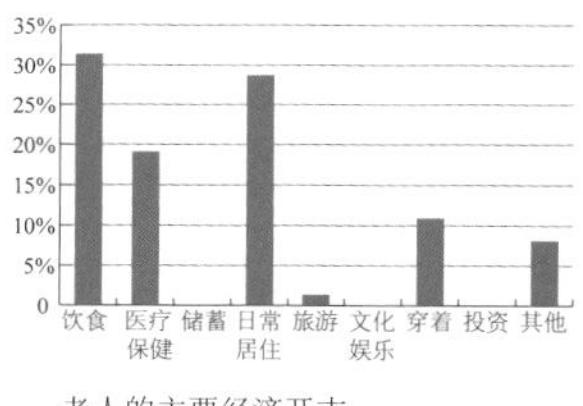

老人的主要经济开支

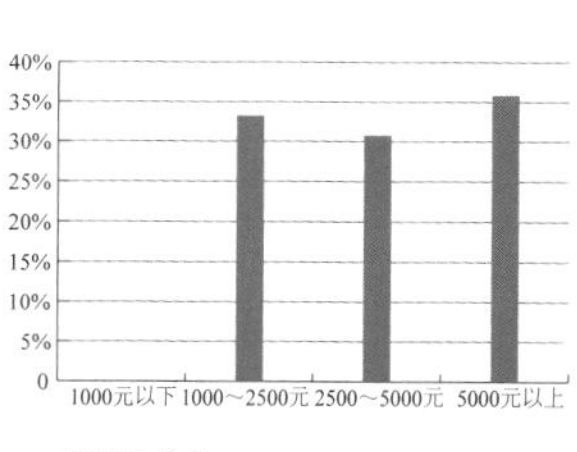

家庭月收入

策划

目标人群：
需要医疗服务的老年人

增设服务项目：
物理治疗室
作业治疗室
心理治疗室

医疗服务层级化、网络化。各街道卫生站与生活服务站点相连。给老人建立医疗服务需求库。

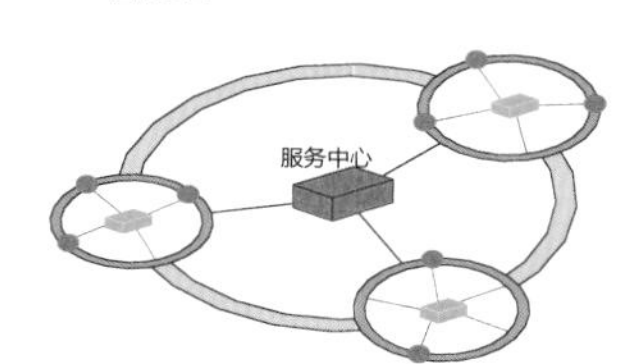

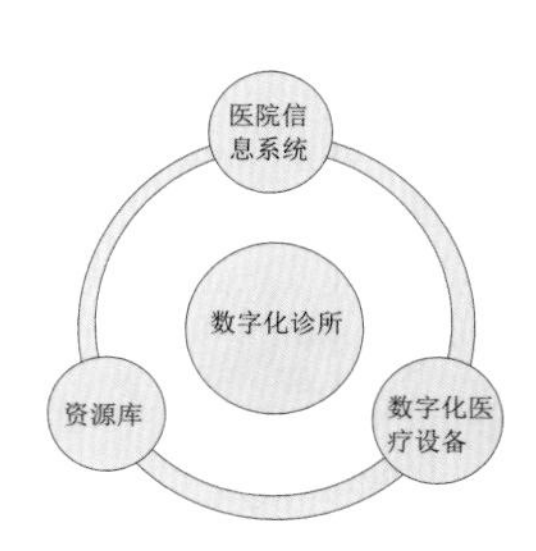

室外活动

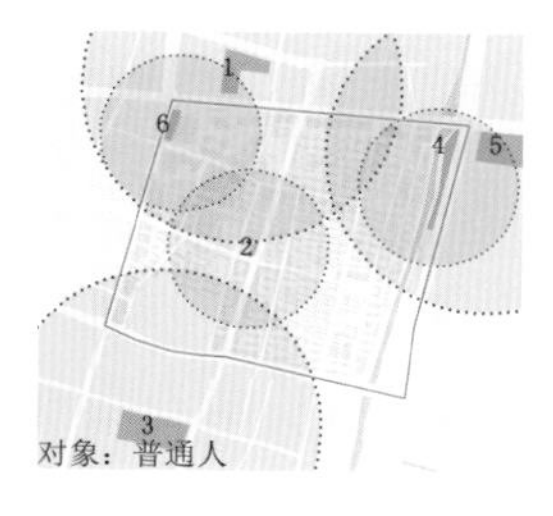

	名称	面积(m²)	服务半径(m)
1	大行宫市民广场	11680（L形）	750
2	科普广场	750（50m×15m）	250
3	郑和公园	14700，广场面积9500	750
4	秦淮河广场	7920（240m×33m）	500
5	西安门广场	15000（150m×100m）	750
6	新世纪广场	2400（100m×24m）	250

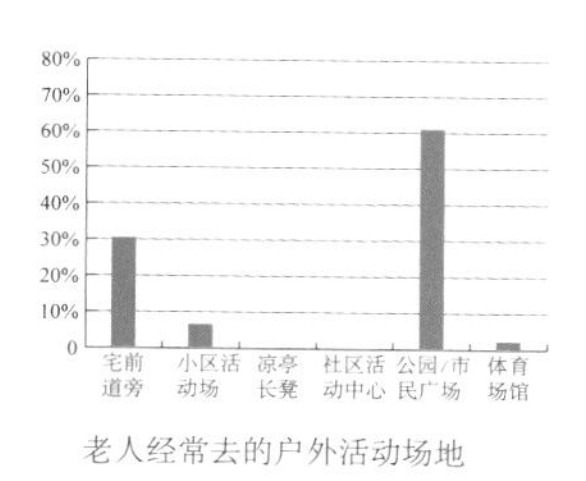

老人经常去的户外活动场地

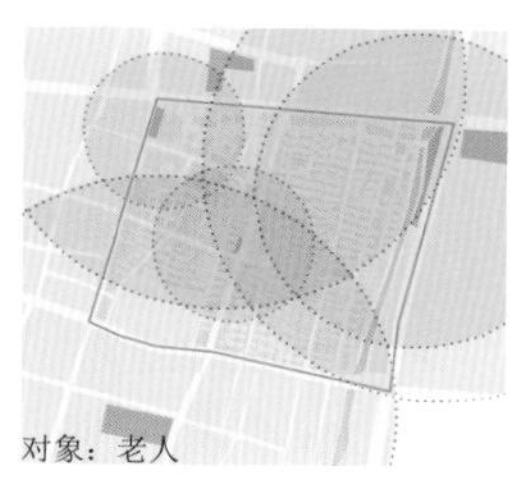

对普通人，公园广场的服务半径与广场的容量大小、属性、吸引力等有关；而对老人，尤其是腿脚不便的老人来说，距离是影响其服务半径最大的因素。

通过问卷调查，我们发现大部分老人愿意去10 min步程以内的公园广场活动。

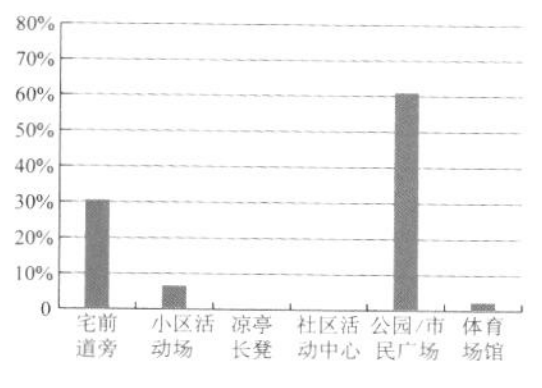

步行至常去户外活动场地时间

策划

1. 文化广场
依托老建筑及周边空地形成以文娱活动为主的文化广场。

2. 活动广场
与原有活动场地相呼应，在长白街与文昌巷的交界处形成较大的室外活动中心。

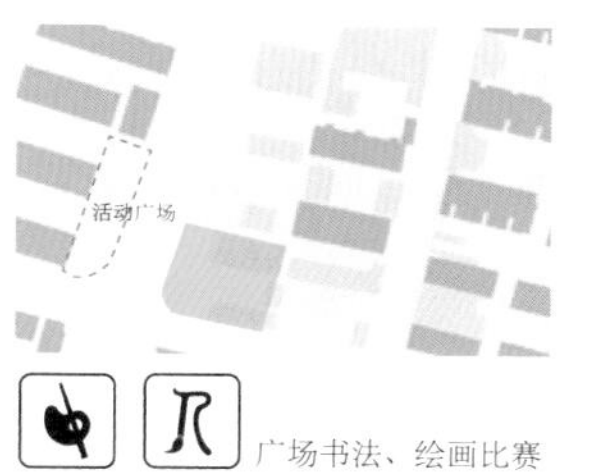

广场书法、绘画比赛

休闲锻炼为主

室内活动

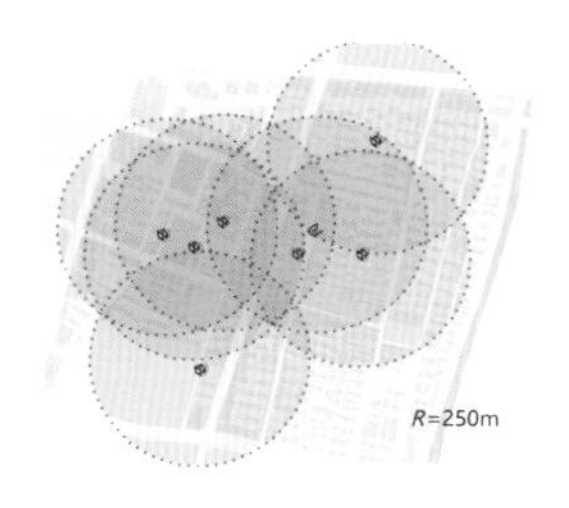

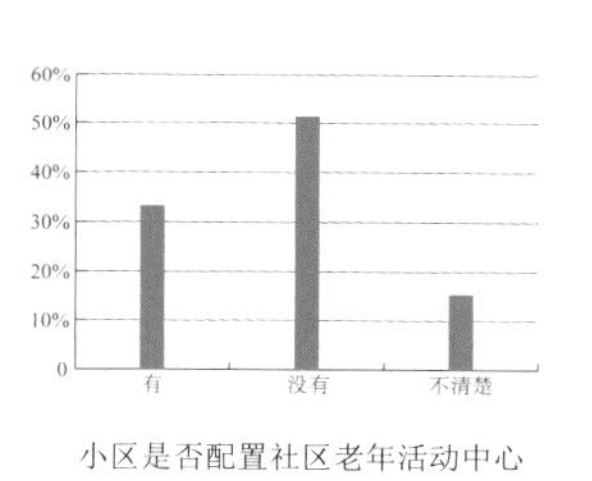

小区是否配置社区老年活动中心

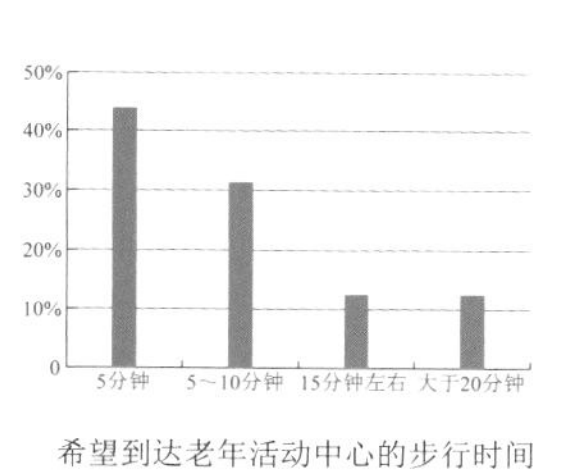

希望到达老年活动中心的步行时间

活动室服务半径250m，但空间不足，活动项目只有棋牌和网吧，数量少而单一。

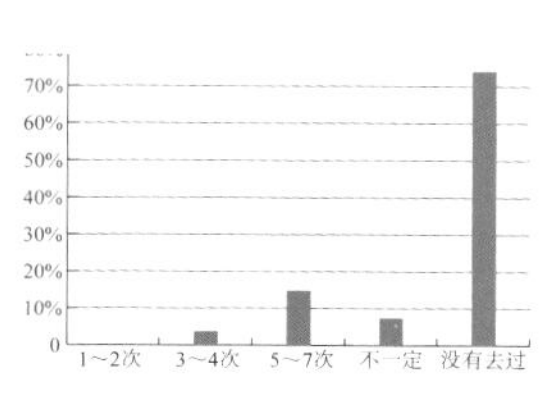

每周去社区老年活动中心的次数

常用的社区老年活动中心服务项目

策划

目标人群：
场地中的社区全体居民，包括老人、小孩等。

新增活动空间：

社区图书馆 1500 m²

茶室、咖啡吧 200 m²

心理咨询室 80 m²

少儿培训 300 m²

文娱活动室：书画、舞蹈、音乐等 1000 m²

健身房 300 m²

场地设计

在整体布局上，将住宅设在北侧，活动中心和养老院布置在南侧，通过旧墙延续等手段将保留老建筑联系起来，使之成为一个文化活动场所。场地北侧将普通住宅布置在道路等级较高的长白街一侧，老年公寓则布置在生活氛围浓郁的四条巷一侧。

室外空间由一系列不同性质的广场、景观步道及步道两侧小尺度的院落组成。首层公共空间的屋顶设置屋顶花园，成为较私密的活动平台。通过景观步道系统联系周边各个地块，呈现一种开放的态势，成为真正的活动中心。

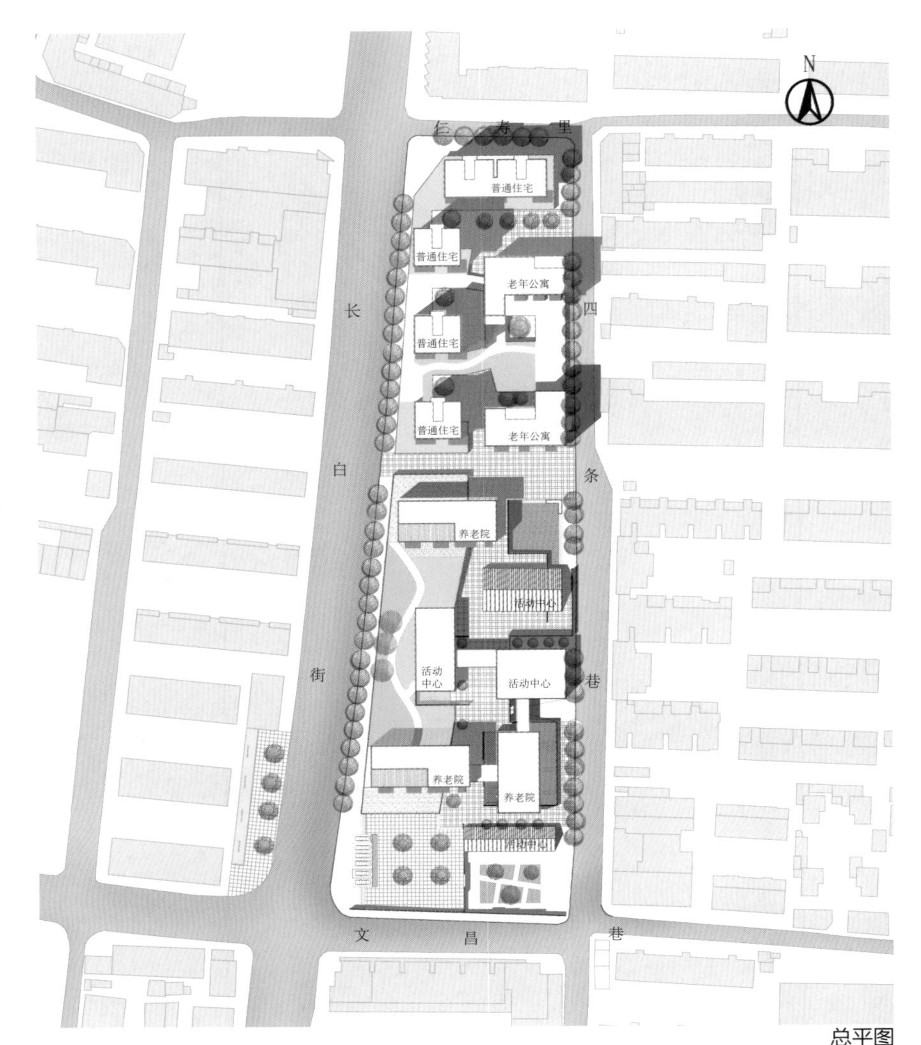

总平图

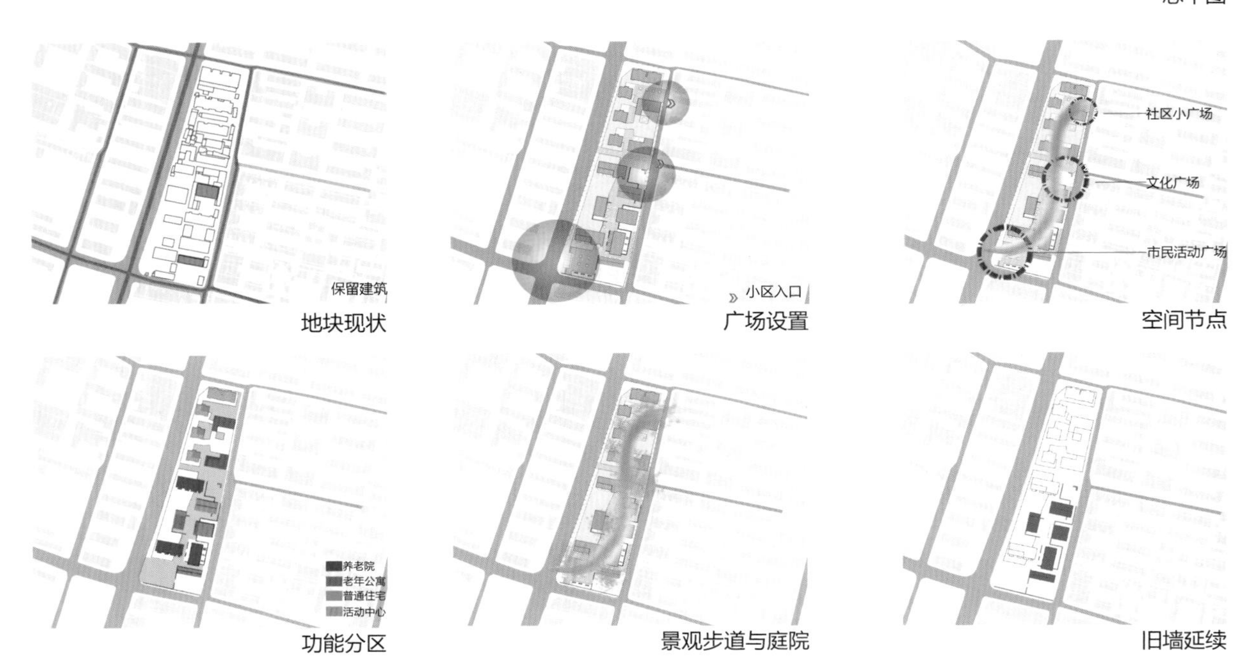

地块现状　广场设置　空间节点

功能分区　景观步道与庭院　旧墙延续

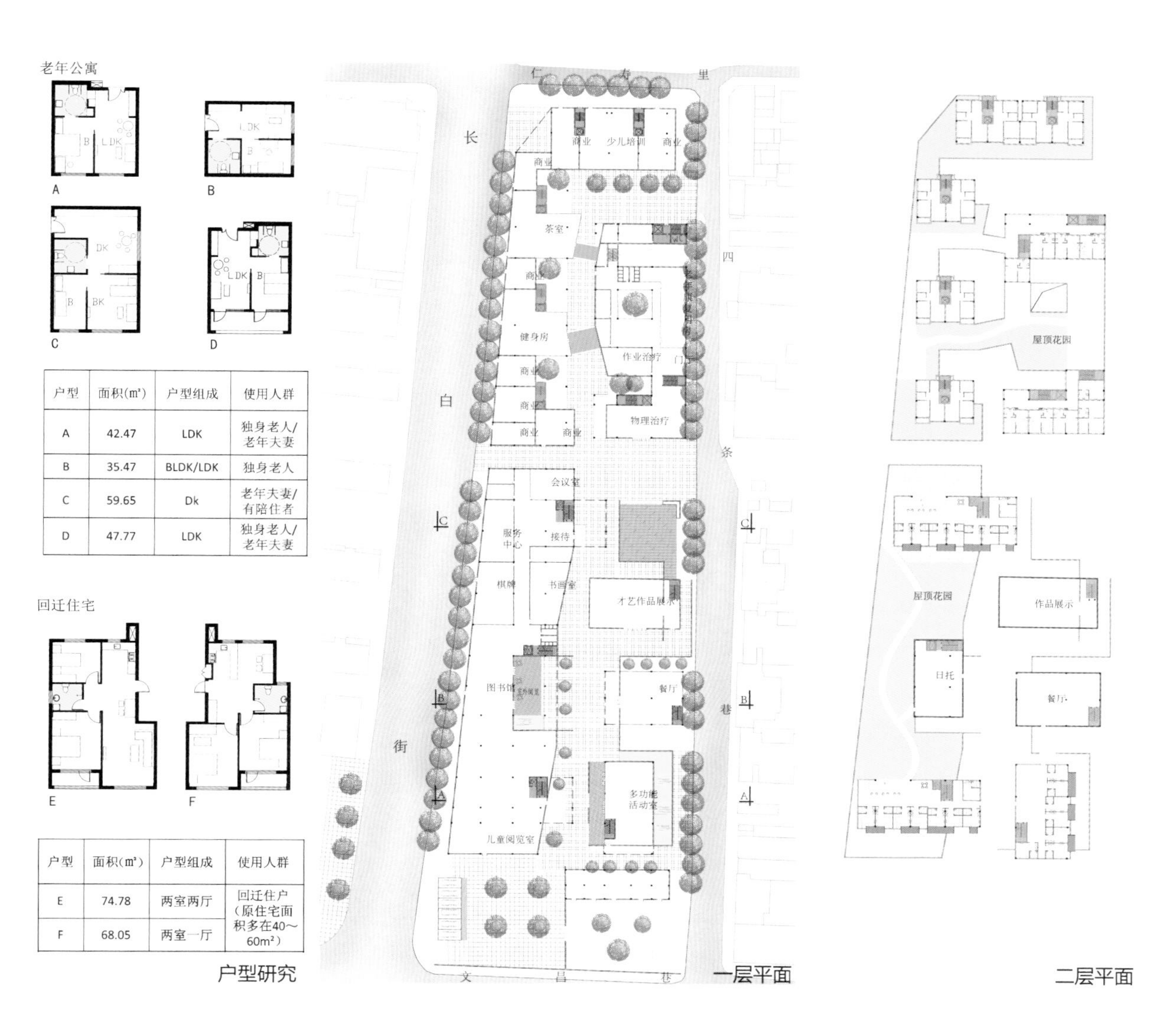

户型	面积(m²)	户型组成	使用人群
A	42.47	LDK	独身老人/老年夫妻
B	35.47	BLDK/LDK	独身老人
C	59.65	Dk	老年夫妻/有陪住者
D	47.77	LDK	独身老人/老年夫妻

户型	面积(m²)	户型组成	使用人群
E	74.78	两室两厅	回迁住户（原住宅面积多在40～60m²）
F	68.05	两室一厅	

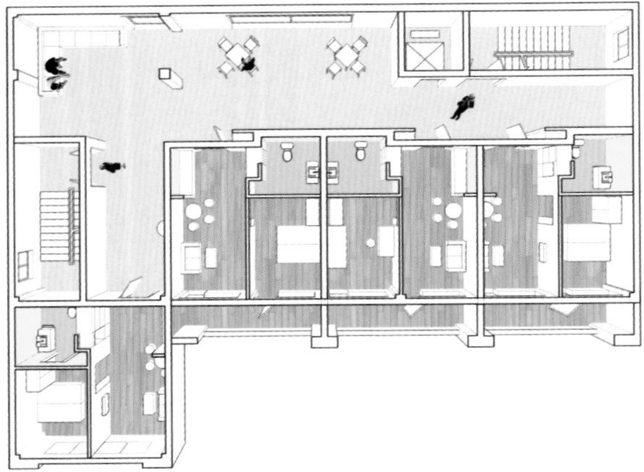

老年公寓 A 户型平面

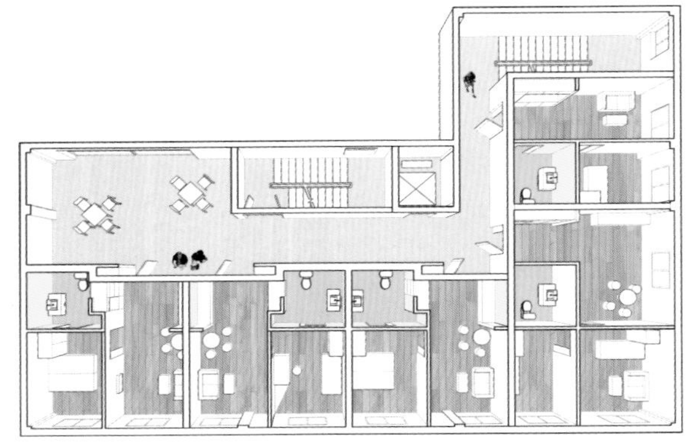

老年公寓 B 户型平面

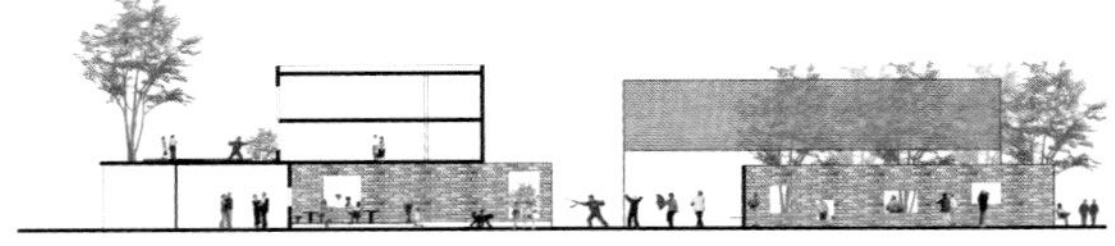

剖面 A-A

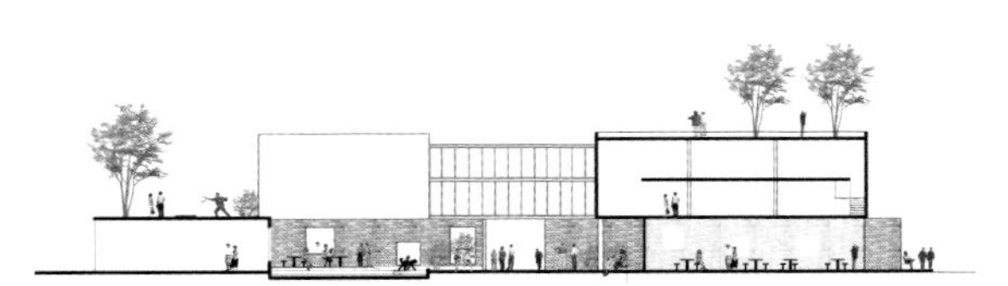

剖面 B-B

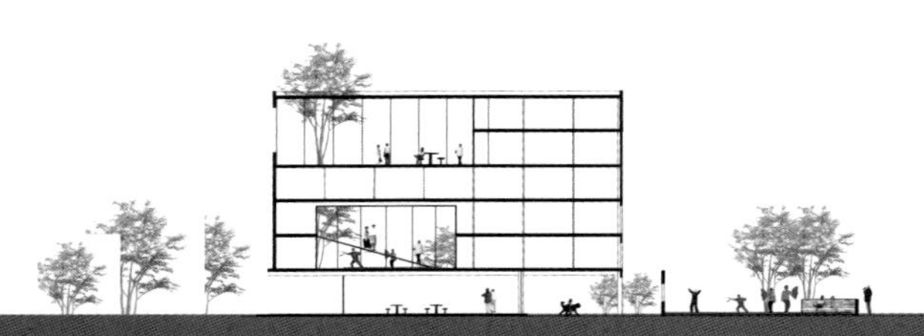

B 文化广场

D 社区活动广场

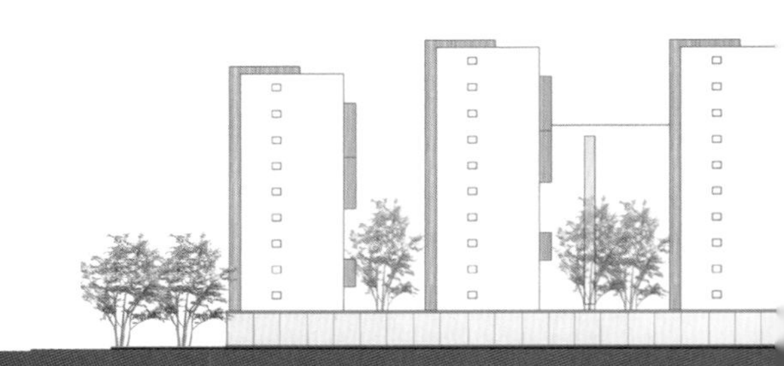

结合场地现状设置了三个广场。在场地南侧利用街心小广场设置入口广场，在其东侧的李鸿章故居附近设置文化广场，在场地中部结合旧建筑设置社区活动广场，其间以景观步道串联起来，步道两侧联通周边小尺度院落，丰富了活动空间。旧墙延续形成景观墙，起到引导空间的作用。

主要广场透视

天涯若比邻

杨柳新

大学校园在城市中是一个十分有活力的区域，校园内有大面积的活动空地和丰富多样的活动，却因设置围墙而对城市表现出封闭的状态。而校园周边的社区老龄化程度十分严重，缺少适合老年人的活动空间。经现场调查发现在东南大学校园与社区边界的围墙处充斥着大量的死角空间，存在着违章搭建，甚至成为垃圾堆放场所。

本案的改造策略即将校园与社区之间原本的边界——围墙予以重新定义，提出“廊子”的概念，利用其多样的形式变化，形成一个既可以容纳人群活动又便于管理的区域，成为校园与社区之间新的“边界”。通过“廊子”应对各种活动的使用要求，线性的连续空间将增加的新建筑与场地自然地联系起来，使之成为连接城市的通道。经由“廊子”使校园内的空地及城市的商业服务设施能够被更加高效地使用，老年人也可藉此共享社区和校园的服务设施，与大学生在共同的活动中获得真正的互助和交流，使老年人能感受到校园活力的积极影响，改善生活品质。

场地现状

选址范围：北临石婆婆巷，南至大石桥街，西起丹凤街，东至进香河路。
基地面积：约 9.2 万 m^2
总建筑面积：约 15.73 万 m^2
容 积 率：1.71

在高密度城市以及现有的“围墙文化”里，老年人对阳光和活动场所的需求愈发难以满足，而年轻人尤其是大学生对于老年人并未予以特别关注。在这块场地中，周边的围墙预示着社区和校园关系的潜在多样性，周围的城市交通和商业资源也为校园和社区居民的交流提供了可能性。

以场地中的边界问题为出发点，通过合理的改造和更新，在提升社区品质的基础上，改变老年人生活环境和心理状况都较为封闭的现状，增进不同年龄群体之间的了解，改善高密度城市中的邻里关系。

场地调研

在社区的“邻居”中，校园与社区关系密切，年轻学生与老年人之间的关系也值得关注。

老龄化调查

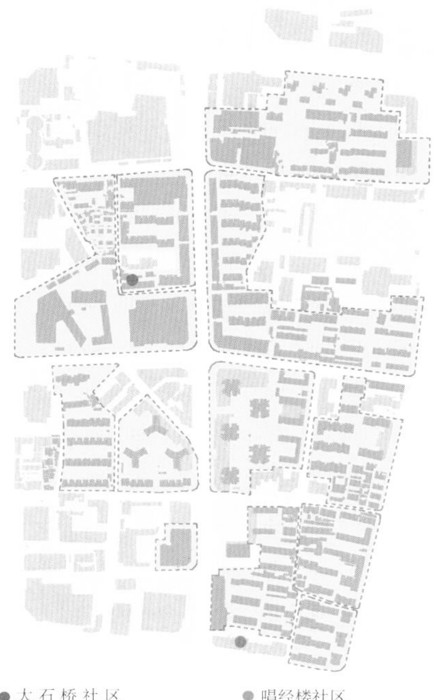

● 大石桥社区

总人口：1.2 万
老年人口：0.33 万
老龄化比例：27%
其中石婆婆巷小区
老龄化超过了 30%

● 唱经楼社区

总　人　口：1.8 万
老 年 人 口：0.4 万
老 龄 化 比 例：22%

用地分析

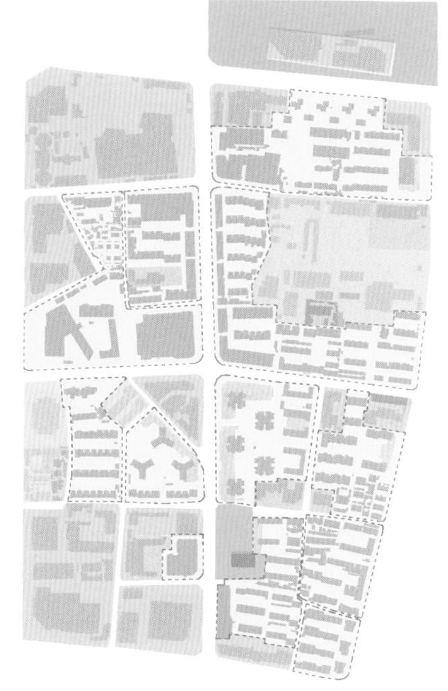

居　住　用　地
行政办公用地
道路广场用地
教育科研用地
商业金融用地

以老龄化程度较高的社区及其邻里大学校园为主要研究对象，提取“社区 - 校园”这种高密度城市中普遍存在的现状模式进行深化研究，并完善该区域的服务设施。

现有设施分布

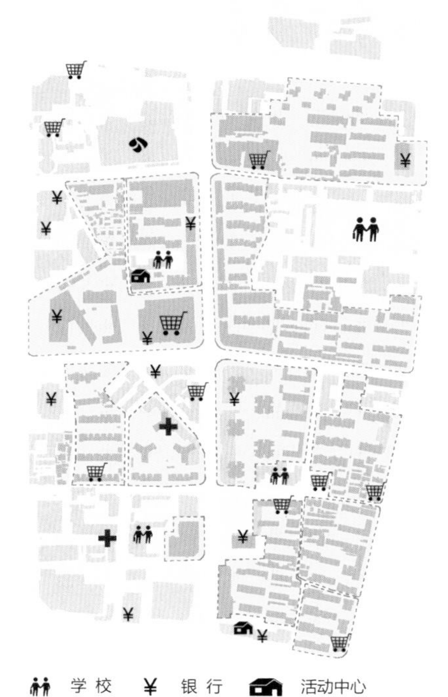

学 校　¥ 银 行　活动中心
超 市　医 院　文化设施

确定研究对象

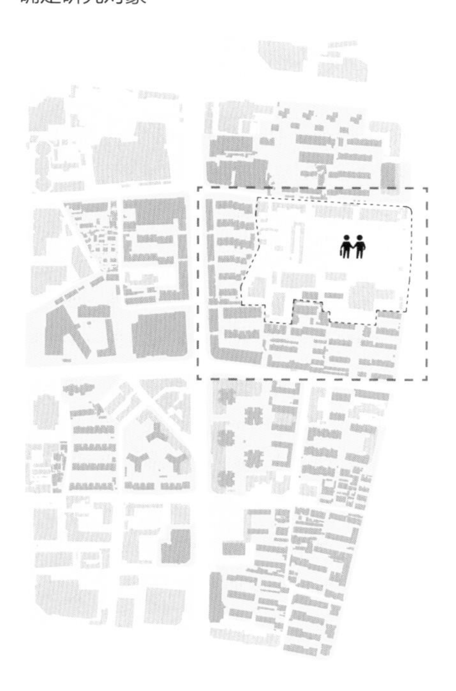

深度调研

社区现状分析

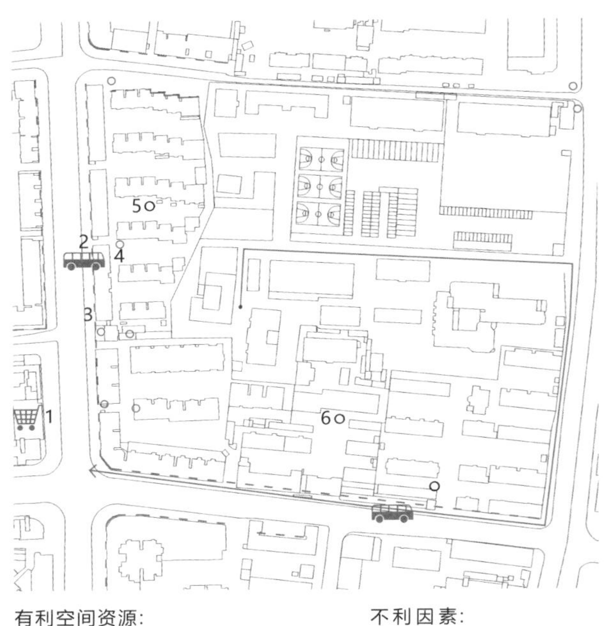

有利空间资源:

不利因素:

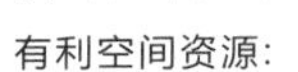

大型超市　　路边商业　　学生购物路线

公交车站　　服务设施　　社区活动场地

社区有丰富的商业资源，但学生使用不便；社区内缺乏老年人活动场所且设施简陋。

校园现状分析

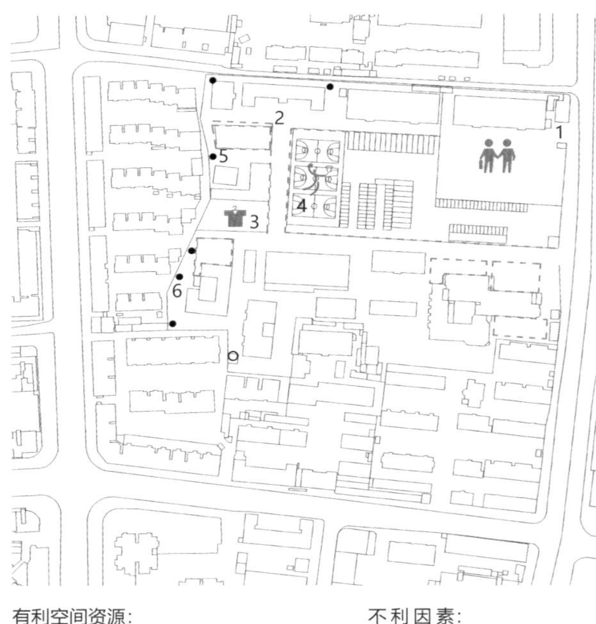

有利空间资源:

不利因素:

幼儿园　　绿化　　空间死角

晾晒场　　篮球场　　商业设施

大学校园有良好的活动场地而且学生使用具有时段性；学校内商业服务设施匮乏，围墙旁边死角空间较多。

校园 - 社区边界现状分析

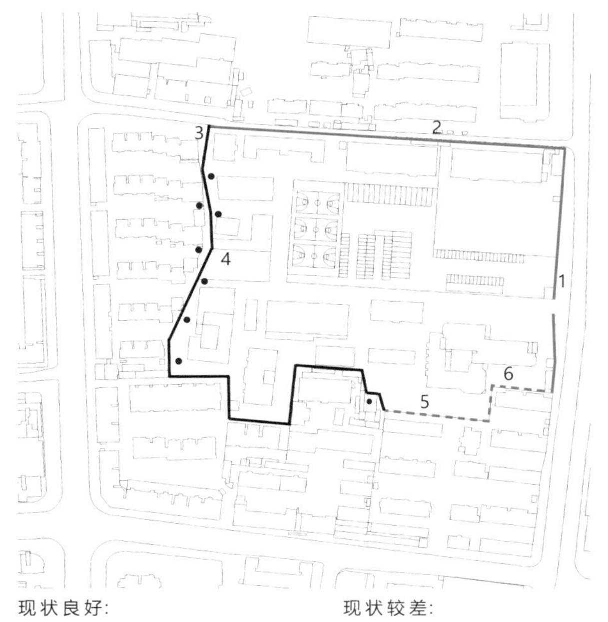

现状良好:

校园 - 街区道路边界

校园 - 社区栅栏边界

现状较差:

校园 - 社区实墙边界

空间死角

在校园—社区以实墙围合的边界现状环境最差，堆放大量垃圾杂物，存在许多空间死角。

校园 - 社区边界私秘性分析

公共性最强

公共性较强

私秘性最强

确定边界改造范围

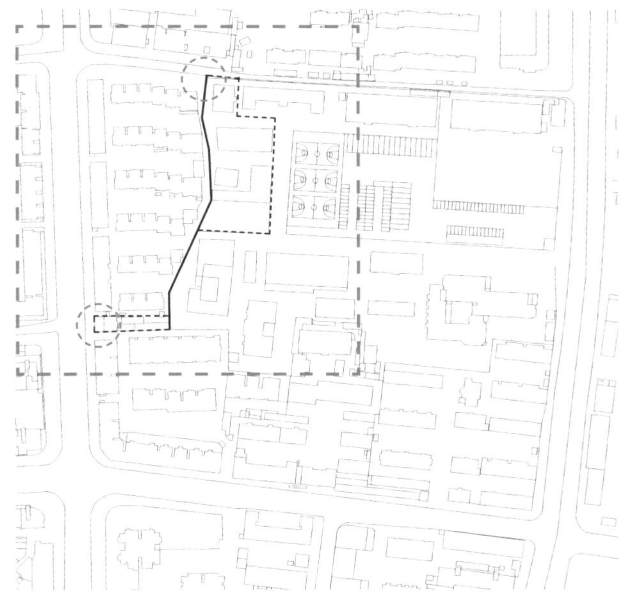

选择现状条件较差的一段围墙，考虑周边私密性等因素，确定将两个与城市相接的小广场进行连通改造，并且在保持原有功能的基础上在校园内适当扩建。

概念生成

从“围墙”到“廊子”，同样是中国古典园林中的构成元素，在环境中扮演的角色却截然不同——即将封闭的边界转化为开放的空间。

“廊子”作为一种灰空间的原型，不仅适用于狭长的场地中替代原有围墙，同时作为空间元素更容易延伸进建筑当中。而“廊子”自身形式灵活多变的特性又使其能够在不同环境、不同功能中被赋予丰富的含义。

将边界适度敞开，引入“廊子”的概念。
适应场地特征，使“廊子”分化出不同形态。

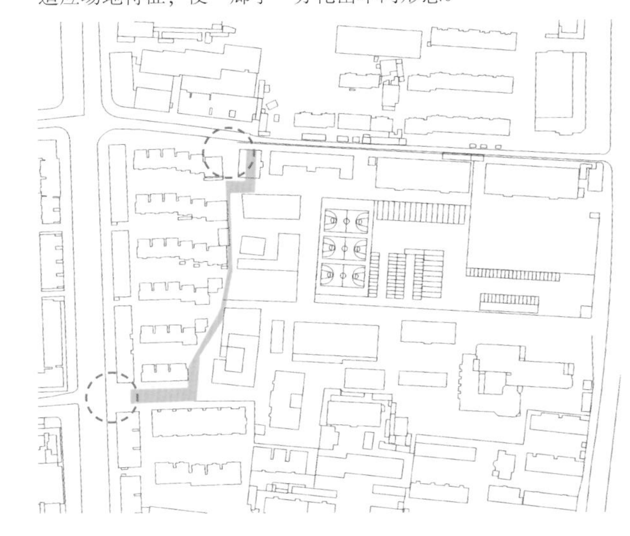

连通性的廊子

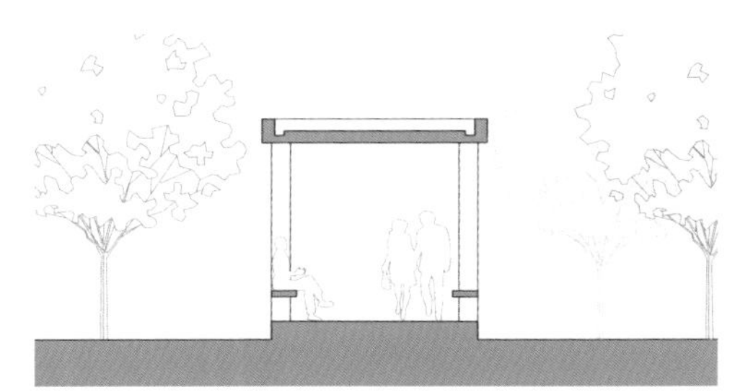

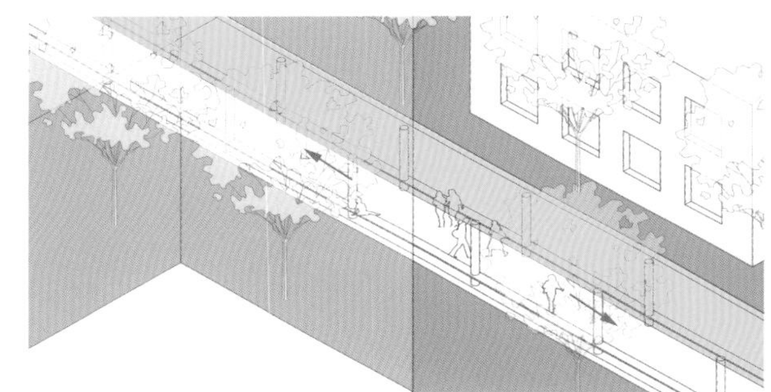

穿越性的廊子

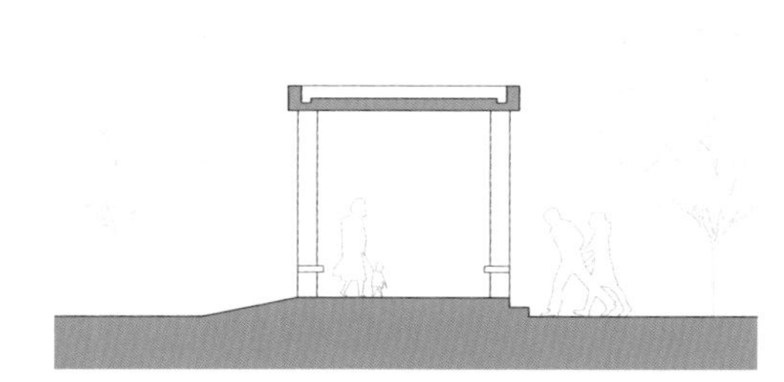

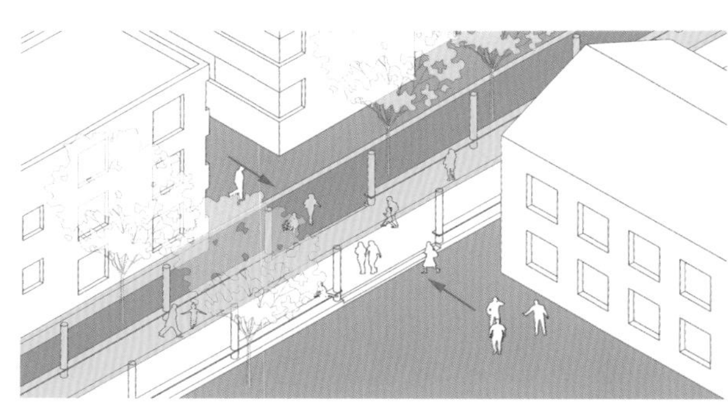

集聚性的廊子

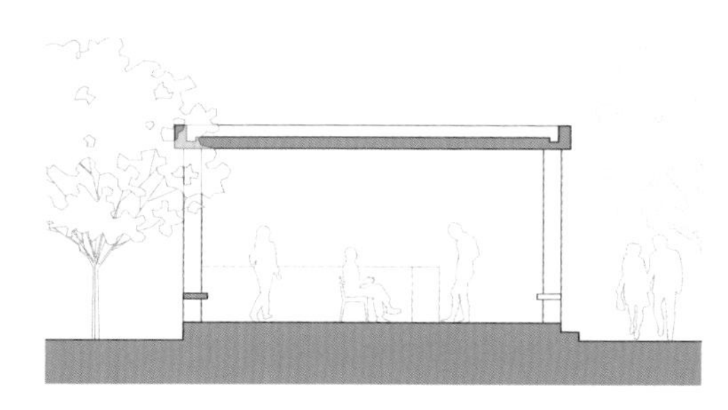

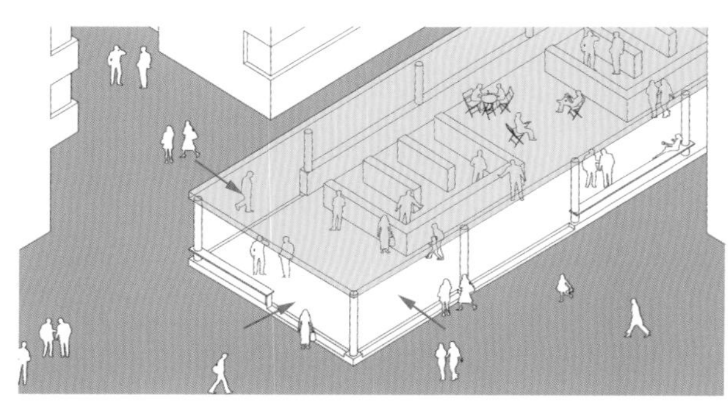

方案深化

增加相关功能，形成性质不同的广场或院子。

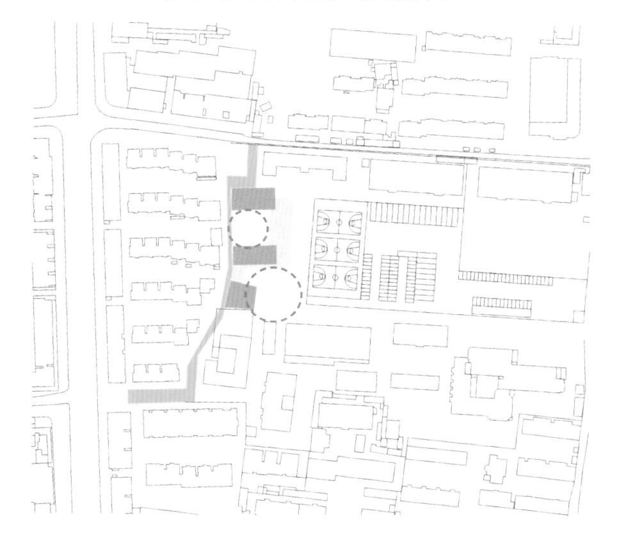

利用“廊子”在一层平面中延伸，联系广场和院子。

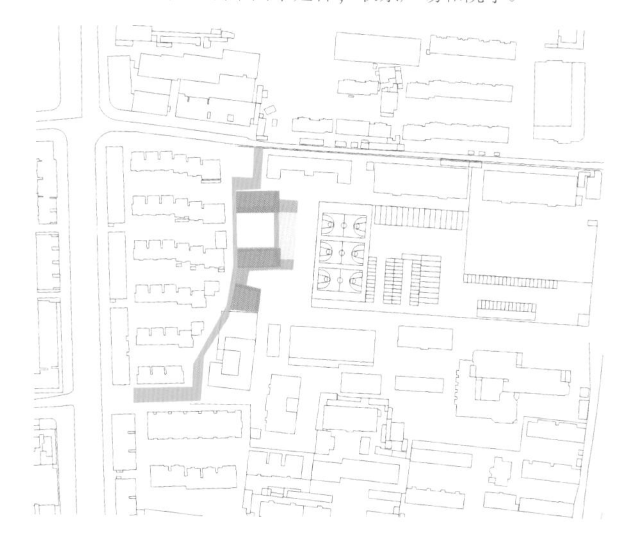

功能策划

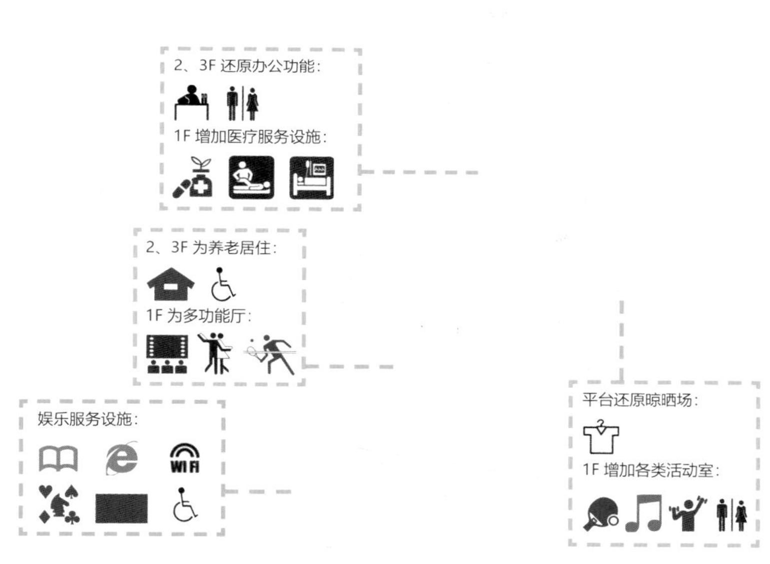

与城市相接的“廊子”设置商业和服务设施功能，便于居民和学生使用；在绿化景观较好的位置设置棋牌等休闲功能吸引老年人的活动。

在“廊子”延伸至新增建筑部分，通过一个对校园开放的广场和一个对社区开放的内院组织功能。在学校广场周边以娱乐服务设施为主，在社区内院周边以活动室和社区医疗服务为主，并且在二、三层设置原有场地中拆除的办公以及晾晒场。在两者相交部分，一层设置多功能厅，利用柱廊增加该空间的吸引力，使之成为校园和社区交流的核心空间，二、三层充分利用良好的采光和自然通风条件设置短租住宅，并设置屋顶平台花园。

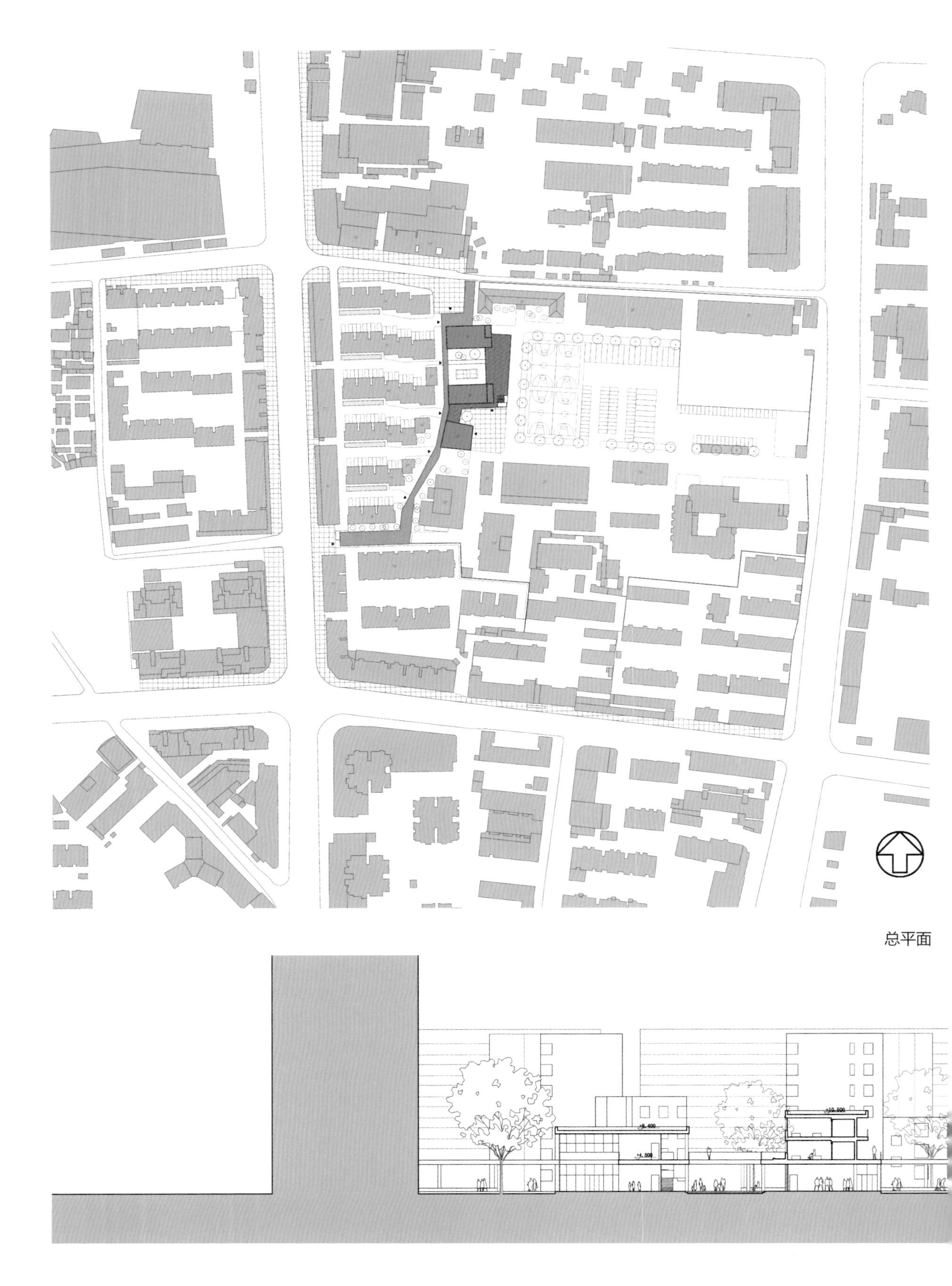

总平面

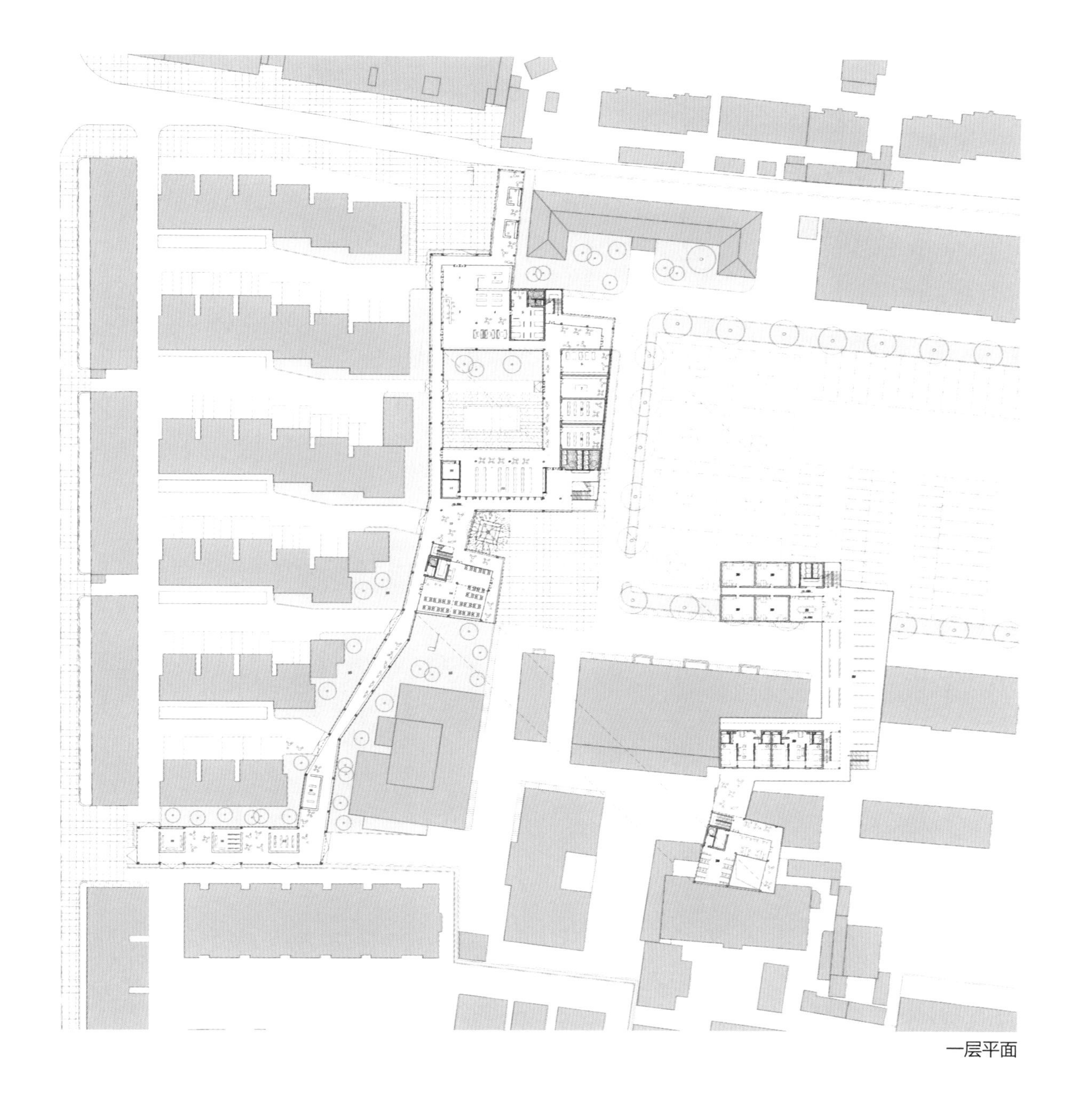

一层平面

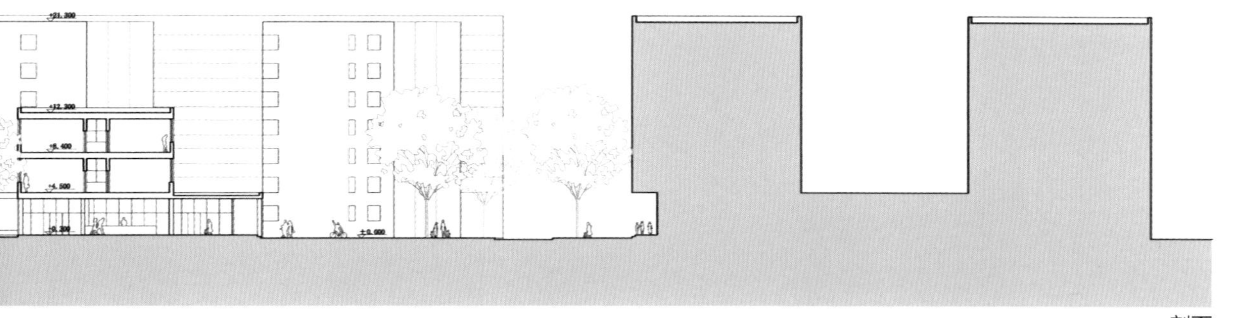

剖面

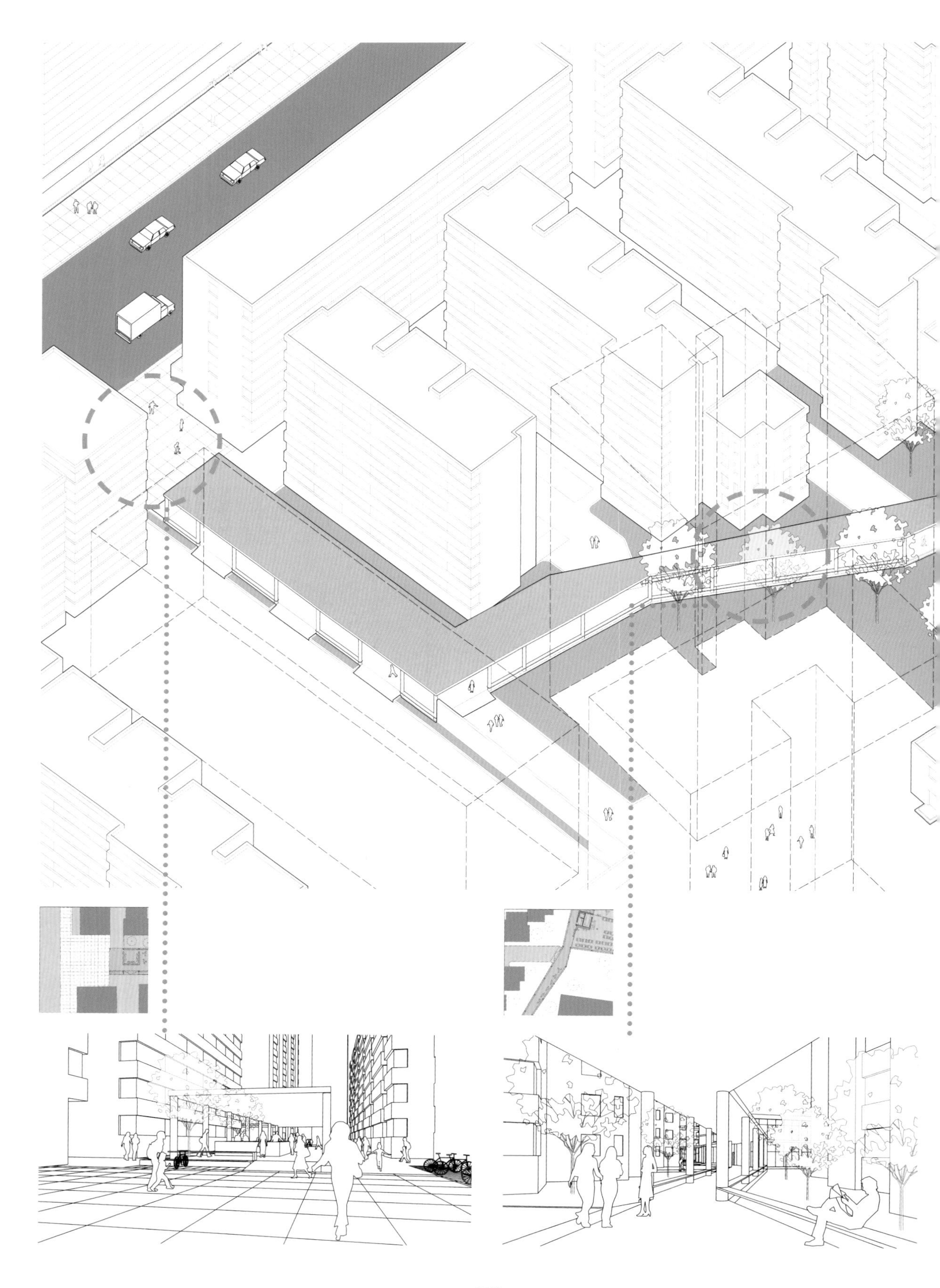

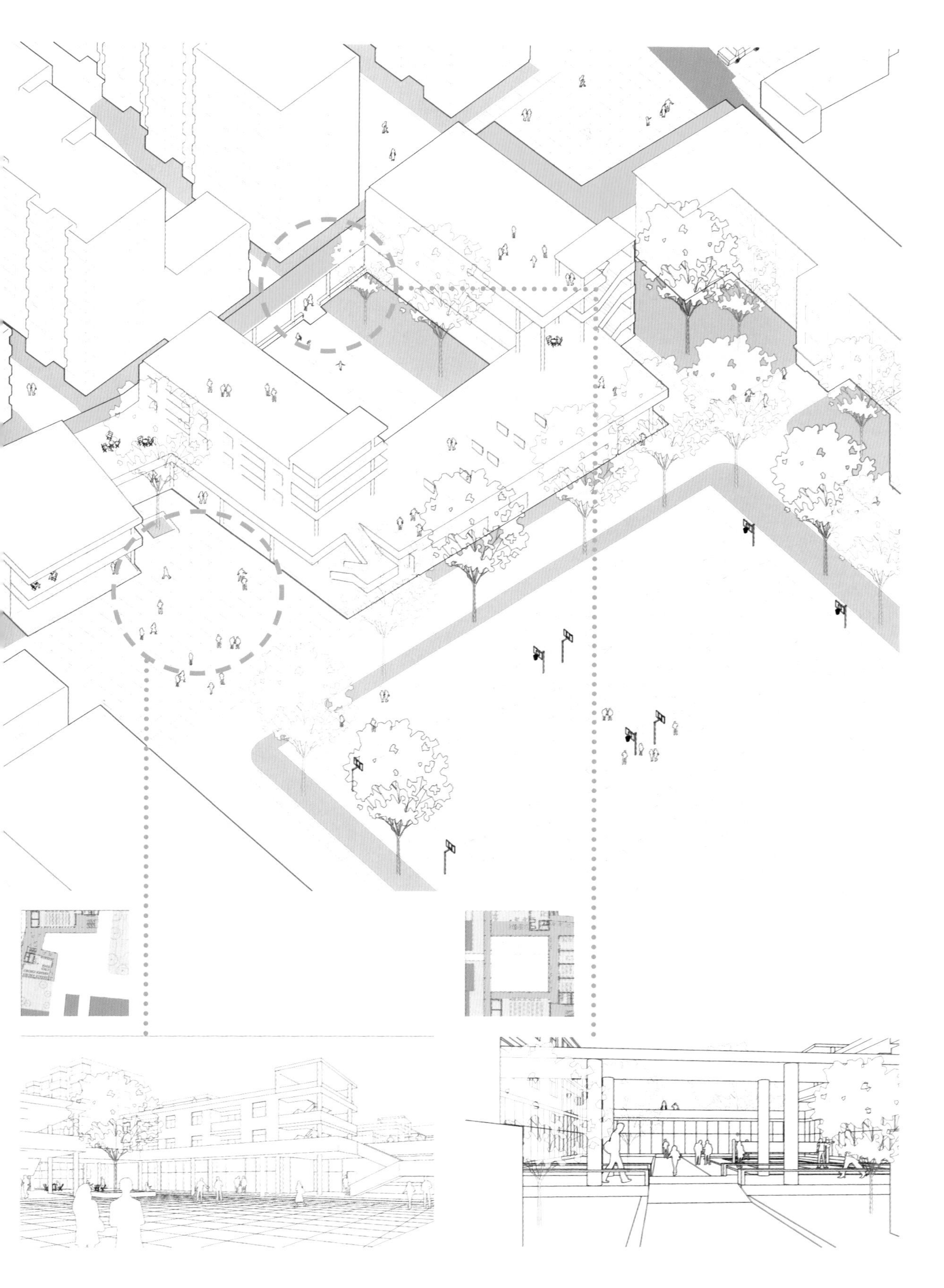

社区纽带

何永乐　刘　畅　骆　佳

面对不断加剧的老龄化问题，社区安养将成为主要的养老模式。根据前期调研分析，城市中许多社区现状条件欠佳，难以达到安养要求。以丹凤街街区为例，希望能通过建筑改造优化现有社区的混乱环境，为社区居民，特别是腿脚不便的老人提供生活配套及休闲活动的空间。

以社区居家养老为目标，分析老年群体对于户内外不同等级公共空间的需求，在合适的位置选取社区原有居民楼进行改造。设计将底层向城市空间打开，在建筑的二、三层做适老性改造，以满足老年人日间照料活动的需要。利用建筑间增加的平台，为老年人和社区步行者提供专用的开放空间，在空间与行为中间设置纽带，将老人与社区服务、人群交流联系在一起。

场地调研

交通分析

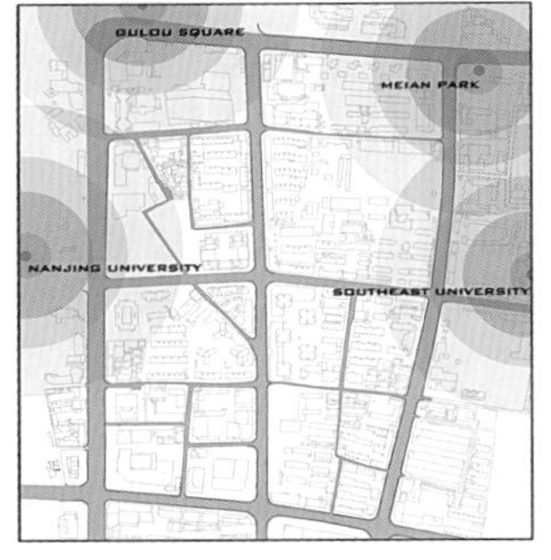

城市交通空间覆盖

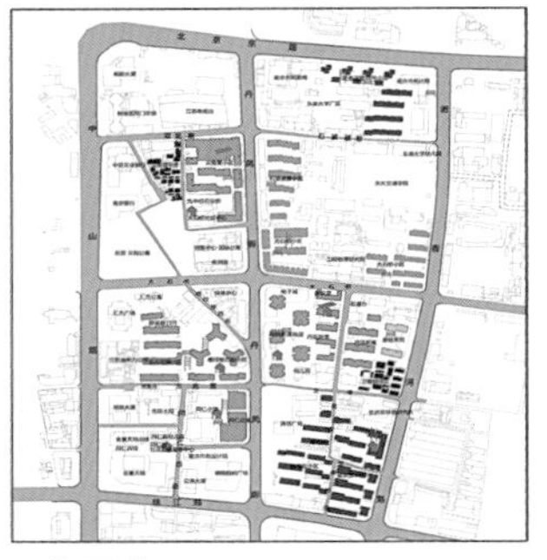

设施覆盖

基地区位

步行到达时间

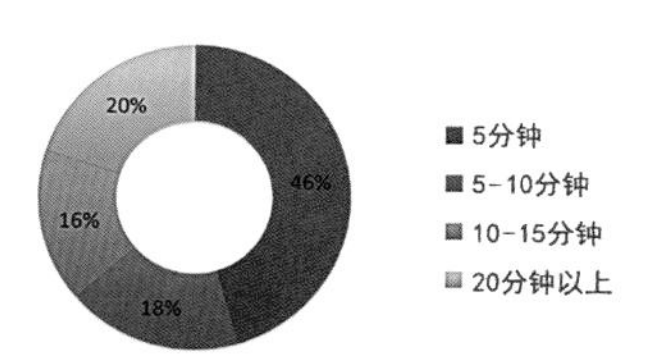

教育背景

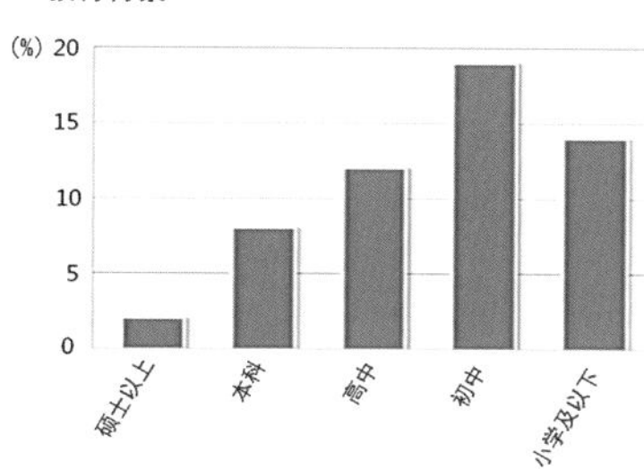

生育子女数量

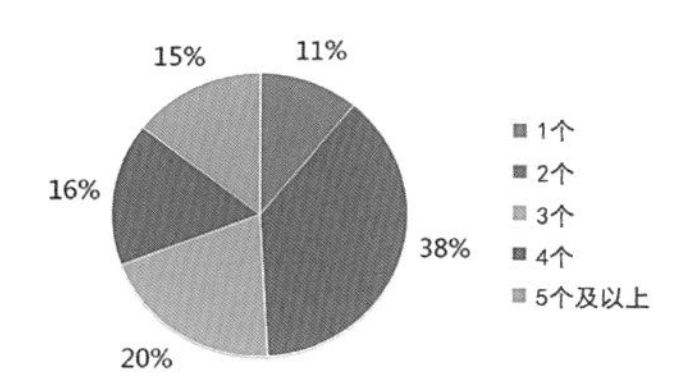

家庭月收入

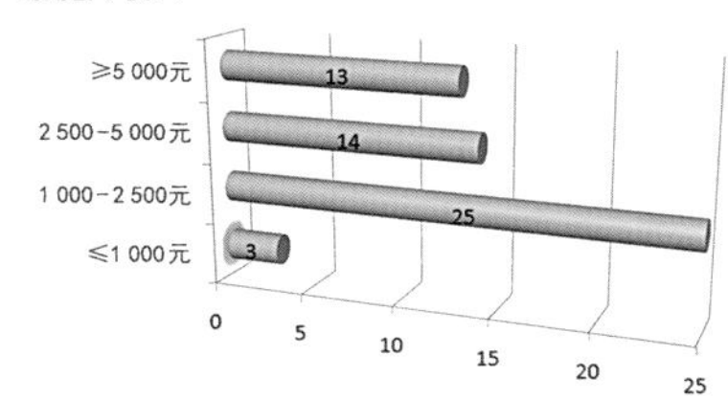

老年人期望的养老方式

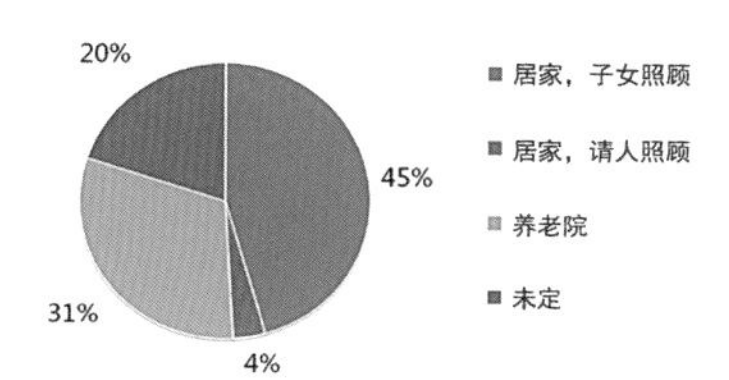

入住养老院最担心的问题

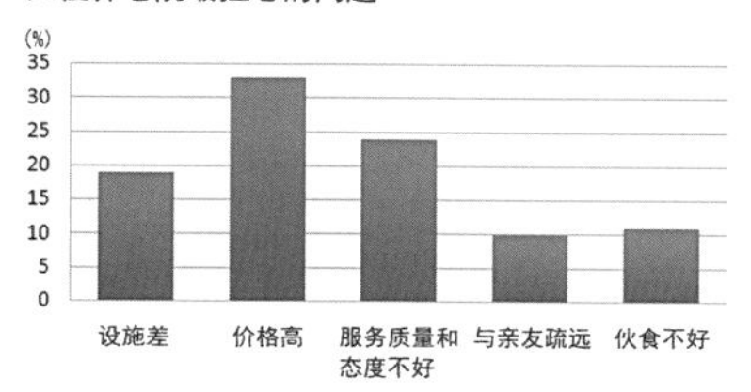

通过提升空间层级来增进保护，增加社区安全感，给居民提供更多保护。

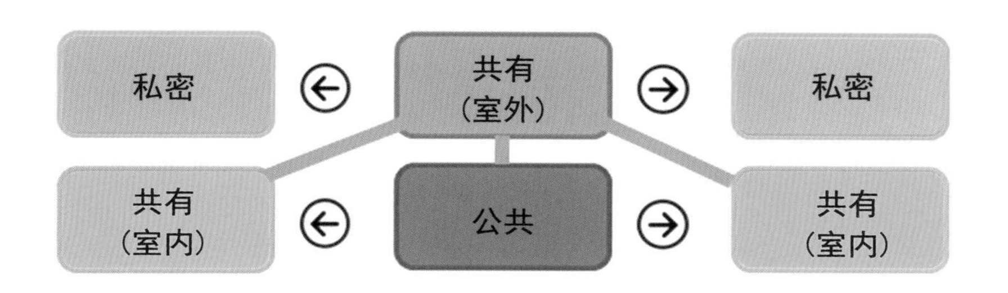

首层平面：公共社区服务，如社区杂货店、停车位等。
二层平面：共有活动空间，棋牌、阅览、医疗服务。
三层平面：私密休憩空间，私家住宅和护理室。

共有的拓展空间

现状
选择社区中适当的居住建筑

改造
一层：社区空间（商业 / 停车）
二层：活动室（动区）
三层：休息室、护理室（静区）
三层以上：原有住家

连接
用一个高 4.5m 的连续平台，连接选定的住宅，将活动功能融入空间之中。

改造装置区位选择

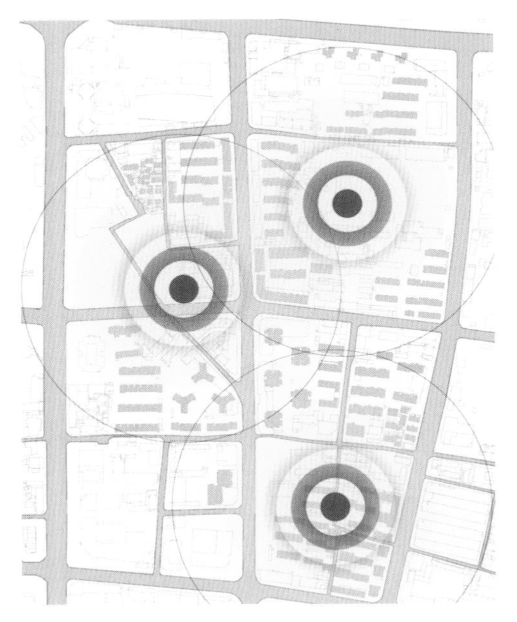

服务半径

可以接受的抵达时间：5~10 mm，老年人步行速度：50 m/min，由此算出服务半径在 300 m 为宜。整个社区设置三处装置即可覆盖所有住区。

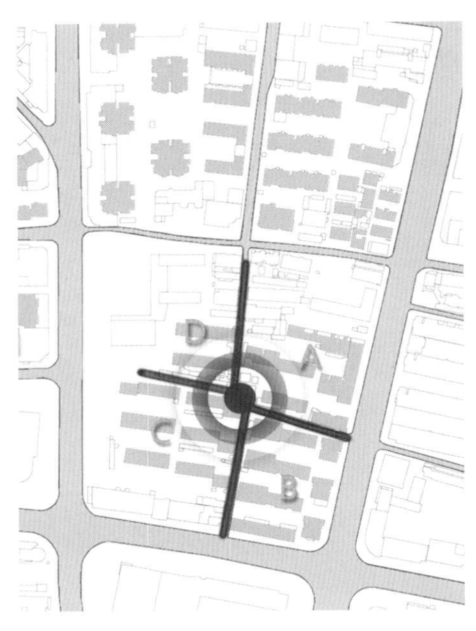

社区连接体

连接体应设置在周边数个住区的中心位置，在住区间建立更多联系。

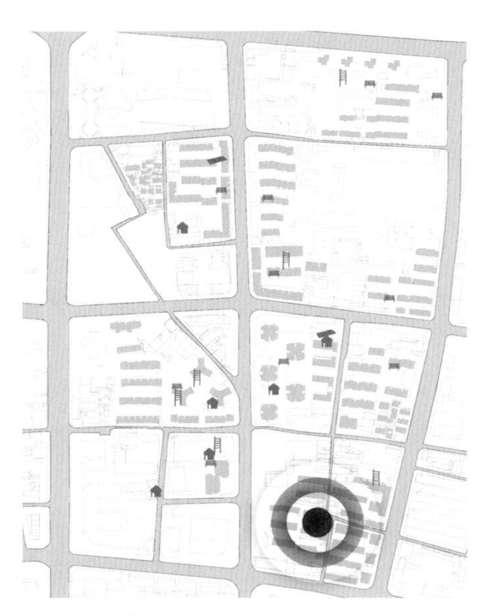

服务设施覆盖

选取亟需改善服务设施的区位。

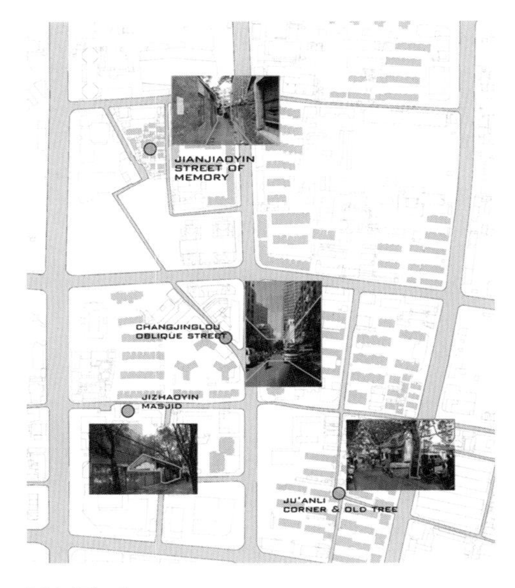

城市记忆点

城市记忆点展示老人生活的历史与回忆。选择合适区域组织有效的社区老人活动。
一棵大树也许就是某些记忆的起点。

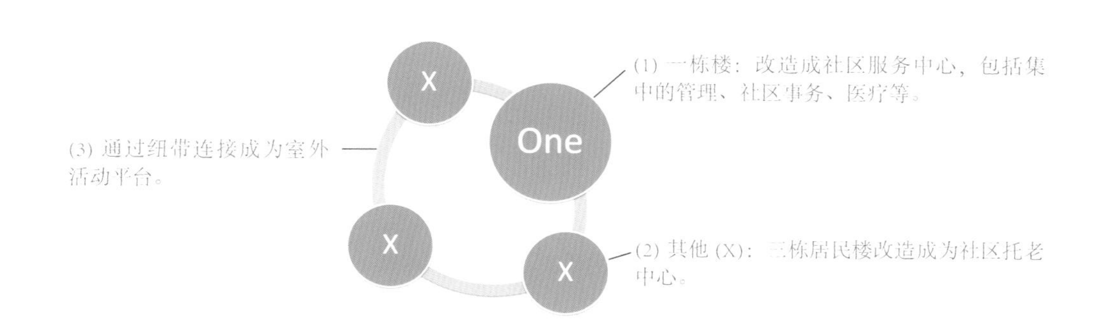
X
One
X
X
(1) 一栋楼：改造成社区服务中心，包括集中的管理、社区事务、医疗等。
(3) 通过纽带连接成为室外活动平台。
(2) 其他 (X)：三栋居民楼改造成为社区托老中心。

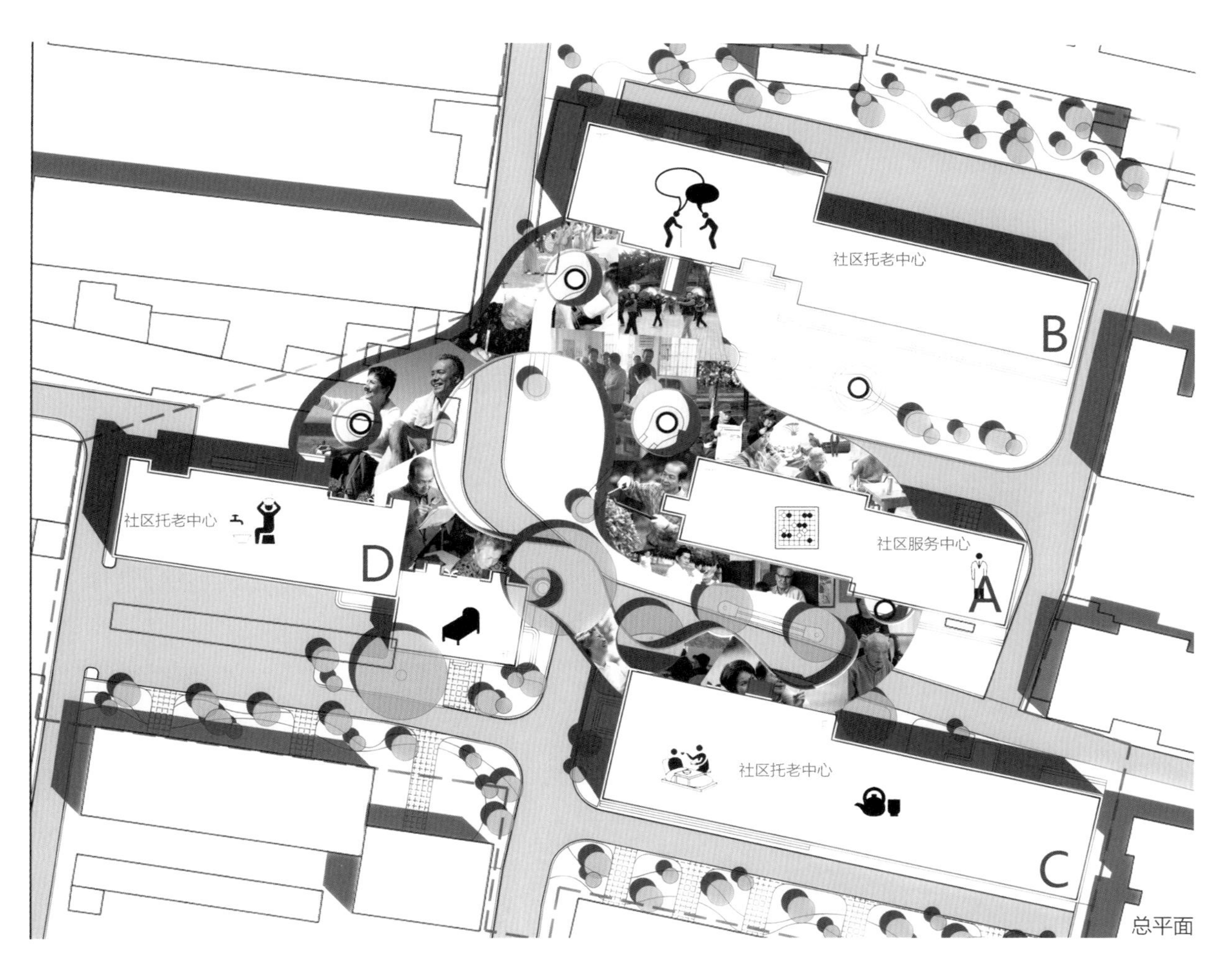
社区托老中心
B
社区托老中心
D
社区服务中心
A
社区托老中心
C

总平面

剖面策略

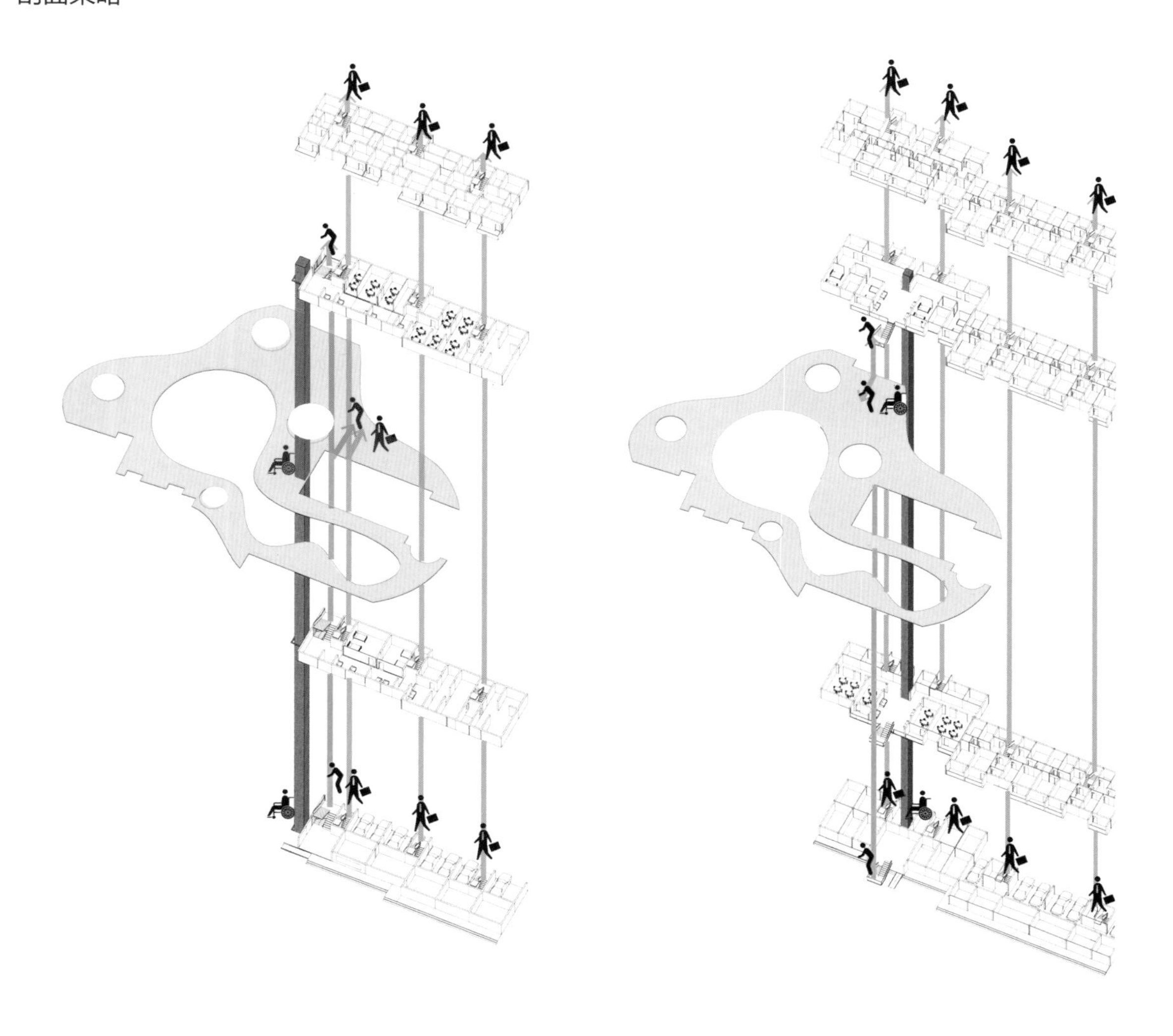

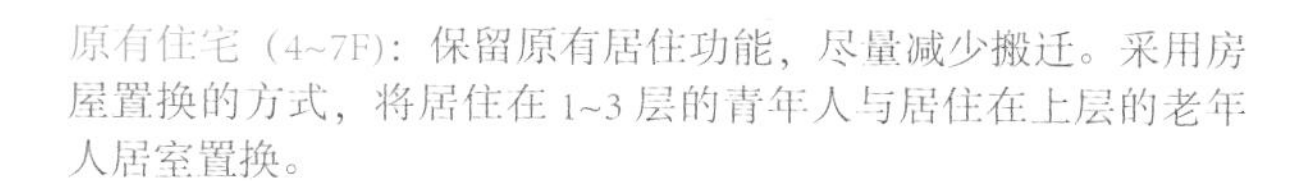

原有住宅（4~7F）：保留原有居住功能，尽量减少搬迁。采用房屋置换的方式，将居住在 1~3 层的青年人与居住在上层的老年人居室置换。

社区托老所（3F）：将社区托老所安排在三层，主要布置老人休息与日常起居空间。这样既与都市活动有足够的距离，保证了足够的私密性，与室外的活动平台有直接的联系。

室外平台：位于二层半标高处，与城市交通和商业完全隔离，同时与二层的日托、三层的全托都有直接的联系，使得平台成为联系建筑二、三层及周边几栋建筑的纽带，使交流活动在平台上发生。

日间活动（2F）：将多层住宅的二层改造为社区活动室和日间照料场所，补充社区居民活动场所的不足，并与都市活动和室外活动平台有直接的联系。

社区商业停车（1F）：与城市直接关联。设计将底层打开容纳城市商业活动、机动车交通及作为停车空间。保留了城市的高密度与活力。

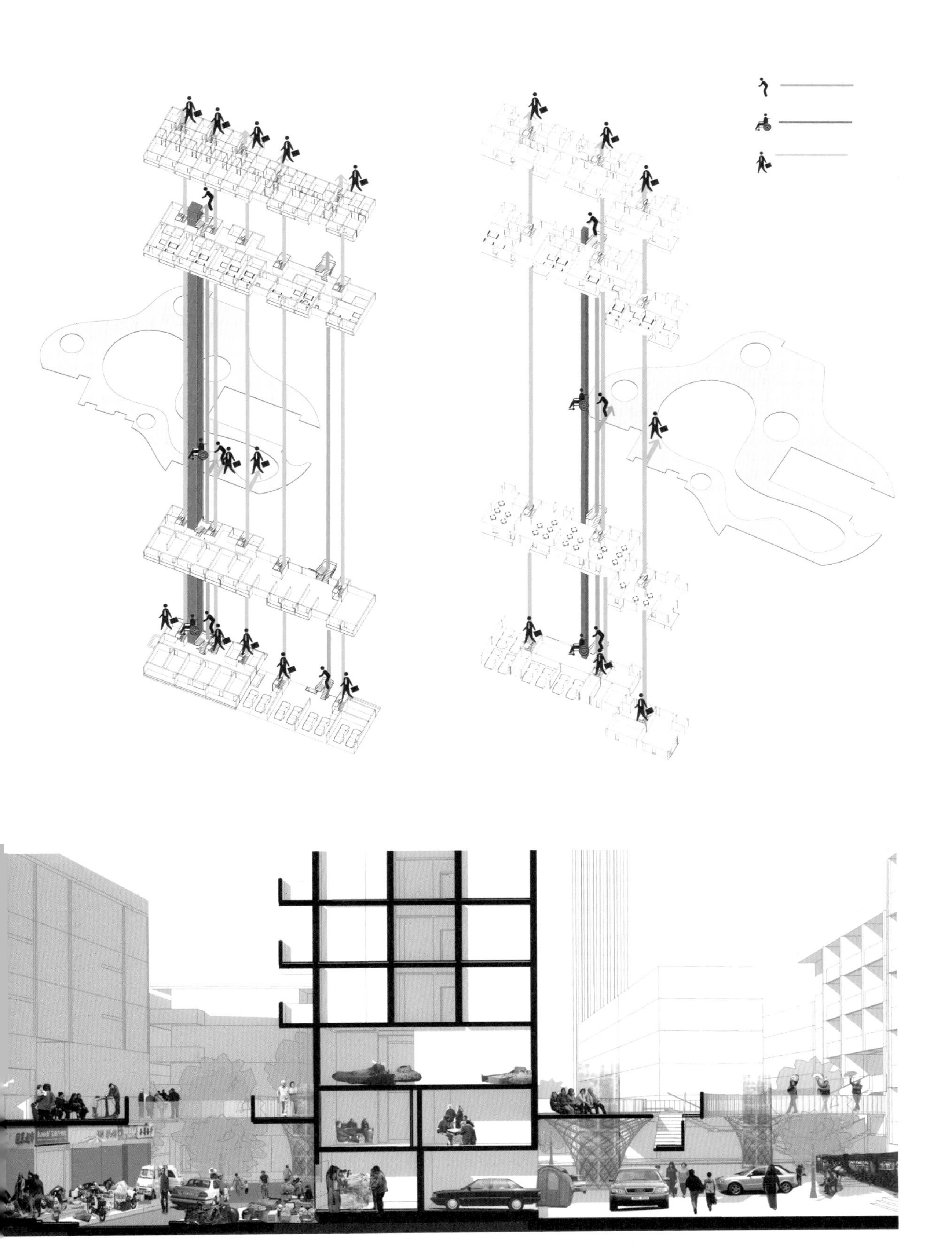

平台形式生成

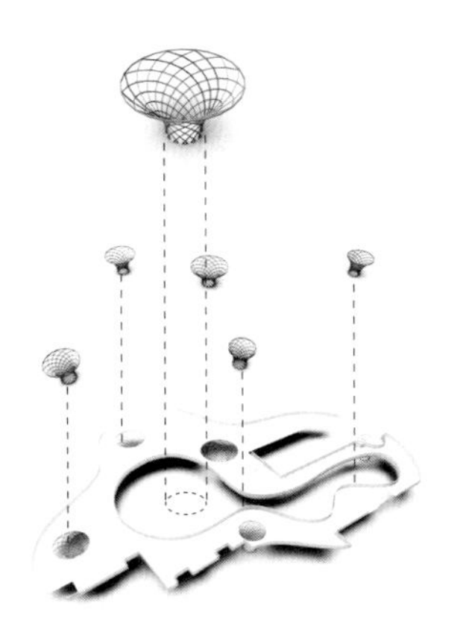

结构模型

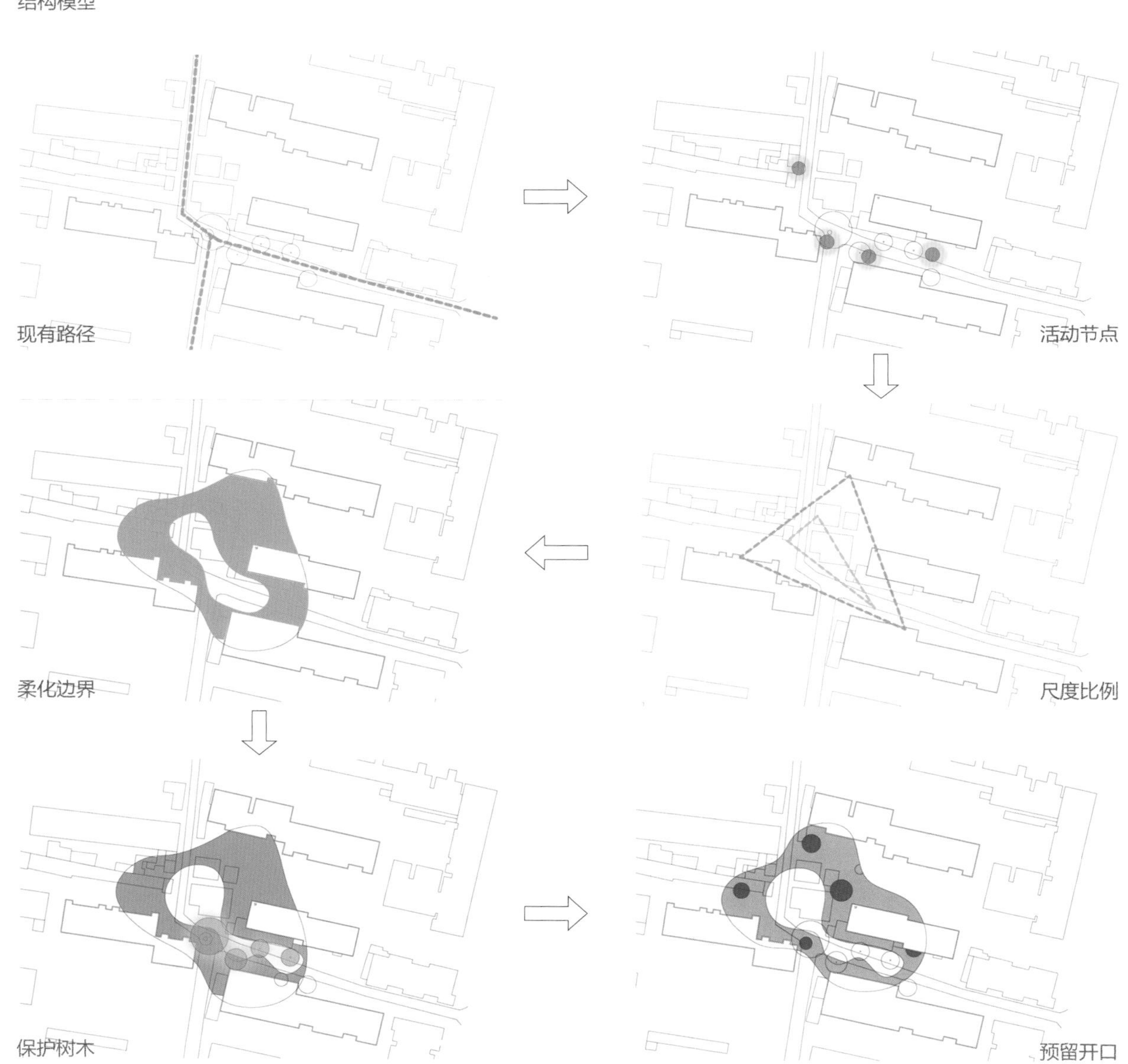

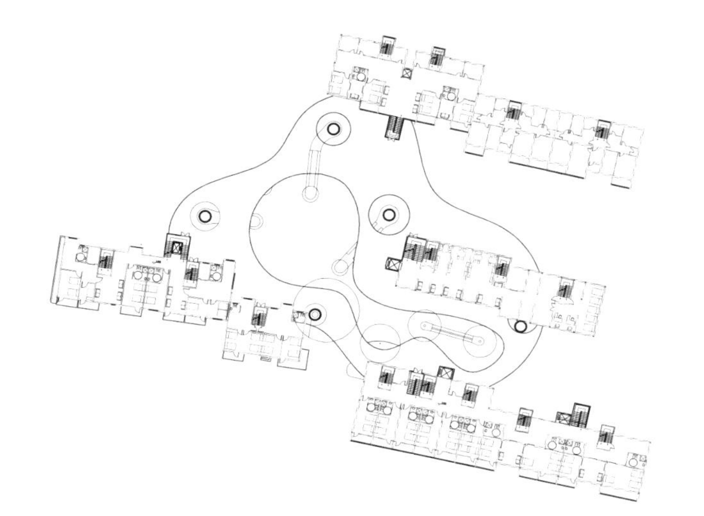

三层平面

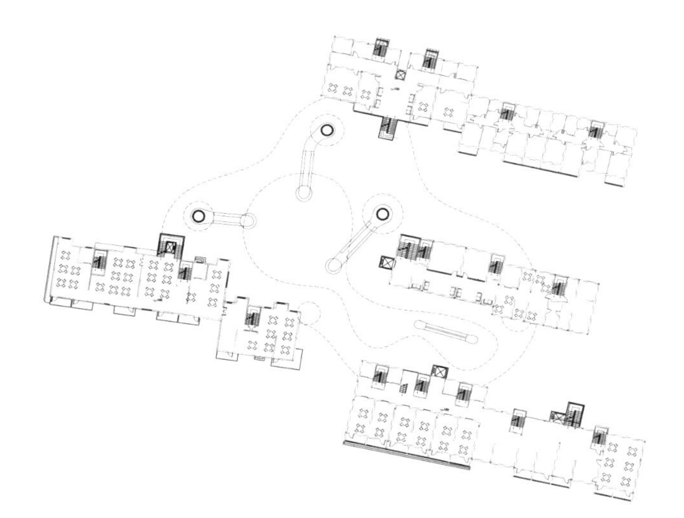

二层平面

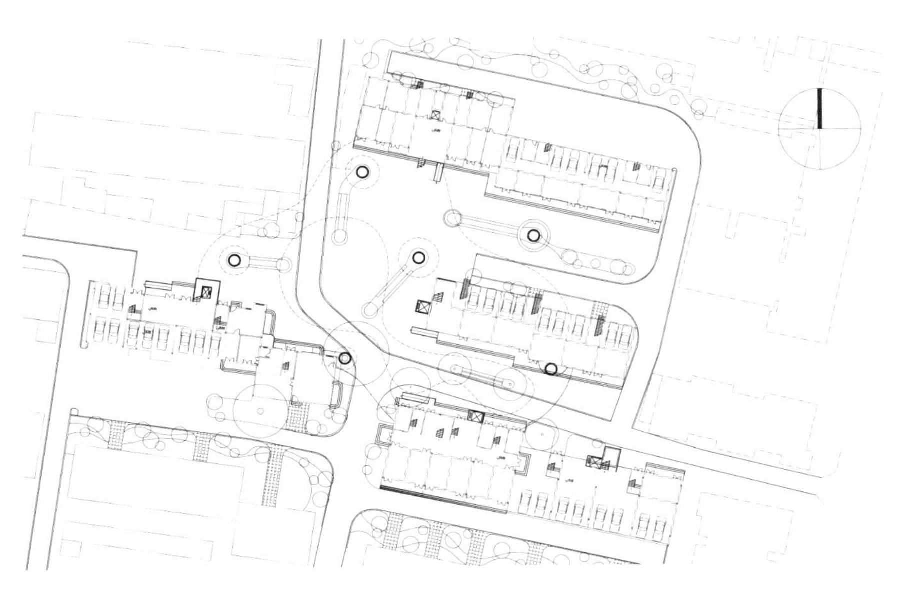

首层平面

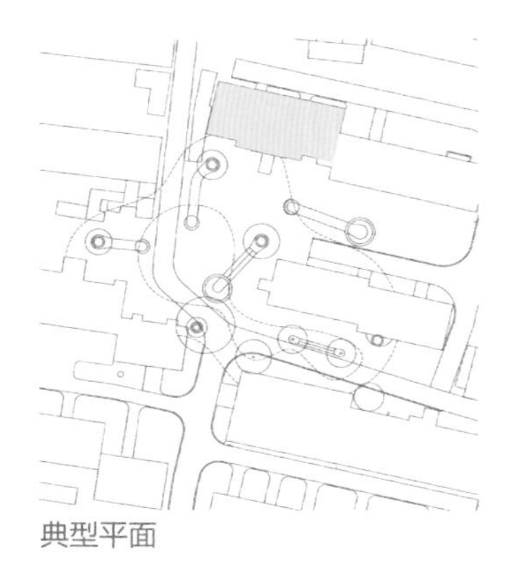

典型平面

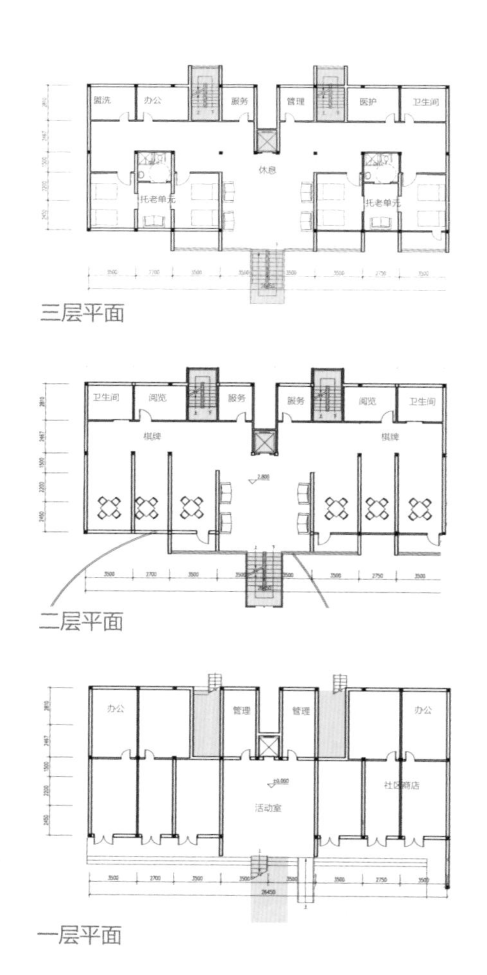

三层平面

二层平面

一层平面

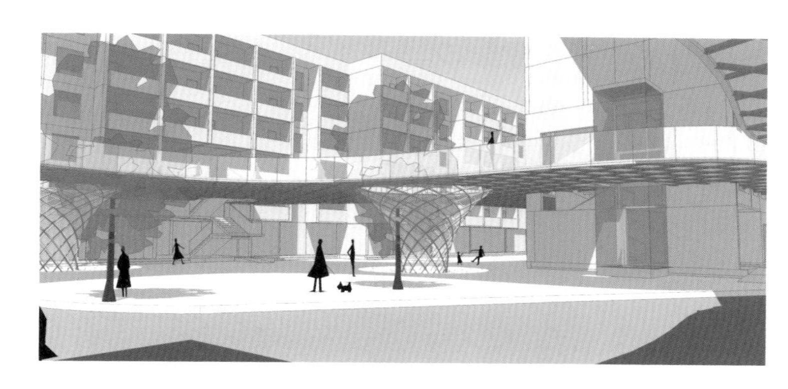

局部透视

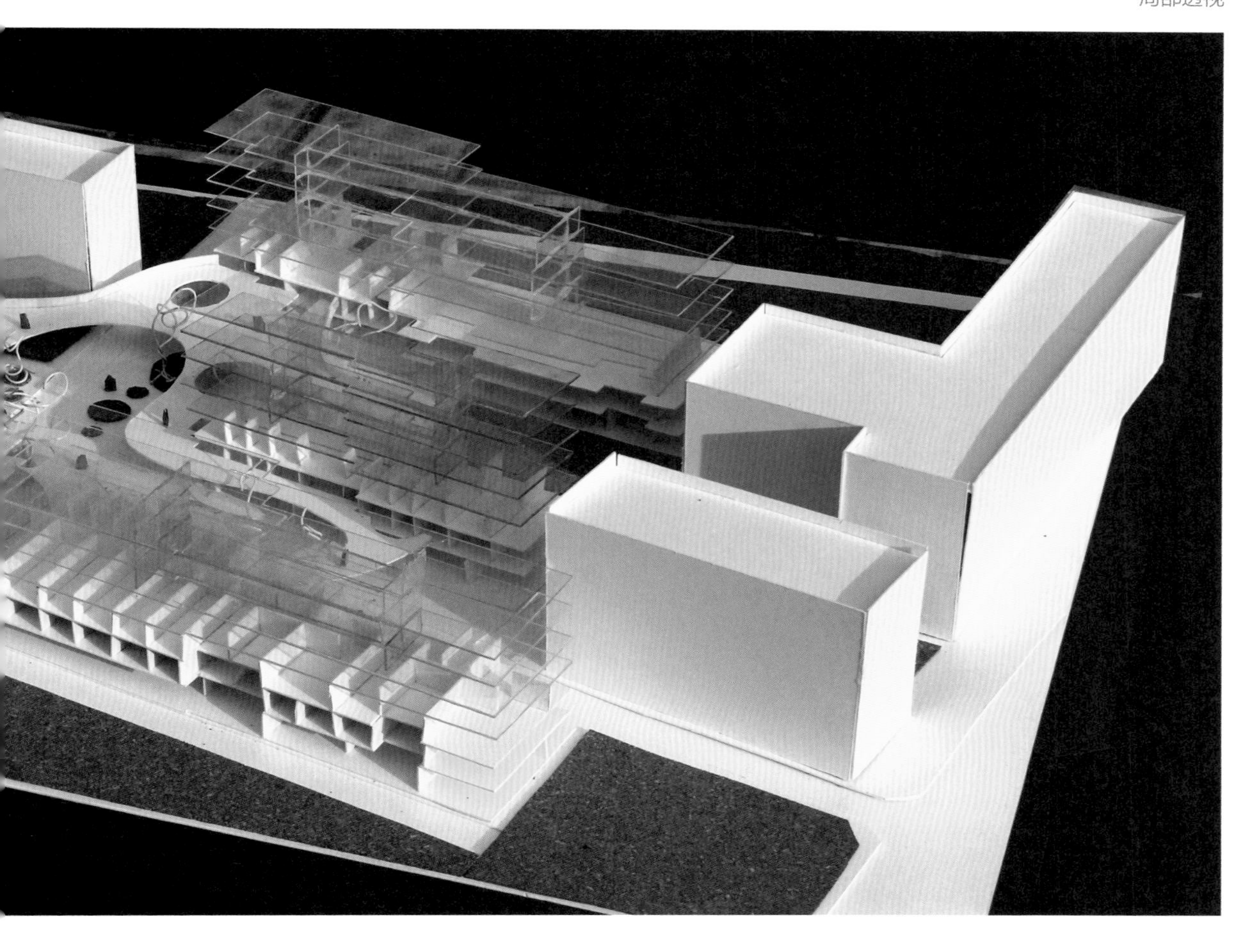